MEIZHOU YANGFENGYE

美洲养蜂业

刁青云　著

中国农业出版社
北京

内容提要 NEIRONG TIYAO

　　本书采用权威数据，力求全面深入介绍阿根廷、美国、墨西哥、巴西、加拿大、乌拉圭、智利、古巴、哥伦比亚、危地马拉、委内瑞拉和玻利维亚12个美洲主要蜂业国家的蜂业发展历史、生产现状、进出口情况，蜂业管理、法律、标准，科研单位和蜂业协会情况等，特别是乌拉圭、智利、古巴、哥伦比亚、危地马拉、委内瑞拉和玻利维亚等国家养蜂情况均属国内首次发布，数据尽可能采用官方最新数据，为国内读者深入了解美洲各主要养蜂国家的情况提供有力依据。

目　　录

第一章
CHAPTER 1

美洲养蜂业概况

第一节 美洲概况

美洲包括北美洲和南美洲，两大洲共有 35 个国家。其中，23 个位于北美洲，分别是美国、加拿大、哥斯达黎加、萨尔瓦多、危地马拉、洪都拉斯、墨西哥、尼加拉瓜、巴拿马、伯利兹、古巴、格林纳达、海地、牙买加、圣卢西亚、巴哈马、巴巴多斯、多米尼加、多米尼克、圣文森特和格林纳丁斯、特立尼达和多巴哥、安提瓜和巴布达、圣基茨和尼维斯；12 个位于南美洲，分别是智利、乌拉圭、巴拉圭、阿根廷、巴西、苏里南、玻利维亚、圭亚那、厄瓜多尔、哥伦比亚、委内瑞拉、秘鲁。

按使用人口排行，美洲的四大主要语言包括：

英语：4.44 亿人口，主要在美国、加拿大、牙买加、特立尼达和多巴哥、巴哈马、百慕大（英）、伯利兹、圭亚那、马尔维纳斯群岛、开曼群岛（英）和其他前英属加勒比海岛屿，如安提瓜和巴布达、圣文森特和格林纳丁斯、圣卢西亚、格林纳达等国。

西班牙语：3.1 亿人口，遍布中美洲与南美洲各国（伯利兹、巴西和圭亚那地区除外）。

葡萄牙语：1.85 亿人口，主要在巴西。

法语：1.2 亿人口，主要在加拿大魁北克省、海地、圣马丁

（法）和美国路易斯安那州南部。

由于语言的问题，对美国和加拿大的蜂业资料了解较多，我国有多名学者访问过这两个国家。阿根廷处于南半球，虽然是西班牙语国家，但由于有合作关系且举办过国际养蜂大会，笔者以及国内多名学者曾访问过阿根廷，对其养蜂业也比较了解。我国学者也曾访问过巴西，墨西哥因笔者常驻关系得以了解。对于这5个国家之外的美洲国家，我国学者和读者均没有涉猎，因此处于空白。为更好地了解美洲各国的蜂业发展情况，全面掌握国际蜂业发展情况，为此笔者选取12个美洲重要的养蜂国家，引用并参考了相关国家官方网站的最新数据和内容，撰写本书以期为我国读者提供参考。

第二节　国际蜂业生产情况

美洲是世界上重要的蜂业生产洲，也是蜂种资源比较丰富的洲。在超过20 000种野生蜂中，已知可靠的农作物传粉者有46属共121种，其中北美地区有21个属59种，中美洲和南美洲有5个属9种（Kleijn et al.，2015）。

蜂蜜是重要的农产品，在国际农业生产中一直占据重要位置。本节的数据均来自联合国粮食及农业组织官方网站，数据截至2020年1月1日。

一、国际蜂蜜生产情况

（一）国际蜂蜜生产总体情况

2010—2018年，世界蜂群数量呈持续上升趋势。2018年世界蜂群数量为92 265 141群，同比增长1.4％。2019年世界蜂群数量为90 116 413群，同比下降2.33％。蜂群主要分布在亚洲、欧洲和非洲，2018年这3个大洲的蜂群分别占世界蜂群的46.7％、20.5％和18.7％，分别比2017年增加（减少）了0.1％、

-0.1%和-0.5%，合计占比由 2017 年的 86.4%下降为
85.9%；2019 年这 3 个大洲的蜂群分别占世界蜂群的 48.4%、
18.0%和 19.3%（表 1-1）。2018 年美洲蜂群占比为 12.7%，
2019 年美洲蜂群占比为 12.9%，比例有所增加。

世界蜂蜜产量在 2010—2017 年呈增加趋势，2018 年蜂蜜产
量为 1 850 868 吨，同比下降 0.5%，2019 年蜂蜜产量略有增加，
为 1 852 598 吨，比 2018 年增加 0.09%。亚洲、欧洲和美洲是
世界主要天然蜂蜜生产区，2017 年这 3 个大洲的蜂蜜产量分别
占世界蜂蜜总产的 49.1%、20.8%和 17.9%，2018 年分别占世
界蜂蜜总产的 45.1%、23.0%和 10.8%，2018 年合计占比
（78.9%）比 2017 年下降了 8.9 个百分点，2019 年分别占世界
蜂蜜总产的 44.6%、21.6%和 21.6%。2019 年由于欧洲和非洲
的蜂蜜产量下降，因此美洲蜂蜜产量虽有所下降，但占比却增加
为 21.6%（表 1-2）。

（二）各大洲蜂蜜生产情况

表 1-3 列出了 2019 年四大洲主要蜂蜜生产国家。2019 年
亚洲蜂蜜总产量为 826 939 吨，主要生产国集中在中国、土耳
其、伊朗、印度和韩国，这 5 个国家产量均超过 2 万吨，2019
年五国蜂蜜产量占亚洲蜂蜜总产的 87%，前 3 个国家蜂蜜产量
占亚洲蜂蜜总产的 76%。

美洲主要蜂蜜生产国家分别是加拿大、阿根廷、美国、墨西
哥和巴西，这 5 个国家蜂蜜产量保持在 4 万吨以上，五国蜂蜜产
量占美洲蜂蜜总产量的 84.5%。

2019 年非洲蜂蜜总产量达 189 876 吨，主要蜂蜜生产国是
埃塞俄比亚、坦桑尼亚、安哥拉、中非和肯尼亚，这五国的蜂
蜜产量均在 1.3 万吨以上，总产量占非洲蜂蜜总产量
的 72.8%。

大洋洲的蜂蜜主要生产国是新西兰和澳大利亚，产量均在
11 000 吨以上。其他国家生产蜂蜜极少，不足 300 吨。

表 1-1 2010—2019 年各大洲的蜂群数量（群）

地区	2010 年	2011 年	2012 年	2013 年	2014 年	2015 年	2016 年	2017 年	2018 年	2019 年
亚洲	35 933 821	36 564 559	37 729 639	39 150 980	40 515 487	41 425 956	420 93 232	42 372 690	43 049 855	43 608 496
欧洲	15 881 398	16 272 212	17 065 826	17 151 268	17 758 810	18 295 324	18 668 671	18 764349	18 960 465	16 217 773
非洲	16 083 587	15 922 478	16 616 932	16 421 472	16 801 350	16 940 506	17 290 628	17 507 222	17 287 677	17 358 456
美洲	11 019 940	10 953 504	10 931 644	11 124 950	11 277 745	11 273 221	11 363 990	11 139 203	11 680 119	11 632 389
大洋洲	764 941	690 847	714 277	1 006 024	1 060 651	1 050 401	1 076 920	1 216 267	1 287 025	1 299 299
世界	79 683 687	80 403 600	83 058 318	84 854 694	87 414 043	88 985 408	90 493 441	90 999 731	92 265 141	90 116 413

表 1-2 2010—2019 年各大洲的蜂蜜产量（吨）

地区	2010 年	2011 年	2012 年	2013 年	2014 年	2015 年	2016 年	2017 年	2018 年	2019 年
亚洲	678 177	732 071	772 851	786 553	815 742	832 195	906 836	913 178	835 643	826 939
欧洲	352 380	376 017	355 149	384 136	373 325	423 935	384 162	386 602	426 380	400 670
非洲	167 984	156 696	165 886	195 991	224 477	214 290	198 987	198 959	200 700	189 876
美洲	307 394	330 901	333 256	322 888	337 955	320 598	335 608	333 630	355 835	400 427
大洋洲	27 965	20 229	23 193	32 540	32 115	33 809	33 635	28 343	32 310	34 686
世界	1 533 900	1 615 914	1 650 335	1 722 108	1 783 614	1 824 828	1 859 227	1 860 712	1 850 868	1 852 598

表 1-3　2019 年各大洲蜂蜜产量排名前 5 的国家及其产量

地区	第一名		第二名		第三名		第四名		第五名	
	国家	产量（吨）	国家	产量（吨）	国家	产量（吨）	国家	产量（吨）	国家	产量（吨）
亚洲	中国	444 100	土耳其	109 330	伊朗	75 463	印度	67 141	韩国	29 518
欧洲	乌克兰	69 937	俄罗斯	63 526	罗马尼亚	25 269	波兰	19 031	法国	15 755
非洲	埃塞俄比亚	53 782	坦桑尼亚	30 937	安哥拉	23 428	中非	16 206	肯尼亚	13 877
美洲	加拿大	80 345	阿根廷	78 927	美国	71 179	墨西哥	61 986	巴西	45 981

二、国际蜂蜡生产情况

（一）国际蜂蜡生产总体情况

2010—2018 年国际蜂蜡产量呈增加趋势，2018 年蜂蜡产量为 69 633 吨，同比增加 1.0%。2019 年蜂蜡产量为 66 099吨，同比下降 5.08%。亚洲、非洲和美洲是国际蜂蜡主要生产区，2017 年这 3 个大洲的蜂蜡产量分别占世界蜂蜡总产的50.2%、23.9%和 19.8%，合计占比为 93.9%；2018 年占比分别为 49.9%、23.9%和 19.8%，合计占比为 93.6%；2019年占比分别为 52.79%、25.46%和 20.89%，合计占比为99.1%（表 1-4）。

表 1-4　2010—2019 年各大洲的蜂蜡产量（吨）

地区	2010 年	2011 年	2012 年	2013 年	2014 年	2015 年	2016 年	2017 年	2018 年	2019 年
亚洲	31 217	30 969	31 058	31 181	32 241	33 351	34 286	34 658	34 716	34 893
欧洲	3 552	3 593	3 424	3 624	3 777	3 757	3 765	3 564	3 906	0
非洲	16 047	15 994	15 772	15 666	15 972	16 283	16 333	16 489	16 639	16 828

（续）

地区	2010年	2011年	2012年	2013年	2014年	2015年	2016年	2017年	2018年	2019年
美洲	13 605	13 763	13 539	13 847	13 845	13 526	13 893	13 698	13 809	13 811
大洋洲	570	569	562	561	560	565	564	563	562	567
世界	64 991	64 887	64 355	64 878	66 396	67 481	68 842	68 972	69 633	66 099

（二）各大洲蜂蜡生产情况

表1-5列出了2019年三大洲主要蜂蜡生产国家。因蜂蜡统计数据原因，表1-5未列出中国。

亚洲有7个国家有蜂蜡生产统计数据，2010—2019年亚洲蜂蜡产量呈增加趋势。2019年亚洲蜂蜡产量为34 893吨，主要生产国是在印度、土耳其、韩国、巴基斯坦和叙利亚，其中印度蜂蜡产量超过2.5万吨，土耳其和韩国蜂蜡产量在3 000～5 000吨，其他国家蜂蜡产量较低。2019年，五国蜂蜡产量占亚洲蜂蜡总产的99.8%以上，前3个国家蜂蜡产量占亚洲蜂蜡总产的98.0%。

联合国粮食及农业组织尚未公布2019年欧洲蜂蜡的数据，因此未列出。2019年美洲主要蜂蜡生产国是阿根廷、巴西、墨西哥、美国和乌拉圭，2019年这5个国家生产了美洲86.6%的蜂蜡。

表1-5　2019年各大洲蜂蜡产量排名前5的国家及其产量

地区	第一名		第二名		第三名		第四名		第五名	
	国家	产量（吨）	国家	产量（吨）	国家	产量（吨）	国家	产量（吨）	国家	产量（吨）
亚洲	印度	25 691	土耳其	4 737	韩国	3 795	巴基斯坦	485	叙利亚	145
非洲	埃塞俄比亚	5 790	肯尼亚	2 526	安哥拉	2 313	坦桑尼亚	1 889	乌干达	1 401
美洲	阿根廷	4 933	巴西	1 751	墨西哥	1 650	美国	1 650	乌拉圭	1 144

2019 年非洲的蜂蜡总产量达 16 829 吨，同比增加 1.13%。非洲的主要蜂蜡生产国是埃塞俄比亚、肯尼亚、安哥拉、坦桑尼亚和乌干达。2019 年，五国蜂蜡总产量为 13 919 吨，占非洲蜂蜡总产的 82.7%。

大洋洲的蜂蜡主要生产国是新西兰和澳大利亚，2019 年蜂蜡产量分别为 278 吨和 289 吨。

三、国际蜂蜜产品贸易情况

(一) 国际蜂蜜进出口情况

2010—2018 年，国际蜂蜜进出口总体呈增加趋势，2017 年蜂蜜进口量超过 71 万吨，进口额超过 23.76 亿美元，达 10 年来的最高点。2019 年，国际蜂蜜的进口量和进口额均有所降低。2018 年蜂蜜出口量超过 69.29 万吨，达到 10 年来的最高点。出口额在 2017 年达到最高点 23.89 亿美元（表 1－6）。

表 1－6　2010—2019 年国际蜂蜜进出口情况

项目	2010 年	2011 年	2012 年	2013 年	2014 年	2015 年	2016 年	2017 年	2018 年	2019 年
进口量（吨）	496 046	497 415	527 552	574 144	623 266	654 892	641 649	712 880	691 594	675 845
进口额（万美元）	150 866.4	169 302.5	172 473.5	201 309.2	229 119.1	232 378.5	204 114.6	237 657.1	228 801.9	202 931.0
出口量（吨）	468 700	476 582	517 633	582 912	627 983	660 809	661 928	682 003	692 937	628 202
出口额（万美元）	145 521.7	162 005.5	173 067.8	203 355.4	231 760.5	230 403.0	207 129.7	238 906.6	224 432.6	196 468.9

欧洲、美洲和亚洲是国际蜂蜜的主要进口大洲，2019 年欧洲超过亚洲成为最大的蜂蜜出口洲，欧洲、亚洲和美洲的出口量分别占国际蜂蜜总出口量的 36.4%、35.1% 和 25.6%，出口额分别占国际蜂蜜总出口额的 40.8%、25.1% 和 19.9%，美洲在

国际蜂蜜出口中的占比下降。

（二）主要蜂蜜进口国的蜂蜜进口情况

2010—2019 年，国际蜂蜜进口量增加了 36.2%，进口额增加了 34.5%。2019 年美国、德国、英国、日本、法国保持前五大蜂蜜进口国位置，波兰和中国分别成为第六大进口量和第六大进口额国（表 1-7）。美国蜂蜜进口量最多，占世界总进口量的 28% 左右。德国居国际第二大蜂蜜进口国的位置，美国无论是蜂蜜进口量还是蜂蜜进口额，都明显超过德国。

表 1-7　2019 年世界天然蜂蜜主要进口前 10 的国家

排名	国家	进口量（吨）	占世界总进口量比重（%）	排名	国家	进口额（万美元）	占世界总进口额比重（%）
1	美国	188 882	27.95	1	美国	43 008	21.19
2	德国	81 750	12.10	2	德国	25 084	12.36
3	英国	48 537	7.18	3	日本	14 451	7.12
4	日本	44 788	6.63	4	法国	11 708.2	5.77
5	法国	32 777	4.85	5	英国	10 840.9	5.34
6	波兰	29 637	4.39	6	中国	8 490.1	4.18
7	西班牙	26 550	3.93	7	意大利	8 043.2	3.96
8	比利时	24 817	3.67	8	沙特阿拉伯	7 299	3.60
9	意大利	24 650	3.65	9	比利时	6 334.1	3.12
10	沙特阿拉伯	17 918	2.65	10	波兰	6 106.7	3.01
	其他	155 539	23.01		其他	61 565.8	30.33
	合计	675 845	100		合计	202 931	100

（三）主要蜂蜜出口国的蜂蜜出口情况

在日益增长的国际蜂蜜产品消费需求下，蜂蜜的出口贸易越来越活跃，竞争也更激烈。蜂蜜是我国传统的出口产品，也是出口创汇的重要产品。2019 年我国蜂蜜产品出口居世界首位，出口量和出口额分别占 19.24% 和 11.98%（表 1 - 8）。

表 1 - 8 2019 年世界天然蜂蜜主要出口前 10 的国家

排名	国家	出口量（吨）	占世界总出口量比重（%）	排名	国家	出口额（万美元）	占世界总出口额比重（%）
1	中国	120 845	19.24	1	中国	23 531.4	11.98
2	印度	65 351	10.40	2	新西兰	23 017.8	11.72
3	阿根廷	63 522	10.11	3	阿根廷	14 208.6	7.23
4	乌克兰	54 834	8.73	4	德国	13 072.3	6.65
5	巴西	30 039	4.78	5	印度	10 087.2	5.13
6	德国	25 239	4.02	6	乌克兰	9 343.6	4.76
7	墨西哥	25 122	4.00	7	西班牙	8 980.7	4.57
8	西班牙	23 064	3.67	8	匈牙利	8 047.1	4.10
9	匈牙利	19 389	3.09	9	巴西	6 838.4	3.48
10	越南	18 323	2.92	10	墨西哥	6 323.1	3.22
	其他	165 400	26.32		其他	730 187	37.17
	合计	628 202	100		合计	1 964 689	100

四、国际蜂蜡产品贸易情况

（一）国际蜂蜡进出口情况

2010—2019 年，国际蜂蜡进口量呈增加趋势，2019 年蜂蜡进口量达 31 991 吨。进口额在 2018 年最高，超过 1.55 亿美元，为 10 年来的最高点。2014 年蜂蜡出口量为 60 436 吨，达到 10 年来的最高点。出口额在 2014 年达到最高点 1.59 亿美元（表 1 - 9）。

表1-9 2010—2019年国际蜂蜡进出口情况

项目	2010年	2011年	2012年	2013年	2014年	2015年	2016年	2017年	2018年	2019年
进口量(吨)	17 356	18 968	24 231	23 227	29 799	29 915	25 056	25 719	29 198	31 991
进口额(万美元)	7 630.9	9 511.8	10 423.0	11 655.6	13 770.4	14 574.7	13 685.3	15 185.6	15 522.0	13 812.6
出口量(吨)	16 980	19 063	29 525	47 692	60 436	31 875	20 418	21 244	21 451	20 242
出口额(万美元)	7 798.5	10 408.5	11 285.0	14 151.9	15 938.0	14 354.1	13 017.2	15 126.3	15 066.4	13 083.5

欧洲、美洲和亚洲是国际蜂蜡的主要进口大洲，2019年这3个洲的进口量分别占国际蜂蜡总进口量的61.27%、18.03%和13.98%，进口额分别占国际蜂蜡总进口额的56.95%、15.14%和21.93%。而亚洲、欧洲和美洲则是国际蜂蜡的主要出口大洲，2019年这3个洲的出口量分别占国际蜂蜡总出口量的57.35%、21.96%和12.13%，出口额分别占国际蜂蜡总出口额的43.81%、32.47%和14.85%。

（二）主要蜂蜡进口国的蜂蜡进口情况

2010—2019年，国际蜂蜡进口量增加了84.3%，进口额增加了0.81倍。2019年法国、美国、德国保持国际前三大蜂蜡进口国位置，其中法国进口蜂蜡最多，占33.88%，美国和德国进口量占比分别为11.97%和11.93%。印度跃居为蜂蜡进口第四大国，占比为10.04%。美国的蜂蜡进口额最多，国际占比为18.84%，德国和法国的进口额占比分别为18.47%和12.65%（表1-10）。

表 1-10　2019 年世界天然蜂蜡主要进口前 10 的国家

排名	国家	进口量（吨）	占世界总进口量比重（%）	排名	国家	进口额（万美元）	占世界总进口额比重（%）
1	法国	10 837	33.88	1	美国	2 602.4	18.84
2	美国	3 829	11.97	2	德国	2 550.9	18.47
3	德国	3 816	11.93	3	法国	1 746.8	12.65
4	印度	3 213	10.04	4	意大利	658.5	4.77
5	阿尔及利亚	1 269	3.97	5	日本	652.4	4.72
6	意大利	861	2.69	6	西班牙	396.7	2.87
7	日本	718	2.24	7	英国	383.1	2.77
8	西班牙	645	2.02	8	荷兰	371.6	2.69
9	荷兰	552	1.73	9	澳大利亚	3 594	2.60
10	希腊	533	1.67	10	波兰	3 533	2.56
	其他	5 718	17.87		其他	37 375	27.05
	合计	31 991	100		合计	138 126	100

（三）主要蜂蜡出口国的蜂蜡出口情况

2010—2019 年，国际蜂蜡出口量增加了 19.21%，出口额增加了 0.68 倍。中国、美国、德国、越南、法国是国际前五大蜂蜡出口国，其中 2018 年中国出口蜂蜡最多，出口量占 45.20%，出口额占 35.89%；2019 年出口量占比增加为 48.16%，出口额占比降为 31.27%（表 1-11）。美国的出口量排第二，出口额居第三。德国出口量居国际第三，出口额居国际第二。

表 1-11　2019 年世界天然蜂蜡主要出口前 10 的国家

排名	国家	出口量（吨）	占世界总出口量比重（%）	排名	国家	出口额（万美元）	占世界总出口额比重（%）
1	中国	9 749	48.16	1	中国	4 710.6	31.27
2	美国	2 058	10.17	2	德国	1 798.8	11.94

（续）

排名	国家	出口量（吨）	占世界总出口量比重（%）	排名	国家	出口额（万美元）	占世界总出口额比重（%）
3	德国	1 855	9.16	3	美国	898.7	5.96
4	越南	1 118	5.52	4	巴西	751.1	4.99
5	法国	494	2.44	5	法国	619	4.11
6	坦桑尼亚	466	2.30	6	越南	589.8	3.91
7	荷兰	427	2.11	7	荷兰	520.9	3.46
8	加拿大	349	1.72	8	坦桑尼亚	353.7	2.35
9	埃塞俄比亚	325	1.61	9	加拿大	286.9	1.90
10	斯里兰卡	285	1.41	10	埃塞俄比亚	255.8	1.70
	其他	3 116	15.39		其他	4 281.1	28.41
	合计	20 242	100		合计	15 066.4	100

五、国际蜂群贸易情况

（一）国际蜂群进出口情况

表 1-12 显示，2010—2019 年，国际蜂群进口呈增加趋势，2010 年和 2011 年蜂群进口数量分别是 2 507 群和 3 269 群。2012 年开始蜂群进口数量激增，2014 年后进口数量达到了上百万群。2017 年蜂群进口数量达到 1 908.7 万群，创 10 年来的最高点。蜂群进口额呈增加趋势，2017 年进口额为 8 741.5 万美元，创 10 年来的最高点。

2010 年和 2011 年蜂群出口数量在 2 100 多群，2012 年开始蜂群出口数量激增，超过 1.6 万群，2014 年后出口数量超过 2.07 亿群，2015 年蜂群出口数量为 2.60 亿群，创 10 年来的最高点。2011 年蜂群出口额最低，只有 843 万美元，2011—2016 年蜂群出口额呈增加趋势，2016 年达到 7 177.8 万美元，创 10 年来的最高点。2017 年开始，蜂群出口额呈下降趋势，2018 年

蜂群出口额为 4 793.4 万美元，2019 年蜂群出口额略有增加，达
到 5 074.5 万美元。

表 1-12 2010—2019 年国际蜂群进出口情况

项目	2010年	2011年	2012年	2013年	2014年	2015年	2016年	2017年	2018年	2019年
进口量（群）	2 507	3 269	51 935	45 929	6 372 321	45 211 587	45 126 442	19 086 986	7 925 995	14 694 065
进口额（万美元）	1 357.6	1 852.7	4 088.1	6 254.2	7 188.6	7 328.2	8 131.7	8 741.5	7 858.1	7 276.4
出口量（群）	2 138	2 193	16 111	22 100	206 948 491	26 0485 595	20 0817 621	11 0495 920	86 706 159	101 989 328
出口额（万美元）	1 119.0	843.1	2 418.8	4 026.3	6 818.3	6 460.9	7 177.8	6 229.0	4 793.4	5 074.5

亚洲是国际蜜蜂的主要进口大洲，2019 年亚洲蜂群进口量
占国际蜂群总进口量的 63.33%。其次是美洲和欧洲，2019 年进
口量占比分别为 28.79% 和 5.38%。非洲进口量为 4 230 054 群，
占 2.0%。大洋洲没有进口蜂群。从进口额看，2019 年亚洲、欧
洲和美洲的蜂群进口额占比分别为 43.77%、24.84% 和
24.50%，非洲占 6.89%。

大洋洲、美洲和亚洲是国际蜂群的主要出口大洲，2019 年
这 3 个洲的出口量占比分别为 87.02%、7.18% 和 3.00%，欧洲
出口量占比为 2.00%。从蜂群的出口额看，欧洲、美洲和亚洲
的蜂群出口额较高，2019 年这 3 个洲的蜂群出口额分别占国际
蜂群总出口额的 53.27%、31.67% 和 9.33%，大洋洲占比
为 5.00%。

（二）主要蜂群进口国的蜂群进口情况

2010—2019 年，国际蜂群进口量增加了 5 860 倍，进口额增
加了 4.36 倍。2019 年，全球有 81 个国家和地区有蜂群进口。
表 1-13 显示，沙特阿拉伯、阿拉伯联合酋长国、阿富汗、巴基

斯坦和西班牙是国际前五大蜂群进口国。其中，沙特阿拉伯进口蜂群最多，占 26.77％；阿拉伯联合酋长国次之，进口了 12.13％的蜂群。前 5 个国家累计蜂群进口数量占比为 61.54％。

从蜂群的进口额看，沙特阿拉伯、加拿大、阿拉伯联合酋长国、摩洛哥和日本是蜂群进口额最高的前 5 国，占比分别为 24.29％、15.59％、7.17％、6.56％ 和 5.85％，合计占比为 59.46％。

表 1-13　2019 年世界蜂群主要进口前 10 的国家

排名	国家	进口量（群）	占世界总进口量比重（％）	排名	国家	进口额（万美元）	占世界总进口额比重（％）
1	沙特阿拉伯	3 933 321	26.77	1	沙特阿拉伯	1 767.3	24.29
2	阿拉伯联合酋长国	1 781 708	12.13	2	加拿大	1 134.3	15.59
3	阿富汗	1 498 543	10.20	3	阿拉伯联合酋长国	522	7.17
4	巴基斯坦	917 126	6.24	4	摩洛哥	477.3	6.56
5	西班牙	911 307	6.20	5	日本	425.9	5.85
6	荷兰	761 773	5.18	6	西班牙	409.5	5.63
7	法国	601 145	4.09	7	美国	381.8	5.25
8	俄罗斯	539 677	3.67	8	荷兰	342.3	4.70
9	加拿大	470 614	3.20	9	法国	270.1	3.71
10	英国	420 637	2.86	10	墨西哥	201.1	2.76
	其他	2 858 214	19.0		其他	1 344.8	18.49
	合计	14 694 065	100		合计	7 276.4	100

（三）主要蜂群出口国的蜂群出口情况

2010—2019 年，国际蜂群出口量增加了 47 703.2 倍，出口额增加了 3.53 倍。2019 年，全球有 50 个国家和地区有蜂群出口。新西兰、智利、巴基斯坦、斯洛伐克和比利时是国际五大蜂群出口国，其中新西兰出口蜂群最多，出口量占87％。智利和巴基斯坦蜂群出口量分别为第二和第三。斯洛伐克蜂群出口量虽然为第四，其蜂群出口额却居第一，占比为25.91％。比利时只出口了1.00％的蜂群，其蜂群出口额占比为20.44％，居于第二。美国以0.74％的蜂群出口量占比居国际出口额第三的位置。墨西哥是国际蜂群出口额第四大国，占比为8.65％（表1-14）。

表1-14　2019年世界蜂群主要出口前10的国家

排名	国家	出口量（群）	占世界总出口量比重（％）	排名	国家	出口额（万美元）	占世界总出口额比重（％）
1	新西兰	88 728 974	87.00	1	斯洛伐克	1 242.2	25.91
2	智利	5 864 694	5.75	2	比利时	979.8	20.44
3	巴基斯坦	1 498 543	1.47	3	美国	721.1	15.04
4	斯洛伐克	1 295 868	1.27	4	墨西哥	414.5	8.65
5	比利时	1 022 173	1.00	5	加拿大	384.6	8.02
6	阿富汗	917 126	0.90	6	荷兰	276.7	5.77
7	美国	752 307	0.74	7	新西兰	195.5	4.08
8	墨西哥	361 602	0.35	8	土耳其	136.1	2.84
9	加拿大	330 893	0.32	9	西班牙	124.4	2.60
10	荷兰	288 625	0.28	10	以色列	121.7	2.54
	其他	928 523	0.90		其他	196.8	4.10
	合计	101 989 328	100		合计	4 793.4	100

第三节　美洲蜂业生产与贸易情况

一、美洲蜂业生产情况

2010—2019年，美洲蜂群变化不大，除在2011年和2012

年略有下降外，2013 年开始呈现缓慢增长趋势。2019 年蜂群数量为 1 163 万群；蜂蜜产量除 2013 年和 2015 年略有下降外，其他年度缓慢增长；蜂蜡产量在 1.35 万～1.39 万吨之间变化。

表 1 - 15 显示，2019 年阿根廷是美洲第一养蜂大国，蜂群数量和蜂蜡产量均居美洲首位。美国、墨西哥、巴西和加拿大蜂群数量分别为第二至第五位。加拿大蜂蜜产量居美洲首位，其次分别是阿根廷、美国、墨西哥和巴西。阿根廷蜂蜡产量最高，其次分别是巴西、墨西哥、美国和乌拉圭。

表 1 - 15　2019 年美洲各国蜂群、蜂蜜和蜂蜡生产情况

国家	蜂群数量（群）	蜂蜜产量（吨）	蜂蜡产量（吨）
阿根廷	2 985 026	78 927	4 933
美国	2 812 000	71 179	1 596
墨西哥	2 157 866	61 986	1 650
巴西	100 3116	45 981	1 751
加拿大	713 551	90 345	—
乌拉圭	560 983	21 513	1 144
智利	445 788	11 644	619
萨尔瓦多	216 033	1 678	217
古巴	184 994	8 020	—
哥伦比亚	111 558	3 838	—
多米尼加	94 755	1 105	1 067
危地马拉	82 248	5 981	64
巴拉圭	57 913	1 853	166
牙买加	57 000	770	255
厄瓜多尔	46 963	872	97
哥斯达黎加	39 376	1 180	86

（续）

国家	蜂群数量（群）	蜂蜜产量（吨）	蜂蜡产量（吨）
海地	27 346	239	71
委内瑞拉	9 251	487	75
特立尼达和多巴哥	9 083	57	—
洪都拉斯	8 328	120	20
圭亚那	4 364	91	—
波多黎各	2 889	44	—
伯利兹	1 958	51	—
玻利维亚	—	644	—
尼加拉瓜	—	152	—
秘鲁	—	1 630	—
苏里南	—	30	—

二、美洲蜂业贸易情况

表 1 - 16 显示，2010—2019 年，美洲蜂蜜的进口和出口整体呈增加趋势，2017 年蜂蜜进口量达 211 700 吨，为 10 年来的最高点，比 2010 年增加 78.2%。2015 年蜂蜜进口额最高，达到 6.4 亿美元，是 2010 年的 1.99 倍。2018 年美洲蜂蜜出口量达 203 452 吨，是 10 年来的最高点，比 2010 年增加 33.0%。蜂蜜出口额在 2014 年最高，达到 6.2 亿美元，比最低年（2010 年）增加 32.8%。

2010—2018 年，美洲蜂蜡的进出口呈缓慢增加趋势，2015 年蜂蜡进口量和进口额均最高，为 10 年来的最高点，分别比最低年增加 53.8% 和 262%。2017 年蜂蜡出口量和出口额均最高，达到 10 年来的最高点，比最低年（2010 年）分别增加 1 倍和 1.03 倍。

表1-16 2010—2019年美洲蜂业贸易情况

项目	2010年	2011年	2012年	2013年	2014年	2015年	2016年	2017年	2018年	2019年
蜂蜜进口量（吨）	118 783	134 544	145 816	159 567	173 570	183 950	174 665	211 700	205 357	197 170
蜂蜜进口额（万美元）	32 336.0	41 867.4	43 507.1	52 699.3	59 537.8	64 238.9	45 644.7	60 781.4	53 392.2	46 982.0
蜂蜜出口量（吨）	152 928	169 463	177 874	166 154	164 710	163 465	184 589	179 712	203 452	161 062
蜂蜜出口额（万美元）	46 727.9	54 525.2	54 738.7	56 178.0	62 041.5	59 851.9	49 812.6	57 070.9	54 290.0	39 098.7
蜂蜡进口量（吨）	3 481	3 386	4 000	5 085	4 742	5 221	4 584	4 746	5 209	4 471
蜂蜡进口额（万美元）	1 621.2	1 796.1	2 478.8	3 156.0	3 544.8	4 250.9	3 791.3	3 717.8	3 788.3	3 028.8
蜂蜡出口量（吨）	2 088	2 328	2 856	3 038	2 785	2 738	3 215	4 175	3 222	2 456
蜂蜡出口额（万美元）	1 344.4	1 596.7	1 818.7	2 001.3	1 895.2	1 856.7	2 041.4	2 725.4	2 146.2	1 942.8

三、2019 年美洲各国蜂业贸易情况

(一) 2019 年美洲各国蜂蜜贸易情况

2019 年美洲有 29 个国家/地区进口蜂蜜。表 1－17 显示，美国、加拿大和哥斯达黎加仍然保持美洲蜂蜜进口前三大国的位置。其中，美国蜂蜜进口量为 188 882 吨，占美洲蜂蜜进口量的95.8％；进口额为 43 008 万美元，占美洲蜂蜜进口额的 91.5％。加拿大进口量和进口额分别占美洲蜂蜜进口量和进口额的 3.3％和 7.3％；哥斯达黎加进口量和进口额分别为 389 吨和 120.6 万美元，分别占美洲蜂蜜进口量和进口额的 0.2％和 0.3％。

2019 年美洲有 22 个国家/地区出口蜂蜜。虽然蜂蜜出口量和出口额均低于 2018 年，阿根廷仍是美洲出口蜂蜜最多的国家，出口量为 63 522 吨，出口量在美洲蜂蜜出口量的占比提高至39.43％；出口额为 14 208.6 万美元，占美洲蜂蜜出口额的 36.3％。巴西超越墨西哥成为美洲第二大蜂蜜出口国，出口量和出口额分别占美洲蜂蜜出口量和出口额的 18.7％和 16.3％。墨西哥成为美洲蜂蜜出口的第三大国，出口量和出口额分别为25 122 吨和 6 323 万美元，分别占美洲蜂蜜出口量和出口额的15.6％和 16.2％。

表 1－17　2019 年美洲各国蜂蜜进出口情况

国家/地区	蜂蜜进口量 (吨)	蜂蜜进口额 (万美元)	蜂蜜出口量 (吨)	蜂蜜出口额 (万美元)
安提瓜和巴布达	36	11.1	—	—
阿根廷	64	21.6	63 522	14 208.6
巴哈马	94	36.7	0	0
巴巴多斯	161	59.1	—	—
伯利兹	2	0.1	—	—
玻利维亚	16	5.7	3	5.0

（续）

国家/地区	蜂蜜进口量（吨）	蜂蜜进口额（万美元）	蜂蜜出口量（吨）	蜂蜜出口额（万美元）
巴西	0	0.1	30 039	6 383.4
加拿大	6 585	3 420.8	12 082	4 131.4
智利	0	0	4 250	1 251.7
哥伦比亚	99	25.0	4	0.7
哥斯达黎加	389	120.6	0	2.7
古巴	0	0	6 933	1 450.6
多米尼加	11	63	321	84.1
厄瓜多尔	24	9.5	0	0.1
萨尔瓦多	0	0.1	—	
格林纳达	1	0.4	0	0.6
危地马拉	6	3.4	1 446	353.2
圭亚那	17	5.4	2	1.8
海地	2	0.9	0	0
洪都拉斯	143	37.6	1	0.1
牙买加	0	0	9	13.0
墨西哥	0	0	25 122	6 323.1
尼加拉瓜	10	2.3	837	259.6
巴拿马	261	83.5	0	0
巴拉圭	12	5.6	2	0.6
秘鲁	46	14.8	12	1.4
圣基茨和尼维斯联邦	1	0.6	—	—
圣卢西亚	0	0	2	0.4
圣文森特和格林纳丁斯	12	4.8	—	—
苏里南	56	3.0		
特立尼达和多巴哥	72	25.7	—	—
美国	188 882	43 008.0	7 743	2 331.0
乌拉圭	40	7.2	7 904	1 627.6
委内瑞拉	0	0.2	0	0

（二）2019 年美洲各国蜂蜡贸易情况

2019 年美洲蜂蜡进口国家为 23 个（表 1 - 18）。美国是美洲进口蜂蜡最多的国家，2019 年进口量为 3 829 吨，占美洲蜂蜡进口量的 85.6％；进口额为 2 602.4 万美元，占美洲蜂蜡进口额的 85.9％。加拿大是美洲蜂蜡进口的第二大国，2019 年进口量和进口额分别占美洲蜂蜡进口量和进口额的 9.1％和 8.7％。虽然进口量美洲第四，但墨西哥是美洲蜂蜡进口额的第三大国。2019 年美洲有 5 个国家/地区出口蜂蜡。美国、加拿大和巴西分别是美洲出口蜂蜡前三大国。

表 1 - 18　2019 年美洲各国蜂蜡进出口情况

国家/地区	蜂蜡进口量 （吨）	蜂蜡进口额 （万美元）	蜂蜡出口量 （吨）	蜂蜡出口额 （万美元）
安提瓜和巴布达	1	0	—	—
巴巴多斯	1	0.12	—	—
伯利兹	1	0.06	—	—
玻利维亚	0	0.05	—	—
巴西	9	0.68	37	751.1
加拿大	409	26.22	349	286.9
智利	3	0.52	—	—
哥伦比亚	11	0.99	—	—
哥斯达黎加	1	0.17	—	—
古巴	0	0	4	3.6
多米尼加	6	0.38	—	—
萨尔瓦多	2	0.18	—	—
危地马拉	10	0.62	8	2.5
圭亚那	86	0.96	—	—
海地	1	0.05	—	—
洪都拉斯	6	0.43		

（续）

国家/地区	蜂蜡进口量（吨）	蜂蜡进口额（万美元）	蜂蜡出口量（吨）	蜂蜡出口额（万美元）
牙买加	0	0.06	—	—
墨西哥	82	10.02	—	—
巴拿马	8	0.41	—	—
巴拉圭	0	0.01	—	—
秘鲁	5	0.56	—	—
特立尼达和多巴哥	0	0.03	—	—
美国	3 829	2 602.4	2 058	898.7

（三）2019 年美洲各国蜂群贸易情况

2019 年美洲有 8 个国家进口蜂群（表 1-19）。加拿大是美洲进口蜂群最多的国家，2019 年进口了 47 万群蜂；墨西哥是第二大蜂群进口国，蜂群数量占比为 18.97%，进口额占比为 11.37%。

表 1-19　2019 年美洲蜂群主要进口国家和地区

排名	国家	进口量（群）	占美洲总进口量比重（%）	排名	国家	进口额（万美元）	占美洲总进口额比重（%）
1	加拿大	470 614	59.94	1	加拿大	1 134.3	64.12
2	墨西哥	148 983	18.97	2	美国	381.8	21.58
3	智利	112 120	14.28	3	墨西哥	201.1	11.37
4	美国	45 432	5.79	4	智利	34.2	1.93
5	危地马拉	7 774	0.99	5	危地马拉	16.4	0.93
6	阿根廷	221	0.03	6	乌拉圭	0.10	0.06
7	乌拉圭	9	0.00	7	阿根廷	0.01	0.01
8	巴拿马	5	0.00	8	巴拿马	0	0.00
	合计	785 158	100		合计	1 768.9	100

2019 年智利是美洲出口蜂群最多的国家，出口了 586 万群，占美洲蜂群总出口量的 80.10%；其次是美国，出口了 10.28% 的蜂群。从出口额看，2019 年美国蜂群的出口额在美洲的占比降至 44.88%；墨西哥成为第二大出口额国，占比为 25.80%；加拿大降为第三，出口额占比降为 23.94%（表 1-20）。

表 1-20　2019 年美洲蜂群主要出口国家和地区

排名	国家	出口量（群）	占美洲总出口量比重（%）	排名	国家	出口额（万美元）	占美洲总进口额比重（%）
1	智利	5 864 694	80.10	1	美国	721.1	44.88
2	美国	752 307	10.28	2	墨西哥	414.5	25.80
3	加拿大	330 893	4.94	3	加拿大	384.6	23.94
4	墨西哥	361 602	4.52	4	智利	69.9	4.35
5	阿根廷	8 926	0.12	5	阿根廷	8.8	0.55
6	古巴	3 027	0.04	6	伯利兹	4.0	0.25
7	巴西	106	0	7	古巴	3.6	0.22
8	伯利兹	5	0	8	巴西	0.1	0.01
	合计	7 321 560	100		合计	1 606.6	100

第二章
CHAPTER 2

阿根廷养蜂业

第一节　阿根廷蜂业历史

阿根廷国土面积 2 780 400 千米^2，是南美洲国土面积第二大（仅次于巴西）的国家，具有多样性地形和气候。安第斯山脉由北向南纵贯西部，世界著名的潘帕斯草原居中，南部是巴塔哥尼亚高原，北部为低海拔的查科平原，多沼泽湿地。

从纬度位置看，地处南半球的阿根廷从最南端的火地岛省到最北越过南回归线的胡胡伊省和福尔摩沙省，从南向北的纬度跨度几乎与我国的陆地跨度相同。国土面积的 55% 是牧场，畜牧业占农牧业总产值的 40%。森林面积占全国总面积的 1/3 左右。全国的牲畜 80% 集中在潘帕斯草原和南部高原，耕地面积仅占国土面积的 12.7%。

因国土资源丰富，阿根廷是世界上主要的粮食（大豆、小麦、玉米）和肉类生产国、出口国，有"粮仓肉库"之称，肉类、小麦、大豆等农牧产品的出口占出口总值的 75%～80%。当然，这其中也包括有几年居世界出口量第一的阿根廷蜂蜜。

一、阿根廷的养蜂历史

西班牙人到来之前的很长时间，当地原住民一直饲养无刺蜂。1834 年 4 月，贝尔纳迪诺·里瓦达维亚（阿根廷的一位政治家，1826—1827 年担任拉普拉塔河联合省的第一位首脑和总统）从法国带着两群蜜蜂（*Apis mellifera mellifera*）回到乌拉圭，10 月将蜂群放在萨克拉曼多的科洛尼亚，此地成为乌拉圭有记录的第一个养蜂场。1834 年 10 月，第一批新出生的蜂群繁殖成功。1835 年 12 月，第一次取蜜并将一部分蜂蜜发送到了首都，把一些蜂蜡发送到了布宜诺斯艾利斯。

多明戈·福斯蒂诺·萨米恩托是第一个在报纸上介绍阿根廷养蜂历史的人。1852 年，萨米恩托定居在门多萨，并向州长佩德罗·帕斯夸尔·塞古拉建议聘用法国农艺师米歇尔·艾米·普格（或译为米格尔·阿玛多·普格）。1855 年，米格尔·阿玛多·普格从智利来到门多萨，教授活框养蜂，其引入的蜜蜂在门多萨迅速繁衍，门多萨有大量紫花苜蓿。蜜蜂散布在圣胡安、圣路易斯，可能还有拉里奥哈和阿根廷北部的其他省份。

1860 年，马丁·德·穆西撰写并在法国出版《阿根廷联邦书记》，共分三册，其中两册是阿根廷联邦描述与统计公报（1860—1864 年）以及重要的地图集（1869 年），包括实物和政治双页地图以及所有省份的规划和阿根廷领土。在第 II 卷的第 100～102 页中，他谈到了昆虫，尤其是蜜蜂。

1861 年，法国自然学家马克西米利亚诺·杜朗·萨伏亚和奥斯卡·杜兰德·萨伏亚在巴拉那州成立了一家名为"蜂巢"的合作公司，以科学大规模地利用养蜂业。1864 年 12 月 8 日该公司在《埃尔帕拉纳报》做广告，将蜂箱以订户的名字进行命名，利用场地中现有的种植园和花园，设计了一个海滨长廊花园，为该花园提供各种娱乐设施，包括各种射击靶和体操器械。那些与养蜂场有关的人免费入场，无关人员可凭卡免费入场。这片土地很快就变成了一个拥有各种舒适设施和美丽环境的花园，吸引了很多人的关注。1865 年底，萨伏亚在巴拉那州出版了一本《阿根廷共和国及邻近国家的养蜂人手册》。

1862 年，圣菲省蜂场的养蜂人每人最多养 200 群蜂。

二、阿根廷蜂种的来源

里瓦达维亚从法国引进的阿根廷美索不达米亚蜜蜂（*Apismellifera mellifera*）是阿根廷的第一批蜜蜂，分布在科尔多瓦—圣地亚哥—德尔埃斯特罗的路线上。西班牙蜜蜂（*Apismellifera iberica*）可能是从巴西南部引进的（Sheppard et al.，1999）。门多萨省的蜂群属于蜜蜂亚种（*Apismellifera ligustica*），是从意大利的 Toiino 引入智利后到达门多萨省。来自奥匈帝国的 *Apismellifera carnica* 由巴西引入。

三、出版的养蜂作品

1857 年，J. B·德博沃斯和朱利奥·贝林在智利圣地亚哥出版《养蜂人指南》并由贝林根据智利的情况进行了改编，该书被认为是阿根廷第一本养蜂书，共 196 页，现存于米特尔博物馆和智利圣地亚哥迪巴姆国家图书馆。

1862 年，安德烈斯·拉莫斯撰写并出版了阿根廷第二本养蜂书籍：《养蜂人手册或关于蜂箱及其产品的布宜诺斯艾利斯气候适应性方法：实际观察》，现存于智利圣地亚哥迪巴姆国家图书馆。

1863 年，德国法索出版了阿根廷第三本养蜂书籍：《当前状态下的蜂巢》，书中提到 1863 年布宜诺斯艾利斯有很多人从事养蜂业。

1865 年，萨伏亚兄弟詹姆斯·拿破仑·杜兰德·萨伏亚和奥斯卡·杜兰德·萨伏亚在巴拉那州出版《阿根廷共和国及邻近国家的养蜂人手册》；1867 年又出版了《养蜂者手册》，现存于智利圣地亚哥的迪巴姆国家图书馆。

1869 年，阿根廷共和国的第一位农艺师爱德华多·奥利维拉在法国接受采访，并于 1869 年在《阿根廷农村社会纪事》第 3 卷第 11 期第 393～409 页发表，该出版物是《蜜蜂、蜜蜂饲养员指南、自然历史、养蜂人的基本概念》一书的第一部分。该书作者是法国人弗莱里埃。

1870 年，阿巴德·马瓜德在《阿根廷农村协会年鉴》第 4 卷第 4 期第 130～131 页发表了一篇题为《蜜蜂》的文章，其中谈到了冬季快结束时要注意蜜蜂并照顾蜜蜂。

1872 年，安东尼奥·卡拉维亚在《阿根廷农村协会年鉴》第 6 卷第 53～58 页上发表了题为《养蜂》的文章，提到根据布宜诺斯艾利斯《农村法》第 200 条，蜂箱到人的住所必须保持一定的距离。安东尼奥·卡拉维亚也是 1865 年出版的《蜜蜂和蚕的栽培：农业课程的第三部分》一书的作者，全书共 247 页。

1876 年，《阿根廷农村社会纪事》第 10 卷第 11 期第461～466 页，由米格尔·埃斯特维斯·萨吉、安吉尔·佩洛菲和路易斯·奥利维拉组成委员会编写了详细报告，报告题目是"蜜蜂：答复阿根廷农村协会来自科尔多瓦国家农业检查专员 DLF·蒂里奥先生的询问"。内容涉及蜜蜂的繁殖及其对果树的影响。

1903 年，亚历杭德罗·莱因霍尔德在布宜诺斯艾利斯出版《现代养蜂业：北美蜂群的描述以及养蜂人的所有必要工具》。

1914 年，雨果·米亚泰洛在布宜诺斯艾利斯出版《养蜂业及其重要性》一书。

1923 年，布宜诺斯艾利斯省农业和畜牧业局在布宜诺斯艾利斯出版《养蜂人日历》，出版人是公共工程部宣传办公室。

1936 年，恩里克·朱拉多在布宜诺斯艾利斯出版《阿根廷农场》，共 285 页。

第二节 阿根廷蜂业生产情况

阿根廷的南北跨度很大，跨越南纬 22°—55°。阿根廷横跨多个气候带，大部分处于亚热带和温带，气候温和，雨量充沛，有丰富的蜜粉源资源。北部属亚热带湿润气候，中部属亚热带和温带气候，南部为温带大陆性气候，大部分地区年平均温度在16～23℃之间。但是在三角形的阿根廷版图上，占其国土面积20%的潘帕斯草原却集中了超过80%的蜂群。在南部的冰川地带，也有养蜂的报道。由于历史原因，阿根廷可供查考的养蜂历史仅有400年左右。

20世纪50—60年代阿根廷养蜂发展缓慢，1967年首次引进意大利蜂王。70年代养蜂业迅速发展，1973年第一位女养蜂人Celia出现。80年代蜂农数量显著增加，是养蜂黄金时代。80年代末期，蜂螨入侵，蜂蜜产量下降。由于蜂螨问题，国家制定了一系列法律法规，1985年第一部《蜂场法》实施。

一、蜂业生产总体情况

联合国粮食及农业组织数据库显示，1961—2018年阿根廷蜂群数量呈增加趋势。1961年阿根廷蜂群数量为65万群，此后缓慢增加，1978年蜂群数量增加为100万群；1998年和1999年蜂群增加较快，1998年蜂群数量为210万群，1999年蜂群数量为270万群。此后蜂群增加缓慢，2002—2005年蜂群数量一直保持在290万群，2007—2012年一直保持在297万群，2013年达到300万群，2016—2018年一直保持在301.4万～302.5万群之间。2016年蜂群数量达到3 024 321群，为50年来的最高点。2018年蜂群数量为3 020 370群。2019年蜂群数量为2 985 026群，同比下降1.17%（图2-1）。

图2-2显示，1961—2019年阿根廷蜂蜡产量呈增加趋势。1961年阿根廷蜂蜡产量为1 300吨，此后缓慢增加，1981年蜂蜡产量增加为2 000吨，虽然1985年蜂蜡产量曾达到3 000吨，但在1981—1990年蜂蜡产量始终在2 000～3 000吨之间。1991年蜂蜡产量达到3 000吨。1997年蜂蜡产量达到4 125吨。1999

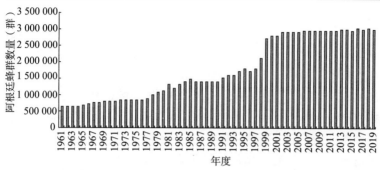

图 2-1 1961—2019 年阿根廷蜂群数量

年蜂蜡产量达到 5 400 吨，创造了 60 年来的最高纪录。2000 年蜂蜡产量达到 5 100 吨，此后蜂蜡产量一直维持在 4 000～5 000 吨之间。2019 年蜂蜡产量为 4 933 吨。

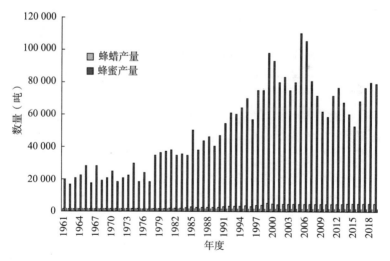

图 2-2 1961—2019 年阿根廷蜂蜜和蜂蜡生产情况

1961—2019 年阿根廷蜂蜜生产整体上呈增加趋势。1961 年阿根廷蜂蜜产量为 2 万吨，1961—1977 年蜂蜜产量年度间变化较大，1962 年曾低至 1.7 万吨，1974 年曾达到 3 万吨，但始终没有超过 3 万吨。1978—1990 年间蜂蜜产量在 3.5 万～4.7 万吨之间变化。1991 年和 1992 年蜂蜜产量增加较快，1992 年达到 6.1 万吨。1995 年达到 7 万吨。1999 年蜂蜜产量达到 9.8 万吨。2005 年产量达到 11 万吨，创造了 60 年来的最高纪录。2006 年蜂蜜产量为 10.5 万吨，2005—2010 年蜂蜜产量持续下降，2010 年蜂蜜产量为 5.9 万吨，仅为 2005 年蜂蜜产量的 53.6%。2010 年后蜂蜜产量虽有所增加，但呈现起伏变化。2017 年蜂蜜产量为 76 379 吨，2018 年蜂蜜产量为 79 468 吨，比 2017 年增加 4.0%。2019 年蜂蜜产量为 78 927 吨，同比下降 0.7%。

阿根廷全国可划分为 3 个蜜源区：东部平原地区、北部或亚热带区和南部草原地区。东部平原地区包括布宜诺斯艾利斯省、恩特雷里奥斯省、科尔多瓦省东部和圣菲省东部，以及拉普拉塔河和巴拉那河流域、德尔塔岛。该地区面积大，地势平坦，年降水量 800～1 000 毫米，适合植物的生长，是阿根廷的主要产蜜区。该地区是生产者和蜂群数量最多的地区，全国 80% 以上蜂群集中于此，蜂蜜产量占全国总产量的 80%。其中，以布宜诺斯艾利斯省的气候最适宜养蜂，产量占全国总产量的 53%，其蜂蜜也最著名；蜜源植物以车轴草和柑橘为主，生产的浅琥珀色蜜深受欧洲消费者喜爱，蜂蜜单产高达 60～70 千克。该地区的蜂蜜大部分用于出口。

东部平原地区是蜂业活动贡献最大地区，也是蜂蜜提取室和加工厂数量最多的地区。养蜂业在该地区也表现出强劲的发展能力，有超过 20 家机械制造商、25 家蜂箱制造商与 30 家蜂蜡和药品制造商，能够充分满足阿根廷养蜂业的需求。该地区也是墨西哥重要的畜牧生产区，集中了物流、供应商、政府和私人支持机构等，在除养蜂等农业生产的很多方面处于领导地位。

北部或亚热带区包括图库曼、圣地亚哥-德尔埃斯特罗、查科、科连特斯等省，该地区蜜源种类繁多，森林覆盖率高，适宜快速繁殖蜂群。图库曼主要蜜源是柠檬，柠檬蜜也是图库曼地区的特产。圣地亚哥-德尔埃斯特罗主要蜜源是漆树科 *Schinospsis* 的几种硬木。萨尔塔蜜源种类多，主要包括阿根廷枣树、硬木、奎东茄、薄荷等在内的多花种蜜。此外，还有阿根廷刺木、角豆树、药用球果紫堇、接骨草、桉树和三叶草、油菜、细叶益母草、鬼针草、锦葵等。

南部草原地区包括布宜诺斯艾利斯省南部和拉潘帕南部、西南部，气候条件复杂，生长各种本地和引进的蜜源植物，桉树和大量野生的蓟都是很好的蜜源，对繁殖蜂群、提高蜂蜜产量极为有利。其中，拉潘帕有蜂群 23.7 万群，其中小蜂场占 55%，蜂蜜产量低，养蜂收入作为家庭收入的补充。蜂蜜产量的 54% 集中在 15% 的工业化养蜂场，生产规模大，产量高。其余 30% 的蜂场属于中等规模。

2020 年 3 月 30 日的官方数据显示，阿根廷有 3 278 000 个蜂箱、40 164 个养蜂场和 13 332 个养蜂人。2019 年 10 月调查显示，全国有 3.69 万个家庭养蜂场，分为业余养蜂和专业养蜂两种。其中，业余养蜂者数量较多，一般拥有 50～200 群蜜蜂；专业养蜂者通常雇用一定数量的雇员，使用较为先进的养蜂机具进行蜂蜜生产。阿根廷 22% 的养蜂者蜂群不足 50 群，34% 的蜂群在 51～150 群，26% 的蜂群在 150～300 群之间，10% 的蜂群在 301～500 群，6% 的蜂群在 501～1 000 群，2% 的蜂群超过 1 000 群。阿根廷最大规模蜂场为 30 000 群蜂，由 3 个人管理，位于潘帕斯。

二、各省养蜂情况

除火地岛外，阿根廷所有省份都有蜂业生产。表 2-1 显示，2019 年阿根廷有 36 888 个养蜂员，饲养蜂群 3 038 588 群，平均每人饲养 82.37 群。从各省情况看，阿根廷的大部分地区适合养蜂，布宜诺斯艾利斯是养蜂最多的省，其蜂农数量和蜂群数量均最多，蜂农有 1.35 万人，占全国总养蜂人数的 36.5%，蜂群数量占比为 34.7%；其次是恩特雷里奥斯，蜂农人数和蜂群数量分别占 20.6% 和 22.4%；圣菲为第三，其蜂农数量和蜂群占比分别为 11.0% 和 10.3%。这 3 个省份的蜂农人数和蜂群数量合计分别占全国的 68.1% 和 67.4%。

表 2-1　2019 年阿根廷各省蜂农数量和蜂群数量

名称	蜂农数量 （人）	蜂群数量 （群）	人均饲养蜂群数 （群/人）
布宜诺斯艾利斯省	13 471	1 054 318	78.27
卡塔马卡省	131	7 662	58.49
查科省	1 384	64 789	46.81
丘布特省	217	4 818	22.20
布宜诺斯艾利斯市	1	1	1
科尔多瓦省	2 830	281 940	99.63
科连特斯省	690	33648	48.77
恩特雷里奥斯省	7 598	681 414	89.68
福莫萨省	349	15 222	43.62
胡胡伊省	74	2 663	35.99
拉潘帕省	1 780	237 142	133.23
拉里奥哈省	69	2 750	39.86
门多萨省	1 599	106 894	66.85
米西奥内斯省	247	4 991	20.21
内乌肯省	315	15 479	49.14
内格罗河省	384	47 487	123.66
萨尔塔省	132	3 276	24.82
圣胡安省	150	6 753	45.02
圣路易斯省	548	75 047	136.95
圣克鲁斯省	10	127	12.7

（续）

名称	蜂农数量 （人）	蜂群数量 （群）	人均饲养蜂群数 （群/人）
圣菲省	4 069	312 990	76.92
圣地亚哥- 德尔埃斯特罗省	630	60 567	96.14
图库曼省	210	18 610	88.62
合计	36 888	3 038 588	82.37

三、从业人员及蜂业收入情况

根据蜂业生产者登记系统（RENAPA）的数据，蜂业从业人员中男性为 81.8%，女性为 15.6%。农村变革小组的调查发现，蜂业从业人员中男性占 90%，女性占 10%。年龄 55 岁以上蜂业从业人员中男性占 17%，女性占 3%；年龄在 46~55 岁的从业人员中男性占 19%，女性占 3%；年龄在 31~45 岁的从业人员中男性 40%，女性占 4%；年龄在 30 岁以下的从业人员中男性占 14%。从年龄看，30 岁以下从业人员占 14%，年龄在 46~55 岁之间占 22%，年龄在 55 岁以上占 20%。31~45 岁从业人员占 44%，是主要养蜂力量。

接受调查人中 77% 有孩子，大多数人有 2 个孩子，只有 27% 的从业人员认为他们的孩子会继续养蜂。7% 的养蜂者认为养蜂可以获得固定的收入，66% 的养蜂者认为养蜂收入不稳定，24% 的养蜂者认为养蜂无法获得收入。

蜂蜜是阿根廷养蜂业的主要出口产品，养蜂者基本都生产蜂蜜，18% 的养蜂者生产核心群，5% 育王，4% 生产蜂蜡，3% 生产蜂胶，1% 从事授粉服务。近年来，生产类型也有所变化。99% 的养蜂者生产蜂蜜，6% 生产核心群或笼蜂，1% 生产蜂花粉，2％育王，20％生产蜂蜡，2％生产蜂胶，1％从事授粉服务，没有人生产蜂王浆。尽管蜂蜜生产仍保持最高比例，但随着生产技术、病虫害防控的改进，其他生产活动已逐渐普及。

位于布宜诺斯艾利斯省坦迪尔市的马丁蜂场共有 3 500 箱蜂，雇有 7 名工人。全部的蜂群放在 40 多个放蜂点，蜜脾全部运回到摇蜜工厂。为符合官方出口蜂蜜必须在工厂取蜜的要求，又购置了 2 000 米^2 的土地，建了 300 米^2 的车间；厂房建设成本 3 000～4 000 比索/米^2，加土地费用一共 120 多万比索（近 200 万元）。7 年来全场每年可收 500 大桶蜂蜜，约 150 多吨，正常年度蜂群平均产蜜 38 千克。90％以上的蜂蜜供出口，平均交易价约 2.4 美元/千克，但要缴 10％的出口税，税后收入约 9 比索/千克，折合人民币 14～15 元/千克。自售的蜂蜜售价可达到 10 美元/千克，但要缴 24％的消费税和 6％的零售税，税后收入折合人民币 45 元/千克。此外，马丁蜂场也培育蜂王，除自用外出售约 700 只，每只蜂王售价 12 美元，同样要缴 10％的优惠税。对转入图库曼的外省蜂场要进行检疫，每箱收检疫费 1 比索。蜂群为柑橘、柠檬授粉是免费的，但为蓝莓授粉要向种植户收取租金，每箱蜂 75 比索（约合人民币 120元），每公顷放蜂 10 箱，授粉期长达 2～3 个月。外省蜂场到图库曼放蜂采蜜时，每箱需要 5 比索（约合人民币 8 元）场地费。

四、蜂种及全年生产情况

阿根廷的蜂种主要是意大利蜂、卡尼鄂拉蜂。1956 年引入东非蜜蜂（*A. mellifera scutellata*）。继 1957 年杀人蜂出现在巴西后，1965 年杀人蜂出现在阿根廷。此后，杀人蜂由北向南扩展。目前，阿根廷科研机构通过形态学鉴定和分子鉴定来确定杀人蜂，并通过人工授精方法，控制杀人蜂的数量。

阿根廷蜂业生产以取蜜为主，蜂农的主要收入也来自蜂蜜。

除生产蜂蜜外，也生产一些商品花粉。由于蜜蜂和熊蜂为作物授粉不普及，因此蜂农的授粉收入不确定。授粉的推广不是很普遍，蜂农授粉时不仅得不到授粉费用，在圣地亚哥地区蜂农还要付费给农民。

每年 6—8 月为越冬期，9—10 月喂糖繁殖蜂群，10—11 月培育蜂王，12 月至翌年 2 月为蜂蜜的主要生产季节，3—5 月进入秋季，治螨喂糖，准备越冬（图 2-3）。蜂蜜主要生产时间从每年的 10 月至翌年 3 月，约 6 个月。一般来讲，阿根廷蜂场平均蜂蜜产量为 35 千克/群。通常一年取 2～3 次蜜，生产的都是成熟蜜。抖蜂后，用卡车将继箱拉到蜂蜜提取间，用叉车将继箱运入车间内。封盖巢框由继箱取出后放入自动化机械中，自动割开蜡盖，进入摇蜜设备。该设备每次可同时放置 80 框蜂蜜，采用电力。每次取蜜时间 15 分钟。蜜离心后，依次通过装有多个过滤网的通道，泵入储存罐中放置 48 小时。过滤网由粗至细放置，使蜡渣等杂物得到充分过滤。储存罐标有罐主名字。蜂蜜的收购价通常为 8.5 比索/千克，市场零售价为 30 比索/千克。

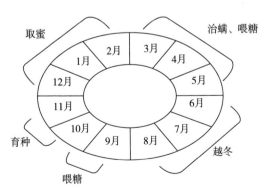

图 2-3　阿根廷蜂群周年饲养管理状况

为追求产量，获得更高的收益，许多阿根廷蜂场转地生产，转地的地区主要包括巴尔卡塞、图库曼和潘帕斯等在内的3个区域。通常的转地路线是春天到图库曼等北部地区繁殖蜜蜂，然后随蜜源花期依次转到圣地亚哥·德尔埃斯特罗，德尔埃斯特罗、潘帕斯草原和布宜诺斯艾利斯等地区。12月底，潘帕斯草原上的蜜源植物开花，有些蜂场就停在此地，进行生产；另一些蜂场则继续向南转地。有时因为油价高，转地运输费用高，许多蜂农放弃转地。

育王一般在阿根廷北部的查科省、科连特斯省以及中部的恩特雷里奥斯省和科尔多瓦省等。70%蜂场自己育王，每年换王。不使用抗生素治病，通过换王解决蜜蜂病虫害问题。经过育种后，只有3%蜂群发现美洲幼虫腐臭病，而且发病率逐年下降。

阿根廷蜜蜂的主要病虫害有大蜂螨、微孢子虫、美洲幼虫腐臭病、白垩病、欧洲幼虫腐臭病和病毒病。大蜂螨和美洲幼虫腐臭病是阿根廷蜂业生产中的主要病虫害，其中螨害最严重，美洲幼虫腐臭病只在局部地区发生。蜂农对螨害的控制以化学药物为主，很少采用生物措施和其他措施。市场上销售的杀螨药物有9种左右，允许使用双甲脒、蝇毒磷和氟氯苯氰菊酯等治螨，目前主要使用双甲脒和氟氯苯菊酯防治蜂螨。在埃斯特里奥省，大蜂螨已经对蝇毒磷产生了抗性。1989年，坦迪尔在阿根廷布宜诺斯艾利斯首先发现了美洲幼虫腐臭病，此后在阿根廷多个地方陆续发现。目前阿根廷还没有武氏蜂盾螨、蜂巢小甲虫和小蜂螨。

2010—2011年阿根廷有354个蜂农的129 342群蜂损失，损失率为21.9%。2012—2013年46个蜂农报告，蜂群的冬季损失率为11.4%；2013—2014年23个蜂农报告，蜂群的冬季损失率为14.3%。2014—2015年69个蜂农报告，蜂群的夏季死亡率为4.4%，冬季损失率为7.6%，全年损失率为11.3%。2015—2016年92个蜂农报告，蜂群的夏季死亡率为4.5%，冬季损失率为 13.5％，全年损失率为 17.3％。

圣菲省 2010 年有 433 160 群蜂，4 165 个养蜂员，160 个蜂蜜提取车间，生产蜂蜜 7 000～10 000 吨。2010 年蜂蜜投资 10 829 万比索（1 比索约合人民币 1.6 元），过去 6 年蜂蜜平均产量 30 千克/群，蜂蜜产值 11 700 万比索。养蜂业提供了 12 万个工作岗位，推动了当地经济发展。圣菲省有 7 个育王场，共生产蜂王 14 000 只，其中有 2 个育王场与国家农业技术研究院（INTA）有合作关系。每年春季专业养蜂场将蜂群运到图库曼北部或圣地亚哥-德埃斯特罗提前育王、繁殖，待蜂群发展起来后返回原地进行生产。如果蜂群不壮，会有专门的场地用来强壮蜂群。蜂场通常一年取 2～3 次蜜。由于蜂群没有从事繁重的生产，加上丰富的蜜源植物，因此蜜蜂的体质健康，蜜蜂病害少，而且产品中药物残留少，饲料的消耗也低。圣菲省塞莱斯市平均每年每群蜂消耗白糖 10 千克，而贝拉市平均每年每群蜂只需消耗糖 3 千克。

阿根廷法律规定转场时要进行检疫，但实际执行并不十分严格。

第三节　阿根廷蜂业进出口情况

阿根廷的蜂业进出口主要包括蜂蜜进出口、蜂蜡进出口和蜜蜂进出口。阿根廷一直是国际主要蜂蜜出口国，其蜂蜜主要用于出口。

一、蜂蜜出口情况

从 1961 年联合国粮食及农业组织有蜂蜜进出口统计以来，阿根廷就一直出口蜂蜜。图 2-4 显示，1961 年蜂蜜出口量为 13 146 吨。1961—1974 年，除 1965 年、1967 年和 1970 年蜂蜜出口量超过 2 万吨外，其他年度蜂蜜出口量基本维持在 2 万吨以下，1968 年只出口了 9 918 吨。1975 年蜂蜜出口激增至 22 639 吨，此后至 1984 年除 1978 年出口了 3.6 万吨外，其他年度出口量一直维持在 3 万吨以下。1985 年蜂蜜出口量为 42 509 吨，至 1990 年出口量一直维持在 3.0 万～4.3 万吨。1990—1999 年蜂蜜出口量持续增加，1999 年出口量达 93 103 吨。1999—2004 年蜂蜜出口量呈下降趋势，2005 年又突增为 107 670 吨，创 60 年来的最高点。2006 年出口蜂蜜 103 998 吨，为 60 年来的第二高纪录。此后 11 年除 2015 年和 2016 年分别出口 4.6 万吨和 8.1 万吨外，蜂蜜出口量基本维持在 5 万～8 万吨。2018 年出口蜂蜜 68 692 吨，比 2017 年下降 2.3%。2019 年出口蜂蜜 63 522 吨，比 2018 年下降 7.5%。

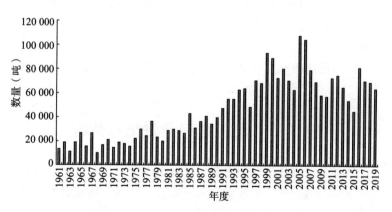

图 2-4　1961—2019 年阿根廷蜂蜜出口量

表 2-2 显示，2010—2019 年，虽然阿根廷蜂蜜出口量有变化，但出口量占当年蜂蜜产量的百分比始终在 80% 以上，其中 2019 年出口量占比最低，为 80.5%，2016 年蜂蜜出口量占 119.2%。以上表明阿根廷蜂蜜主要用于出口，国内蜂蜜消费量很低。

表 2 - 2 2010—2019 年阿根廷蜂蜜出口情况

指标	2010 年	2011 年	2012 年	2013 年	2014 年	2015 年	2016 年	2017 年	2018 年	2019 年
出口额（美元）	173 425 830	223 552 663	215 147 166	212 636 733	204 437 522	163 829 341	168 867 877	183 718 109	169 991 434	142 086 242
出口量（吨）	57 317	72 356	75 135	65 180	54 500	45 659	81 183	7 0321	68 692	63 522
蜂蜜产量（吨）	59 000	72 000	76 000	67 500	60 000	52 600	68 123	76 379	79 468	78 927
出口量占比（%）	97.1	100.5	98.9	96.6	90.8	86.8	119.2	92.1	86.4	80.5

图 2 - 5 显示，1961—2011 年蜂蜜的出口额总体呈增加趋势，2011 年后呈下降趋势。1961—1972 年蜂蜜出口额在 891 万美元以下，1973—1989 年出口额在 1 000 万～3 000 万美元之间。1990 年出口额为 3 079.1 万美元，1990—2001 年间只有 1997 年曾达到 10 836.1 万美元，其他时间均没超过 1 亿美元。2002 年蜂蜜出口额为 1.14 亿美元，之后一直增加到创纪录的 22 355.3 万美元（2011 年），此后出口额下降。2018 年出口额为 1.70 亿美元，比 2017 年下降了 7.5%，占国际蜂蜜总出口额的 7.5%。2019 年出口额降为 1.42 亿美元。

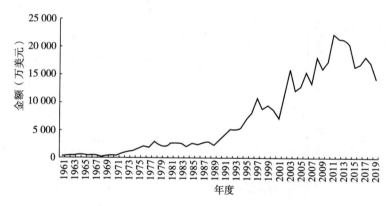

图 2 - 5　1961—2019 年阿根廷蜂蜜出口额

二、蜂蜜出口价格

图 2 - 6 显示，蜂蜜出口单价总体呈增加趋势。1961 年蜂蜜出口单价为 0.24 美元/千克，1961—1971 年蜂蜜单价基本维持在 0.20～0.33 美元/千克，1971 年蜂蜜出口单价增加为 0.46 美元/千克。此后价格一直增加，1974 年单价增加为 0.82 美元/千克。此后的 20 年间，蜂蜜价格虽然有变化，但基本保持在 0.70～1.00 美元/千克之间。1995 年蜂蜜价格增加为 1.11 美元/

千克，除了 2000 年、2001 年和 2003 年蜂蜜价格分别为 0.99 美元/千克、0.98 美元/千克和 2.27 美元/千克外，1995—2007 年蜂蜜单价基本在 1～2 美元/千克之间。2008 年蜂蜜单价增加为 2.62 美元/千克，此后一直保持在 2～3.75 美元/千克之间。其中，2014 年蜂蜜单价为 3.75 美元/千克，为 60 年来的最高单价；2015 年蜂蜜单价为 3.59 美元/千克，为 60 年来的第二高。2018 年蜂蜜单价为 2.47 美元/千克，比 2017 年下降了 5%。2019 年蜂蜜单价继续下降，为 2.24 美元/千克。

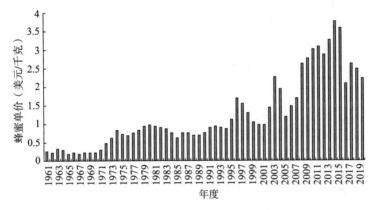

图 2-6　1961—2019 年阿根廷蜂蜜出口价格

三、各省蜂蜜出口情况

2010 年阿根廷出口蜂蜜 57 317 吨，出口额为 173 425 830 美元，有 12 个省出口蜂蜜，其中布宜诺斯艾利斯出口了 27 547 吨、83 348 454 美元的蜂蜜，均占阿根廷当年蜂蜜出口量和出口额的 48%。表 2-3 显示，2017 年出口蜂蜜 70 531 吨，出口额达 183 718 109 美元，有 12 个省出口蜂蜜，其中布宜诺斯艾利斯出口了 33 897 吨，出口额为 88 294 923 美元，均占全国蜂蜜出口量和出口额的 48%。其次是圣菲，出口了 10 432 吨蜂蜜，占全国蜂蜜出口量的 15%。科尔多瓦出口量居全国第三，出口了 8 520 吨蜂蜜，占全国蜂蜜出口量的 12%。恩特雷里奥斯蜂蜜出口量为第四，占比为 8%。

2018 年阿根廷出口蜂蜜 68 787 吨，比 2017 年下降了 2.3%；蜂蜜出口额为 169 991 431 美元，比 2017 年下降了 7.5%。全国有 20 个省出口蜂蜜，其中布宜诺斯艾利斯出口了 23 979 吨，出口额为 59 259 014 美元，均占全国蜂蜜出口量和出口额的 35%。其次是恩特雷里奥斯，出口了 15 793 吨蜂蜜，占全国蜂蜜出口量的 23%。圣菲出口量居全国第三，出口了 7 257 吨蜂蜜，占比为 11%。由于实行统一蜂蜜出口价格，因此各省蜂蜜出口量占比和出口额占比是一样的。

表 2-3　2017—2018 年阿根廷各省蜂蜜出口情况

名称	2017 年				2018 年			
	出口量（吨）	出口量占比（%）	出口额（美元）	出口额占比（%）	出口量（吨）	出口量占比（%）	出口额（美元）	出口额占比（%）
布宜诺斯艾利斯省	33 897	48	88 294 923	48	23 979	35	59 259 014	35
圣菲省	10 432	15	27 171 908	15	7 257	11	17 934 096	11
科尔多瓦省	8 520	12	22 193 148	12	6 438	9	15 911 198	9
恩特雷里奥斯省	5 826	8	15 175 116	8	15 793	23	39 030 033	23
门多萨省	868	1	2 259 733	1	2 483	4	6 136 691	4
图库曼省	607	1	1 579 976	1	—	—	—	—
米西奥内斯省	—	—	—	—	110	—	271 986	—
圣胡安省	—	—	—	—	158	—	390 980	—
丘布特省	—	—	—	—	110	—	271 986	—
拉里奥哈省	—	—	—	—	55	—	135 993	—

（续）

名称	2017年				2018年			
	出口量（吨）	出口量占比（%）	出口额（美元）	出口额占比（%）	出口量（吨）	出口量占比（%）	出口额（美元）	出口额占比（%）
拉潘帕省	7 385	10	19 235 286	10	5 242	8	12 953 347	8
科连特斯省	395	1	1 028 821	1	750	1	1 852 907	1
内格罗河省	607	1	1 579 976	1	1 073	2	2 651 866	2
萨尔塔省	—	—	—	—	69	—	169 991	—
其他省	430	1	1 120 680	1	—	—	—	—
圣路易斯省	607	1	1 579 976	1	1 445	2	3 569 820	2
内乌肯省	—	—	—	—	351	1	866 956	1
卡塔马卡省	—	—	—	—	103	—	254 987	—
查科省	—	—	—	—	1 610	2	3 977 800	2
圣地亚哥-德尔埃斯特罗省	959	1	2 498 566	1	1 355	2	3 348 831	2
福莫萨省	—	—	—	—	344	—	849 957	1
胡胡伊省	—	—	—	—	62	—	152 992	—
合计	70 531	100	183 718 109	100	68 787	100	169 991 431	100

四、蜂蜜主要出口国

2002 年以前，阿根廷是世界第二蜂蜜出口国，蜂蜜主要用于出口，国内消费不足 10％。2002 年，由于欧盟对我国蜂蜜的禁进，阿根廷蜂蜜出口数量骤然上升，蜂蜜出口从世界第二跃升为世界最大的蜂蜜出口国。从 2000 年至今，阿根廷蜂蜜出口数量一直在 6 万吨以上。90％阿根廷蜂蜜以 330 千克大包装桶装出口，仅有少量的蜂蜜以小包装瓶装形式出口。

2013 年，阿根廷出口蜂蜜 65 180 吨。其中，出口美国

43 331 吨，占比为 66.5％；出口德国 5 509 吨，占比 8.5％；出口日本 3 349 吨，占比为 5.1％；出口沙特阿拉伯 2 164 吨，占比为 3.3％；出口加拿大 2 058 吨，占比为 3.2％；出口意大利 1 366 吨，占比为 2.1％；出口印度尼西亚 1 139 吨，占比为 1.7％。

2018 年，阿根廷蜂蜜出口国有 30 个，欧盟、美国是阿根廷蜂蜜的主销市场。美国是阿根廷蜂蜜最大的主销市场，2018 年 48.37％的蜂蜜出口美国。德国为阿根廷蜂蜜第二大主销市场，2018 年 25.4％的蜂蜜出口德国。超过 95％的产品出口到美国、德国、日本、意大利、加拿大、法国和西班牙等国家。2018 年，阿根廷蜂蜜新开拓了 3 个国际市场，向巴西出口蜂蜜和蜂王，向厄瓜多尔和巴拉圭出口蜂蜜。

2018 年 3 月，阿根廷与我国签署了协议，协议允许阿根廷 18 家养蜂场的蜂蜜进入我国市场。

出口公司直接从分布在阿根廷各地的生产者或经销商处购买蜂蜜。大宗蜂蜜出口非常集中，超过 60％的出口集中在不到 10 家公司中。46％的蜂蜜没有细分，21％的生产者细分比例在 1％～30％，13％生产者的蜂蜜细分比例在 31％～60％之间，3％生产者的蜂蜜细分比例在 61％～99％，17％生产者的蜂蜜 100％细分。这些数据表明大多数养蜂人的营销渠道是收购者和出口公司。

五、蜂蜜进口情况

阿根廷一直是蜂蜜出口大国，1961—1993 年没有蜂蜜进口。1994 年开始进口蜂蜜，但当年只进口了 2 吨。图 2-7 显示，1994—1997 年蜂蜜进口量和进口额均呈增加趋势，此后进口下降，呈波浪式变化，直到 2010 年达到最高纪录，进口量达 296 吨，进口额达 85.5 万美元。2018 年蜂蜜进口量为 22 吨，同比下降 70.2％；进口额为 7.3 万美元，同比下降 70.7％。2019 年蜂蜜进口量增加为 64 吨，进口额增加为 21.6 万美元。

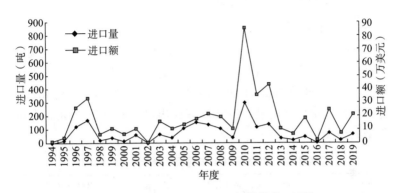

图 2-7　阿根廷 1994—2019 年蜂蜜进口情况

图 2-8 显示，1994—2019 年，阿根廷进口蜂蜜价格呈波浪变化。其中，2000 年蜂蜜进口单价最高，达到 4.64 美元/千克，1994 年和 2002 年蜂蜜进口单价为 4.50 美元/千克。其他年度蜂蜜进口价格均在 1～4 美元/千克之间。2004—2006 年蜂蜜进口价格呈下降趋势，此后呈增加趋势至 2015 年，而后又呈下降趋势。2018 年蜂蜜进口价格为 3.32 美元/千克，2019 年蜂蜜进口价格为 3.38 美元/千克。

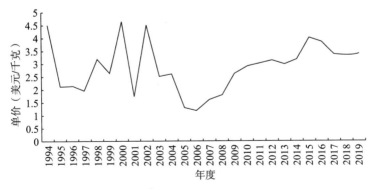

图 2-8　1994—2019 年阿根廷进口蜂蜜价格

六、蜂蜡进出口情况

表 2-4 显示，阿根廷蜂蜡出口多于进口。1961—2019 年，28 年有蜂蜡进口记录，35 年有蜂蜡出口记录，2001 年后既无蜂蜡进口，也无蜂蜡出口。1993 年进口蜂蜡 32 吨，进口额 6.5 万美元，为 60 年来蜂蜡进口的最高纪录。1962 年出口蜂蜡 352 吨，为最高出口量纪录；1981 年蜂蜡出口额 84.5 万美元，为 60 年来的最高出口额纪录。

表 2-4　1961—2001 年阿根廷蜂蜡进出口情况

年度	进口量（吨）	进口额（万美元）	出口量（吨）	出口额（万美元）
1961	0	0	110	9.9
1962	0	0	352	22.5
1963	0	0	165	16.0
1964	0	0	109	11.0
1965	0	0	65	5.7
1966	0	0	96	8.1
1967	0	0.1	263	30.6
1968	1	0.2	70	8.6
1969	0	0.1	179	22.4
1970	1	0.5	90	12.1
1971	1	0.3	56	6.7
1972	2	0.5	33	3.5
1973	0	0.1	3	0.5
1974	2	0.4	9	2.4
1975	0	0.1	10	3.2
1976	0	0	79	18.4
1977	5	1.4	125	48.8
1978	0	0	179	70.0

（续）

年度	进口量（吨）	进口额（万美元）	出口量（吨）	出口额（万美元）
1979	0	0	129	53.1
1980	1	1.0	94	43.7
1981	0	0	210	84.5
1982	0	0	143	52.6
1983	1	0.7	122	39.8
1984	1	0.9	116	35.0
1985	1	0.9	257	80.5
1986	1	0.9	72	21.4
1987	1	0.5	142	39.5
1988	1	0.4	201	50.4
1989	1	0.8	99	24.2
1990	0	0.3	112	27.0
1991	2	5.0	16	3.8
1993	32	6.5	9	0.7
1994	0	0.5	70	28.0
1996	2	0.7	0	0
1997	2	0.7	0	0.1
1998	0	0.2	0	0.1
1999	0	0.2	0	0.1
2000	0	0.4	0	0
2001	0	0.3	0	0

七、蜜蜂进出口情况

1961—2019 年，阿根廷只在 1991 年和 2019 年分别进口了 2 352 群和 221 群蜜蜂，进口额分别为 4 万美元和 0.1 万美元，其他年度没有蜜蜂进口。阿根廷在 1987 年有蜜蜂出口业务，但只有 1.3 万美元，没有出口数量的记录。2012—2018 年，阿根廷出口蜜蜂的情况见表 2-5。2012—2017 年蜜蜂出口量持续增加，2017 年蜜蜂出口量最多，达 16.88 万群，出口额达 28.7 万美元。2018 年蜜蜂出口量下降，只有 5 万群，出口额也只有 6.3 万美元。2018 年期间，阿根廷蜜蜂出口开拓出新的国际市场，向巴西出口蜂蜜和蜂王，向玻利维亚出口蜂箱和蜜蜂，向突尼斯和乌拉圭出口蜜蜂。2019 年，阿根廷只出口了 8 926 群蜂，出口额只有 8.8 万美元。

表 2-5　2012—2018 年阿根廷蜜蜂出口情况

项目	2012 年	2013 年	2014 年	2015 年	2016 年	2017 年	2018 年	2019 年
出口量（群）	96	77	95 528	121 086	133 903	168 751	50 158	8 926
出口额（万美元）	20.9	17.4	17.9	13.1	18.5	28.7	6.3	8.8

第四节　阿根廷蜂业管理

一、蜂业生产管理

阿根廷农业部负责农业、畜牧业和水产的管理。国家农业食品健康与质量服务局（SENASA）负责监督认证动物和蔬菜产品及其副产品，也负责动物疫病和蜜蜂疾病的检疫工作。

阿根廷实行养蜂员登记注册制度，超过 5 群蜂的蜂场必须在国家农业生产者健康登记系统（RENAPA）中注册。转地也需要登记并进行检疫，RENAPA 统一协调放蜂场。RENAPA 系统中现有登记会员 2.3 万人，实际系统中有数据的人有 12 476人，共有 3 139 198 群蜂和 36 215 名养蜂者。

生产部负责蜂业管理的立法工作。法律规定，不论产品是否出口，只要是专业养蜂均需缴税。如果生产的蜂蜜出口，总税率为 23%，其中增值税 10%、出口税 10%、营业税 3%。如果蜂蜜在国内销售，税率 24%，其中增值税 21%、营业税 3%。

阿根廷实行技术员制度，技术员属于国家农业技术研究院（INTA）正式职工，负责蜂场的日常技术指导，其研究经费和工资由政府支付。技术指导的费用由政府先支付给蜂农，蜂农再付给技术员，2~3 年后由蜂农自己付费。

法律规定，每个蜂场的蜂群数量不超过 70 群，以减少疫病传播，转场时要进行检疫。阿根廷是实行蜂业强制可追溯的国家。阿根廷对蜂群已经实施了在线追溯系统（SITA），实行了可溯源管理，如果养蜂员没有注册，就无法出口。注册的养蜂员都有专属的数字编号，由政府统一编码。蜂箱内的每个巢框框梁上和蜂箱外均有该编号。这样，既可以防止蜂群丢失，也可以通过编号查出这群蜂甚至这框蜂的主人。2018/2019 年度 SITA 已经录入 15 万条可溯源信息，注册使用的取蜜车间共700 个。

育王场管理：育王场需要 SENASA 检疫。检疫内容包括 3个方面，检疫一年 3 次，每次所有蜂群都要检疫。包括交通费等在内的检疫员的所有费用（约 400 美元），均由蜂场主支付。检疫员每天检查 150~300 群蜂。

二、蜂蜜质量管理

法律规定注册蜂农必须加入蜂农联合体，一般由几个或十几个蜂农组成。近年来，为提高蜂蜜质量，阿根廷政府规定摇蜜必须在房间内进行，要求每个蜂农联合体都要有自己的蜂蜜提取厂房。因此，蜂农联合体筹资建设蜂蜜提取厂房，每个联合体成员在蜂蜜提取厂房内都有一个独立的储蜜罐，专门用于摇蜜后收集蜂蜜。

阿根廷出口蜂蜜实施较为严格的产品溯源体系（蜂农注册、取蜜车间注册和批准、对欧盟出口工厂注册和 HACCP

认证、运输单上注明蜂农注册号、出口前所有环节需提供书面证明）。

阿根廷政府重视蜂蜜出口，按照国际先进标准建立了一套质量监控体系，每出口 200 吨蜂蜜，就进行一次内部抽样检查，不达标的不得出口，从而保证了出口产品的质量安全。在蜂蜜出口贸易方面，阿根廷形成了完备的管理体系和制度。

为保护本国养蜂者的利益，避免本国产品在国际市场上同根相煎，阿根廷政府推动成立了一批"出口联合体"，把邻近区域、同一产品的数家或十几家生产者组织起来，在国际市场上以"联合体"形式集体参与竞争。政府规定，蜂蜜出口只能通过公平贸易中心进行，对蜂蜜实行统一定价，避免了在国际市场上相互杀价。北方有限合作公司等中介公司负责介绍蜂农联合体与公平贸易中心接洽，由蜂农联合体与公平贸易中心协商蜂蜜出口价格。公平贸易中心需要付 60% 的预付款。

阿根廷有自己的地理标志产品，这些产品包括蜂蜜、奶酪、芦笋、番茄、绵羊等。2017 年 3 月起，图库曼省的柠檬蜂蜜获得地理标志产品。

三、蜂业相关法律及法规

《阿根廷食品法典》颁布于 1971 年，共分 22 章，第四章规定了蜂蜜的包装，第十章第 782 条和第 783 条规定了蜂蜜的定义、获得方式、卫生指标等，第 784 条和第 785 条分别规定了王浆和花粉的来源、卫生指标等。第十章于 2019 年 5 月进行了更新，无刺蜂蜂蜜被列入食品法典。

2008 年 5 月 5 日，政治、法规和研究部联合农牧渔业和食品部以 2008 年 94 号和 357 号联合决议，公布了蜂胶的定义以及质量标准。

养蜂必须在 RENAPA 系统中注册的规定，最早于 2001 年公布，此后经过两次（2002 年、2006 年）修改，最新的规定是

2015 年 8 月 3 日阿根廷农业、畜牧业和渔业部 502 号决议
（No. 502/15 Res. SAGPyA）。

在出口方面，国家农业食品质量和卫生局于 2001 年发布了
《农业食品卫生和质量》，2002 年 4 月 26 日修改了关税、退税
等，经济部分别于 2002 年 7 月 3 日和 5 日颁布了《税收义务》
和有机产品的区别对待。联邦公共税收管理局于 2002 年 10 月
24 日规定了蜂蜜的增值税。2017 年 6 月 14 日，农工部宣布向国
内市场和国际市场推广蜂蜜。2019 年 7 月 2 日，阿根廷政府规
定，在强制使用养蜂业可追溯性系统和养蜂业出口认证系统
（SIGCER）的框架内，蜂蜜出口只能以符合 Senasa E-5/2018 号
决议规定、符合要求的桶装蜂蜜销售。

在有机养蜂方面，国家农业食品质量和卫生局于 2016 年 7
月 16 日以 374 号决议公布了有机食品的生产，其中第 45～63 条
是有机蜂蜜的生产。农牧渔业和食品部于 2000 年 6 月 9 日以
270 号决议修改《动物卫生》中关于消毒的部分，2001 年 8 月
17 日以 451 号决议规定了抗生素的使用。

国家农业食品质量和卫生局于 2018 年 1 月 3 日以 2018E5 号
决议形式发布了《蜂蜜的包装规定》。

在蜂蜜的植物来源方面，农牧渔业和食品部于 1994 年 12 月
2 日以第 1051/94 号决议形式公布了《植物来源分类》，规定了
应根据蜂蜜的植物来源建立蜂蜜分类系统，并于 1995 年 11 月 6
日以 274/95 号决议进行了修订，1996 年 3 月 1 日以第 111/96
号决议形式规定了蜂蜜植物来源认证实验室的授权、注册和
运营。

2013 年 6 月 18 日，国家农业卫生与质量局以第 278/2013
号决议形式发布了《创立国家蜜蜂卫生计划》，规定国家农业健
康与质量服务局负责蜜蜂的病虫害防控，以及蜜蜂病虫害的强制
报告制度，养蜂场负责人必须根据养蜂场的位置在相应管辖区的
SENASA 办公室申请注册，接受卫生检查和流行病学监测。

2005 年 12 月 9 日，国家农业卫生与质量局以第 797/2005 号决议形式，针对蜂蜜中硝基呋喃的使用，规定了蜜蜂病虫害防控措施。

2003 年 3 月 26 日，国家农业卫生与质量局以第 75/2003 号决议形式发布《蜂业生产》，蜂业出口企业必须注册，接受国家农业卫生与质量局的检查。2006 年 12 月 18 日，国家农牧渔业和食品部以第 870/2006 号决议形式发布《蜂业生产》，规定了蜂蜜提取的卫生要求和监管要求。2007 年 9 月 17 日，国家农牧渔业和食品部以第 147/2007 号决议形式发布《蜂业生产》，规定了阿根廷蜂蜜质量规程。

国家农业卫生与质量局以第 220/95 号决议形式发布了《蜂蜜》，规定蜂蜜和其他蜂产品的提取、加工、分级、包装或存放以及生产场所的授权和操作均受监管。2002 年 4 月 23 日，国家农业卫生与质量局以第 353/2002 号决议形式发布《蜂蜜》，规定了蜂蜜出口企业注册和授权的条件，以及出口企业蜂蜜提取的卫生要求和监管要求。2003 年 5 月 2 日，国家农业卫生与质量局以第 186/2003 号决议形式发布了《蜂蜜》，规定为蜂蜜建立从收获到出口的可追溯性控制系统。

除以上国家法律外，各省也可以指定自己的蜂业法律，如 2020 年恩特雷里奥斯省众议院批准了第 10831 号法律，宣布开展养蜂活动，并将蜜蜂定义为"受保护的社会福利"，同时指出养蜂植物群的生物多样性"必须得到促进"。该法律规定传播"蜜蜂授粉的多重优势"以提高农作物的生产力，并促进采取经济措施以改善养蜂业的生产和销售，并成立专项基金。禁止引进未经测试的蜂王，禁止人造蜂蜜的生产和销售。创建了省养蜂产业链发展协商委员会（Codeapi）。

四、政府对蜂业的扶持

除了制定法律法规和具体负责蜂业管理外，农业部还与各蜂蜜生产省政府合作,制定了"国家蜂蜜计划",为蜂蜜生产者提供服务与帮助,内容包括出版"各蜂蜜产区的信息"刊物,发布"出口和内销蜂蜜质量监控"计划,促进国内蜂蜜消费增长。农业部和蜂蜜主产省政府还有多个促进计划帮助养蜂者,养蜂者通过组成合作社可以获得省政府的"支持贷款"。其中,贷款期为1年,分3个季度偿还,这有助于蜂场的管理和蜂蜜的销售。

政府网站、新闻媒体等也利用多个渠道宣传蜜蜂和养蜂业。

第五节 阿根廷蜂业科研情况

一、科研单位

阿根廷的蜂业科研工作主体主要有 INTA 和高校等机构,南部的高校在蜜蜂育种和病虫害防治方面的实力较强,北部的高校在蜂产品研究方面实力相对较强。教学工作则主要由高校承担。

INTA 主要负责阿根廷的农业和林业研究与生产技术推广,其分支机构覆盖阿根廷全境,在全国拥有 15 个区域中心、52 个实验站、359 个推广中心、6 个研究中心和 22 个研究所,有雇员7 349 人。其中,49.0%是专业人员、30.4%是辅助人员、20.6%是技术员,平均年龄 46 岁,37.5%为女性。INTA 有自己的蜂场,蜂场提供养蜂技术指导。

1995 年以前,INTA 只有 2 个下属中心从事蜜蜂科研工作,目前有 11 个中心从事蜜蜂研究。INTA 参与蜜蜂研究的中心如下:法米亚中心开展蜂蜜和蜂胶质量、新产品发展,无刺蜂、熊蜂研究,蜜蜂健康和学校网络。科罗拉多中心开展蜜蜂育种研究。蓝山中心开展无刺蜂研究。莱康几斯塔中心开展无刺蜂和交流网络研究。拉法埃拉中心开展蜂螨控制与蜂蜜质量、营养和授粉研究。康塞松中心开展授粉研究。三角洲中心开展蜂蜜质量和特征化研究。卡斯特拉中心开展蜜蜂育种、行为和病毒研究。巴尔卡塞中心开展蜜蜂育种、精液保存和营养研究。该中心有 300 名科研人员、1 600 名学生，研究内容包括雄蜂精液质量和保存，作为蜂群鉴定的补充工具——形态学研究、蜂王质量研究、种群的分子鉴定研究、蜂蜜质量和技术研究。蜂蜜质量和技术研究主要从事理化检测和感官检测。该中心有养蜂和蜂蜜质量实验室。出于研究需要，该中心设有实验蜂场从事育种等研究，还拥有一台蜜蜂人工授精车。阿斯卡苏比中心开展蜜蜂健康和营养研究。巴里洛切中心开展蜂业经济研究。

二、蜂业计划

阿根廷于 1994 年启动了国家蜜蜂计划（PROAPI）。该计划最初是 INTA 的一个项目，现已成为一项国家计划。该计划由农学家马里亚·亚历杭德拉·帕拉西奥主持，200 个技术员、30 个研究者和 12 个专业学位拥有者参与。其总目标在于通过推动产业链发展，增加产品多样性来提高阿根廷蜂蜜的竞争力，鼓励蜂业的公平贸易。

PROAPI 主要包括两个计划：一个是竞争力计划，另一个是优力计划，专注于技术、新技术应用、信息传播等。

竞争力计划包括需要的蜂巢、产品质量、多样化、其他蜂种4 个部分。需要的蜂巢部分包括自然和商业蜂群育种变化性、清洁行为研究等内容。产品质量部分包括蜂蜜、蜂花粉和蜂王研究。其他蜂种包括无刺蜂和熊蜂研究。自然和商业蜂群育种变化性子计划目的在于提高蜂蜜质量，由 30 个人参与。

优力计划包括组织、成本和市场、沟通 3 个子计划。此外，PROAPI 还包括生产技术研究、质量管理和培训。培训主要包括针对 158 个技术员的培训、远程培训计划、电视的远程培训课程、由联邦议会资助的 30 个中学必需培训计划和中央布宜诺斯艾利斯国立大学兽医学院的技术员学位培训计划，还包括 Beehive Gazette 杂志出版和阿根廷蜂业会议召开以及取蜜设备的可移动、自动化研究等。

PROAPI 有 150 个养蜂团体参与和支持，得到北方蜂业合作组等企业支持，形成了阿根廷西北地区和中部蜂业集团。中部蜂业集团有 8 万群蜂，蜂蜜出口到世界 7 个国家。

集团运行模式包括商业网络、学校和技术员网络、质量控制组织网络。这个模式将蜂群死亡率由 30％ 降低到 10％。虽然蜂群生产成本增加了 2％，但收入却增加了 31.8％；建立了农业学校网络和蜂业生产的大学教育计划、以蜂业联合体为基础的北部中心和北部质量控制的相关模式系统。

为提高阿根廷蜂蜜的质量，控制蜜蜂病虫害发生，阿根廷一直实行蜜蜂健康监控计划。如 2013 年 1 月至 2013 年 6 月，在科连特斯省、米西奥内斯省和恩特雷里奥斯省北部监控美洲幼虫腐臭病，在拉潘帕省监控微孢子虫病、美洲幼虫腐臭病等，在全国调查蜜蜂越冬死亡率，在布宜诺斯艾利斯省、拉潘帕省等地监测蜂巢小甲虫和小蜂螨。

三、蜂业杂志

《农村和蜜蜂》是阿根廷养蜂业的第一个报刊，从 2007 年 10 月 26 日开始发行，刊登阿根廷及南美洲的主要蜂业信息。

第六节 阿根廷蜂业协会和蜂业培训情况

一、蜂业协会和中介公司

阿根廷养蜂者协会（SADA），成立于 1938 年 7 月 28 日，其宗旨是促进养蜂业的文化和科学研究，加强养蜂知识的推广和传播，联合所有的养蜂者捍卫自身的利益，通过研究、传播来捍卫阿根廷养蜂业的总体利益。促进养蜂业及相关产业的发展，通过论文、期刊或传单宣传并传播养蜂技术，推动养蜂学校在全国的创建等等。

协会出版双月刊《蜂巢公报》杂志；设立一家养蜂学校，称阿纳尔多吕彻学校。学校目前教授养蜂业入门课程、养蜂业高级课程以及有关各种特定主题的课程，包含蜜蜂健康、蜂王育种等17门课程。2017年，协会还获得了专业培训机构的质量管理认证。协会还出版书籍，向蜂业从业者介绍并推荐蜂具、摇蜜机和巢础等蜂具。

协会会员分个人会员和团体会员两种。其中，个人会员年费2 000比索，半年年费1 200比索；团体会员年费为1万比索。作为协会会员，可以享有协会提供的育种核心群认证、旧巢脾的处理以及购买蜂药的优惠价（可减免10%）。有Apilab等4家公司与协会签有优惠折扣协议。会员只需缴纳极低的费用就可得到相关培训，2011年的APIMONDIA大会也由该协会承办。

阿根廷各省均有养蜂协会，全国共有111个地方蜂业协会，这些协会非常活跃，经常举办各种蜂业活动和培训。

除了协会外，阿根廷还有蜂蜜中介公司。中介公司不但从事蜂蜜贸易，还出售蜂具和蜂药。中介公司每年向公平贸易中心支付1 500欧元获得出口资格。中介公司在每个地区安排一个信息员，收集各种信息，参与进口商和出口商价格谈判，为阿根廷养蜂者协会提供信息等。养蜂员加入中介公司，需要支付50美元。位于法米亚的中介公司——北方有限合作公司2010年将100吨蜂蜜出售给公平贸易中心，买家每购买1千克蜂蜜，需支付20美分给中介公司。该中介公司只有3～4个人，一个秘书长、一个财务人员和一个经理，属于民间组织。其办公室由国家农业技术研究院免费提供。

此外，还有阿根廷共和国出口商会（CERA，http：//www.cera.org.ar）、食品行业商会（CIPA，http：//www.cipa.org.ar）以及阿根廷联邦养蜂合作社（FACAP）。

二、蜂业培训

阿根廷政府、高校和协会均可举办蜂业培训。一般情况下，INTA 每年在秋季和春季各办 1 次培训。技术培训不收取培训费，午餐由参加培训的蜂农自付。蜂群一旦出现问题，蜂农可以向技术员咨询请教，技术员会指导蜂农采取技术措施进行防治。技术员的工资由政府支付。通常情况下，蜂农支付蜂群检疫费用、技术员在蜂场的旅费和食宿费，但也有很多蜂农不付费。

协会每年也会举办蜂业知识培训，通常情况下会员免费参加或缴纳很低的费用。

三、蜂业宣传和活动

阿根廷非常重视蜂业宣传，利用网站、多媒体等多种途径进行蜂业知识的宣传。

从蜂业协会的章程看，养蜂业的宣传是协会的一项重要工作。INTA 等工作人员也在中小学等举办讲座。

每年的 2 月 1 日至 4 日是科尔多瓦圣马科斯塞拉斯市的蜂蜜节。该市距首都不足 200 千米，以其生产的有机蜂蜜的卓越品质而闻名。每年 2 月，"蜂蜜之都"中最重要的节日是蜂蜜生产纪念活动，生产者聚集在一起，进行艺术表演（主要是民俗性质）、戏剧表演与手工艺品和美食的销售。

为了促进消费，阿根廷将 5 月 14 日至 20 日定为"蜂蜜周"（图 2-9），政府网站、企业等进行大力宣传，通过脸书、推特、Instagram、YouTube 等多种途径宣传蜜蜂和蜂产品知识。2019年 INTA 制作了 9 集宣传片"你了解蜂蜜吗？"，有 10 位专家参与介绍蜜蜂授粉、蜂业知识等 11 期视频节目，并将视频在网站上进行宣传。2019 年，有 20 个省超过 200 个城市 200 万人参与了蜂蜜周的活动。

图 2-9 蜂蜜周的宣传画

2020 年，阿根廷蜂蜜周的主题是"为您的生活增添蜂蜜"，是阿根廷第四个蜂蜜周。开幕日有蜂蜜品尝活动，儿童可以品尝蜂蜜和蜂蜜味的冰激凌。活动期间，在农业工业园举办了养蜂产品展览会，美食家莫妮卡·波达·玛丽娜分享了一些用蜂蜜做饭的秘诀。蜂蜜周的活动，可以很好地刺激和促进蜂蜜消费，宣传蜜蜂对农业生产的重要性以及授粉对保护生物多样性的好处等。

第七节　阿根廷蜂业存在的问题及值得借鉴的地方

一、蜂业生产面临的问题

阿根廷蜂业管理者最担心的问题是蜂蜜的质量，主要是药物残留问题。

另外，阿根廷人不喜欢食用蜂蜜，造成蜂蜜的国内消费量极低。在这种情况下，蜂业生产完全依靠出口，一旦出口市场受阻，其蜂业生产将面临巨大变化。

二、蜂农面临的主要问题

对阿根廷蜂农来讲，税收是一个主要问题。生产和销售蜜蜂产品需照章纳税：如果是出口，可享受 10% 的出口"优惠税率"，绝无"先征后退"的"退税"政策；对于蜂农"自产自销"、包括各商店零售蜂蜜等产品，需缴 24% 的"消费税"，无任何"促进"政策。一群蜂的全部成本折合为 30～35 千克蜂蜜，纯利润为 15 千克蜂蜜。如果专业养蜂，必须有 700 群蜂才能维持生活。

此外，蜂农还面临蜜源下降的问题。由于近年来潘帕斯草原改种大豆，因为部分农场主追求种植马铃薯和大豆等高收益作物，而放弃畜牧业生产，传统的牧草蜜源场地减少，从地貌的多变、花粉的多样性、蜜蜂的多样化饮食，到向日葵甚至大豆的单一栽培，极大削弱了蜜蜂的营养和健康优势。农业生产集约化使得农药的使用更加集中和频发，造成更多的蜜蜂中毒事件。此外，气候变化，特别是干旱，导致蜜源泌蜜减少，蜜蜂要飞更远的距离去采集花蜜和花粉，蜂蜜生产极不稳定，个别年度产量极低。

阿根廷蜂蜜还受到转基因作物的困扰。1992 年，阿根廷政府推出了生物技术促进政策。政府成立了农业技术研究中心，致力于开发高质高产品种，目前阿根廷的大豆、马铃薯、棉花等农产品中，已经有相当一部分使用转基因种子。欧盟因为在阿根廷蜂蜜中检出了转基因成分而停止进口。

三、阿根廷蜂业值得我国借鉴的地方

1. 蜂业管理模式　阿根廷蜂业值得我国借鉴的地方在于蜂业管理模式，主要包括生产管理模式和出口管理模式。阿根廷政府对蜂业管理有序，其蜂业登记系统、蜂蜜溯源系统等在指导生产、稳定出口、保证产品质量等方面发挥了很大的作用。虽然遭遇了氯霉素事件的禁运，但很快依靠好的品质，使得美国对其解禁，并下调了进口税率。而我国蜂蜜出口美国依旧保持高税率。到目前为止，我国没有养蜂员登记注册制度。因此，对蜂群数量和蜂农数量的统计没有可供参考的官方数据，只能依靠估计。

阿根廷行业协会在出口方面发挥了重要作用，统一出口价格、做好出口工作。"联合体"是阿根廷蜂蜜出口中最鲜明的特征。其最主要的意义是避免了本国、本地区企业之间的恶性价格竞争，实现集体报价，利润共享。这对中小生产者的帮助尤其明显，比如国际市场上的许多展览会，单独一家小企业根本无力去参展，可是如果十几家企业合作派出一个小组去参展，成本就很合算。借鉴阿根廷的出口联合体制度，可以改变我国企业在国际市场上各自为战、肆意竞争，依靠不断压低价格来抢占国外市场的状况，以提升我国蜂蜜的国际影响力。同时，改变出口企业依靠压低国内生产者的收购价格、退税甚至做假等手段来获利的状况，从根本上保证一线蜂业生产者的利润空间，使蜂业实现可持续发展。

2. 行业宣传　不论是政府、科研机构、协会还是普通蜂农，阿根廷在蜂业宣传方面做了很多工作，推动整个行业被普通消费者认可，这对于行业的发展作用很大，无形中也吸引了许多人加入这个行业，为行业发展提供了新的人员和动力。

第三章

美国养蜂业

第一节 美国蜂业历史

一、蜜蜂在美国的扩散史

蜜蜂（*Apis mellifera* L.）不是美国的本土生物。原产于西印度群岛以及中美洲和南美洲的无刺蜂（*Meliponids* 和 *Trigonids*）才是美洲大陆的"原住民"，印第安人从无刺蜂蜂巢中获得了蜂蜡和少量蜂蜜。

美国移民的历史可以说是西方蜜蜂在美洲大陆的扩散史。美国殖民者从欧洲进口蜜蜂的原因是蜂蜜和蜂蜡。蜜蜂为人类提供了蜂蜜、蜂蜡和蜂胶，为移民带来的植物（蔬菜种子和树苗）等授粉，改变了环境，通过白三叶草和其他英国进口草种的传播，带动了畜牧业的发展。作为回报，人类为蜜蜂提供了庇护所，促进了蜜蜂产业的发展。

1622 年 3 月，西方蜜蜂蜂群随船抵达弗吉尼亚州。美国蜜蜂最早是从詹姆斯敦繁殖起来的。1632 年 5 月 10 日，罗德普罗维登斯岛要求将蜜蜂从弗吉尼亚州送出，但此请求未能实现。1638 年，蜜蜂被带到马萨诸塞州。两年后，马萨诸塞州纽伯里创立了一个市政养蜂场。

记录表明，在以下所示时间，蜜蜂就在以下地方存在：康涅狄格州，1644 年；纽约（长岛），1670 年；宾夕法尼亚州，1698 年；北卡罗来纳州，1730 年；佐治亚州，1743 年；亚拉巴马州，1773 年；密西西比州（纳奇兹），1770 年；肯塔基州，1780 年；俄亥俄州，1788 年；伊利诺伊州，1820 年。17 世纪末，蜜蜂已经向北扩散到新英格兰的各个地方，从大西洋广泛分布到密西西比河。从 17 世纪开始，野生蜜蜂蓬勃发展，蜜蜂狩猎成为一种流行的活动，并一直持续到 20 世纪。

18 世纪，民众的养蜂兴趣浓厚，蜂业继续扩大，出版了 5 本美国蜜蜂书籍。在此之前，书籍都在英格兰或欧洲出版。18 世纪，弗吉尼亚蜂蜡出口所得是一项重要的收入。1727—1749 年，弗吉尼亚州州长威廉·古奇爵士描述了弗吉尼亚州的商品，其中包括蜂蜡。1743 年，在向贸易委员会提交的报告中指出，蜂蜡已出口到葡萄牙和马德拉岛。在 1760 年梅尔的簿记中，弗吉尼亚州和马里兰州的产品就包括蜂蜡。

1730 年，弗吉尼亚州出口蜂蜡 156 吨。比尔斯（1804）声称，平均每个蜂巢会产生 20 磅蜂蜜和 2 磅蜂蜡。如果按此推算，仅仅是出口 156 吨蜂蜡，就需要有 171 950 个蜂巢。弗吉尼亚州蜂蜡出口继续蓬勃发展，1739 年出口了 5 吨价值 12 500 英镑的蜂蜡，1743 年出口了 4 吨价值 400 英镑的蜂蜡。虽然蜂蜡的产量很高，但 1747—1758 年马里兰州乔治王子县仅 7% 的大型庄园中饲养蜜蜂，中小型农场的蜜蜂没有提到。

1745—1826 年，弗吉尼亚州的奥古斯塔公司有大量的法律记录。这些记录显示，蜜蜂本身是很有价值的。在 748 个清单中，有 37 个包括蜜蜂，这些蜜蜂的平均价格为每群蜂 3 或 5，与同一清单中绵羊和小牛价格类似，高于猪的价格。当时，绵羊价格是 6，小牛价格为 5，猪价格为 2 或 3。

天敌、恶劣的天气以及地理障碍阻碍了蜜蜂的进一步传播，蜜蜂花费了 232 年才穿越美洲大陆到达西海岸。在人类的帮助下，蜜蜂才能够穿越美国最后的地理障碍——落基山脉。一些移民将蜜蜂从陆地上运送过去，而其他移民则将蜜蜂从南美合恩角运送过去。根据佩莱特（Pellett，1938）的说法，俄罗斯人可能在 1809 年将蜜蜂带到阿拉斯加，在 1830 年带到加利福尼亚，但是没有关于它们是否存活的记录。

蜜蜂先后来到加利福尼亚州和俄勒冈州。1853 年 3 月，宾夕法尼亚州的约翰·哈比森将第一批蜜蜂带到了加利福尼亚州的哈比森峡谷。这批蜜蜂共 12 群，购自巴拿马，通过水路到达旧金山。只有一群蜂幸存下来，被带到了圣何塞，在第一年成功繁殖成三群蜂。

俄勒冈州的第一群蜂是 1854 年 8 月 1 日由俄勒冈州马里恩县的政治家约翰·达文波特从东方带回的。

1890 年，纽约州格罗顿的威廉·L. 科格歇尔已成为世界上最大的养蜂人，在他的 15 个放蜂点共拥有 3 000 多群蜂，主要蜜源是白三叶草和荞麦。19 世纪末，蜜蜂作为传粉媒介的价值开始受到重视。

在 19 世纪 80 年代之前，大多数美国业余养蜂人是农民，他们生活在农村，并以世代相传的技术饲养蜜蜂。19 世纪 80 年代气管螨和瓦螨的入侵以及 90 年代蜂巢小甲虫的入侵使得养蜂对业余爱好者更具挑战性。

二、养蜂设备及设备制造商的发展

几千年来，蜜蜂一直放在木箱、陶器和其他容器中饲养。内置蜂巢无法像活框蜂箱一样方便拆卸和操作。1852 年，来自宾夕法尼亚州的牧师朗斯特罗斯申请了具有可移动框架蜂巢的专利，该蜂箱至今仍在使用。郎式蜂箱的原理是在蜂巢中保持开放的空间，以允许蜜蜂在巢框之间通过。这个空间大约是1/8 英寸。小于此空间的用蜂胶和蜡密封，而较宽的空间则用巢框填充。在此之前，蜂箱是希腊的蜂箱或叶子的蜂箱，它们使养蜂人可以检查蜂巢（图 3 - 1）。朗斯特罗斯也被称为"现代养蜂业之父"。

图 3-1 带有铰链框架的蜂箱
(1792 年瑞士的弗朗索瓦·胡贝尔使用)

继朗斯特罗斯的专利之后，现代养蜂方法发展很快。随后，其他发明使大规模的商业养蜂成为可能。1857 年发明的蜡质基础使巢房的生产始终保持一样。佩雷特（1938）详细介绍了蜡质巢础的发展。1865 年，摇蜜机的发明及其后续的改进使大规模生产提取蜂蜜成为可能。养蜂人现在使用的喷烟器是从用来盛放一些燃烧的且可自由吸烟的材料的锅中演变而来，可以将其烟气吹过敞开的蜂箱来控制蜜蜂。最重要的面网由包裹在养蜂人头部的粗布逐渐演变而来。

毫无疑问，在发明活框蜂箱前，养蜂人自己制作蜂箱。后来，机器逐渐取代手工制造。随着金属摇蜜机的普遍使用，公司开始出售蜂机具。达旦公司于 1863 年开始出售蜂箱和巢框，1878 年开始销售巢础。1884 年，达旦公司已在美国销售了 6 万磅巢础。1867 年，佛蒙特州的 C. B. 比格罗采用广告推销郎式蜂箱（图 3-2）。1868 年，威斯康星州的 J. 汤姆林森出售蜂蜜盒和巢框。同年，伊利诺伊州国家蜂巢公司出售蜂箱、巢框与蜂蜜盒和摇蜜机。

图 3-2　朗斯特罗斯原始可移动巢框配置单元的模型
（前部已移除以显示框架）

1869 年，A. I. 如特和摩西·昆比开始出售蜂机具。1870年，马萨诸塞州的亨利·艾利出售郎式蜂箱，俄亥俄州的 A. V. 康克林出售钻石蜂箱。1874 年，艾奥瓦州的爱德华·克雷切默开始制造和销售蜂机具。1880 年，纽约州猎鹰者公司也开始销售蜂机具。大约在同一时间，路易斯安那州的 P. L. 比阿永开始制造和出售蜂箱。

1900—1920 年，美国普遍使用小蜂箱。当时如果一个蜂群有 10 000～25 000 只蜜蜂，养蜂人就会很高兴。甚至在 19 世纪80 年代中期领先的养蜂人摩西·昆比都认为，一个 12 英寸×12英寸×14 英寸的蜂巢（不包括瓶盖或超级蜂巢）足够大，可以在纽约州使用，在温暖的气候下甚至更小的蜂巢也足够使用。昆比认为，25 磅的蜂蜜对于一个蜂群足够其从 10 月 1 日生存到翌年 4 月。后来，查尔斯·达旦提倡在大流蜜前，蜂群群势必须大，这点一直在延续使用。

20 世纪，蜂箱和巢框的尺寸变得更标准。

三、蜂种和蜂王的引进

美国进口的第一个蜜蜂亚种可能是欧洲黑蜂。18 世纪 50 年代，美国养蜂业知道了意大利蜜蜂种的优越性，试图从意大利进口蜂王。根据佩雷特（1938）的说法，意大利蜂王的首次成功引进是在 1860 年，后来又增加了意大利蜂、卡尼奥兰蜂和高加索蜂。

19 世纪下半叶，其他品种的蜂王被带到美国。根据佩雷特（1938）的说法，从埃及、塞浦路斯、叙利亚、匈牙利和突尼斯进口了其他蜂种。但是，这些蜂种都没能生存下来。卡尼奥兰蜂王和高加索蜂王也被进口，但范围有限。从 1870 年左右直到第一次世界大战之后，蜜蜂的期刊和贸易目录刊登的有关进口蜂王或其后代的广告，仍然以意大利蜂为主。如今，在美国，意大利蜂仍旧被广泛使用。

1866 年，俄亥俄州的朗斯特罗斯公司刊登了出售进口意大利蜂王的广告，但没有给出价格。1867 年，威斯康星州杰斐逊市的亚当·格里姆刊登了广告，介绍了进口意大利蜂王的销售方法，每只意大利蜂王售价 20 美元，并承诺在 1868 年以每只 30 美元的价格出售带有进口蜂王的中型蜂群，每群蜂价格为 30 美元。其他曾在 1867 年刊登广告并出售意大利蜂王的人包括佛蒙特州的 C.B. 比格罗、俄亥俄州的格雷、艾奥瓦州的艾伦·图珀、马萨诸塞州的威廉·卡里以及佛蒙特州的 K.P. 奇德。其中，奇德没有提供蜂王报价。朗斯特罗斯和 A. 哥莱出售埃及蜂王，但没有报价。伊利诺伊州的查尔斯·达旦以每只 12 美元的价格出售进口意大利蜂王。从以上历史可以看出，当时的蜂王销售还是很有市场的。

最初从北欧地区引进的黑蜂在 18 世纪至 19 世纪遍及美国和加拿大的大部分地区。那时黑蜂蜂群易怒，容易飞逃，也易患欧洲幼虫腐臭病。1880—1922 年，美国颁布了一项禁止从欧洲进口蜂王的法律，以防止蜂螨传入美国，当时蜂螨在欧洲已经造成严重问题。

随着育王在南部各州发展，并成为大型商业行为，来自欧洲的意大利蜂王得到了广泛利用。随着个体养蜂人拥有和经营的蜂群数量的增加，为蜂王的繁殖开发了市场。1861 年，马萨诸塞州的亨利·艾利、威廉·凯里和埃尔·普拉特开始生产蜂王。1889 年，纽约州奥诺达加市的 G. M. 杜立特开发了一套用于饲养蜂王的综合系统，通过制作蜡杯，将工蜂幼虫放入其中，从而培育出蜂王。今天的商业育王者仍使用相同的系统，或对其进行某些修改。1886 年，蜂王已经可以邮寄，每年大约有 100 万只蜂王被寄出。大多数蜂王在美国和加拿大销售，有些被寄到其他国家。1977 年开始销售人工授精蜂王。

四、商业养蜂

从 16 世纪到 18 世纪，养蜂业都处于零散生产和贸易阶段。许多农民饲养蜜蜂，以满足自己和朋友、亲戚和邻居的需求。根据佩雷特（1938）的说法，纽约州的摩西·昆比是美国第一位商业养蜂人，因为他的唯一谋生手段是生产和销售蜂蜜。昆比（1864）描述了他建造的盒子蜂箱，可以在不先杀死蜂群的情况下取蜜。在尝试了一些可移动的蜂巢后，昆比逐渐用可移动的蜂巢替换盒子蜂箱，并建议其他人也这样做。附近的其他养蜂人使用他的方法，开始以商业规模生产蜂蜜。随着活动式蜂箱、箱底和改进后的摇蜜机的广泛使用，商业养蜂业已普及到其他国家。道路状况不佳和使用畜力运蜂限制了蜂群规模和数量。在第一次世界大战后，随着公路条件的改善、机动车辆的使用、蜂群管理技术的提高和取蜜方法的改进，美国商业养蜂规模得以扩大。安德森（1969）推测，1957 年美国有 1 200 名专业养蜂人，饲养了144 万群蜂。当时，业余爱好者一般饲养几群蜂，兼职养蜂人饲养 25～300 群蜂，而商业养蜂人则多达数千群蜂，一些养蜂人拥有 30 000 群蜂。

五、蜜蜂的转地饲养

1907 年冬季之后，美国养蜂人内菲·米勒尝试将蜂群移至不同地区，以提高冬季的生产力。从此，"转地养蜂"在美国变得普遍，成为美国农业的重要组成部分。养蜂人通过出租蜜蜂进行授粉获得的收益要比从蜂蜜生产中获得的收益多得多。

常规的转地路线是 1 月准备将蜂群从爱达荷州转到加利福尼亚州，为 2 月的杏仁授粉，3 月再到华盛顿果园为苹果授粉，两个月后到北达科他州生产蜂蜜，11 月回到爱达荷州。其他转地路线是从佛罗里达州到新罕布什尔州或得克萨斯州。美国约有2/3 的蜜蜂在 2 月到加利福尼亚州为杏仁授粉。加利福尼亚州是全世界杏仁生产的第一大州，占全球杏仁产量的 80%。每年春天，转地养蜂人将蜂群租给中央山谷的杏仁户进行授粉。经蜜蜂授粉后，杏仁产量从 40 磅/英亩提高到平均 2 400 磅/英亩。

六、巢蜜的生产

巢蜜最早是在 18 世纪 20 年代产生的。摩西·昆比 18 世纪 30 年代和 40 年代开始生产巢蜜，但并未声称该方法源于他。蜂蜜的生产方法是：在蜂箱的顶部切一个大孔，设置一个浅盖，然后用木头填充，这些木头上可能固定有巢础，然后在蜂巢上盖上盖。这些切片的大小各异，装满后可能最多包含 4 磅的巢蜜。随着越来越多的养蜂人开始使用可移动的蜂箱，逐渐取消了巢蜜生产的原始方法。在第一次世界大战之前的几年中，制造商每年售出4 500万～5 500 万个巢蜜。1875—1915 年之间，在新英格兰、纽约、宾夕法尼亚州以及一些中西部地区生产的蜂蜜约有 1/3 是巢蜜。

第一次世界大战后，巢蜜产量迅速下降。因为巢蜜易碎且难以运输，很容易泄漏或结晶，保质期短，其生产需要持续数周的大蜜源，需要大量的手工劳动来进行称重和分级。1906 年颁布的《纯食品法》使购买者对巢蜜的质量更有信心，从而增加了对巢蜜的需求。在第一次世界大战的糖短缺时期，对巢蜜的需求增加，由于价格高昂，巢蜜的产量迅速增加。

七、蜂蜡的生产

蜂蜡在蜜蜂之后不久便也成为商品。蜂蜡被广泛用于制作蜡烛。1740年的北卡罗来纳州和1785年的田纳西州由于资金短缺而允许用蜂蜡缴税（Oertel，1976）。没有关于16世纪和17世纪美国生产或使用蜂蜡量的信息。蜂蜡是18世纪的出口商品，主要从费城、查尔斯顿、彭萨科拉和莫比尔的港口出口。1767年从费城出口了35桶蜂蜡，1790年从查尔斯顿出口了14 500磅蜂蜡。1770年，英国殖民地出口的物品中列出了蜂蜡，价值6 426英镑、重128 500磅（62 800镑出口英国、50 500磅出口南欧、10 000镑出口爱尔兰、其余则出口西印度群岛和非洲），出口清单中没有提到蜂蜜。

八、蜂蜜的包装与包装厂的发展

19世纪后期，大量的液态蜂蜜被装在木桶中。之后，重60磅的金属罐开始普遍使用。如今，大多数散装蜂蜜以钢桶出售。随着商业蜂蜜生产商扩大经营规模，他们发现在零售市场上蜂蜜很难包装和销售，因此19世纪20年代专门的蜂蜜包装厂诞生。

九、美国农业部赞助的研究

1860年，德国移民威廉·布鲁克斯建议美国政府开展养蜂研究。1885年设置了蜂业研究资金。以下是负责蜂业研究计划的人：

N. W. 麦克莱恩：1885—1887年，由于缺乏资金而停止。

弗兰克·本顿：1891—1907年，1896—1897年曾因没有资金而暂停工作，花费很多时间从欧洲寻找资金。

E. F. 菲利普斯：1905—1906年，1907—1924年代理。

J. I. 汉布尔顿：1924—1958 年。

C. L. 法拉尔：1958—1961 年。

F. E. 托德：1961—1965 年。

S. E. 麦格雷戈：1965—1969 年。

M. D. 莱文：1969—1975 年。

E. C. 马丁：1975—1979 年。

在美国农业部蜜蜂部门工作期间，詹姆斯·尼尔森 1915 年出版《蜜蜂的胚胎学》。R. E. 斯诺德格拉斯 1925 年出版《蜜蜂的解剖学和生理学》。怀特 1906—1920 年发布"关于蜜蜂疾病的基本公告"。

十、世界上最古老的蜂蜜

2003 年在建设巴库—第比利斯—杰伊汉输油管道时，在佐治亚州第比利斯以西 170 千米处的一个方墓中出土了五千年以上的陶瓷坛子，里面有两个人的牙齿、蜂蜜和其他人工制品。考古学家检查后宣布，这些文物含有世界上最古老的蜂蜜，年龄有 5 500 年，比在埃及法老图坦卡门墓中发现的蜂蜜早 2 000 年，被认为是最古老的蜂蜜。就像在古埃及一样，在古格鲁吉亚，蜂蜜显然是为人们进入来世的旅程而包装的，既有椴树蜜、莓果蜜，还有草原蜂蜜。

第二节　美国蜂业生产情况

美国养蜂业是发达国家养蜂业的一个代表。美国政府重视养蜂业，蜂业也具有自己的特点。近年来，虽然也面临着蜂螨与蜜蜂栖息地缩小、杀虫剂的危害、蜂业行业的整合等问题，但蜂业仍旧发展稳定，业余养蜂人的数量在继续增长，蜂蜜人均消费量逐年增加，蜜蜂授粉业也稳定发展。

表 3－1 为 2000—2019 年美国蜂群数量和蜂业产值情况。

2000—2008 年，美国蜂群数量持续下降，2006 年暴发蜂群衰竭综合征，受此影响，2008 年美国蜂群数量降至 234.2 万群。此后数量上升，2018 年蜂群数量增至 280 万群以上。2002 年前，美国蜂业产值在 10 亿元以下。2002—2012 年蜂业产值在 20 亿元以下。2013 年开始，蜂业产值增为 20 亿元以上，其中 2014 年蜂业产值曾高达 26.65 亿元。

表 3-1　2000—2019 年美国蜂群数量和蜂业产值

年度	蜂群数量（万群）	蜂业产值（亿元）	年度	蜂群数量（万群）	蜂业产值（亿元）
2000	262.0	9.13	2010	269.2	19.65
2001	250.6	9.16	2011	249.1	18.02
2002	257.4	15.70	2012	253.9	19.50
2003	259.9	17.34	2013	264.0	22.01
2004	255.6	13.73	2014	274.0	26.65
2005	241.3	11.07	2015	266.0	22.70
2006	239.3	10.90	2016	277.5	23.59
2007	244.3	11.00	2017	268.3	22.99
2008	234.2	16.01	2018	280.3	22.94
2009	249.8	14.80	2019	281.2	21.26

一、2016—2019 年蜂蜜生产总体情况

表 3-2 显示，相比 2016 年，2017 年蜂蜜产量和产蜜群数量均下降，此后呈增加趋势。2017 年，美国 5 群蜂以上的生产者蜂群数量比 2016 年下降了 3.8%，蜂蜜产量下降了 8.9%。2018 年产蜜群数量、蜂蜜产量分别比 2017 年增加 5.0%、3.0%。2019 年产蜜群数量和蜂蜜产量分别比 2018 年增加 0.3% 和 3.3%。

2016—2018 年，美国蜂蜜单产逐年下降，2019 年蜂蜜单产有所增加，同比增加 2.6%。2016 年，蜂蜜单产比 2015 年（26.72 千克）下降了 1.0%，蜂蜜库存量同比下降了 2.0%。2017 年，蜂蜜单产比 2016 年下降了 5.2%，蜂蜜库存量同比下降了 25.9%。2018 年，蜂蜜单产比 2017 年下降了 1.6%，蜂蜜库存量同比下降 4.9%。2019 年，蜂蜜库存量同比增长 40.9%。

表 3 - 2　2016—2019 年美国蜂蜜生产情况

指标	2016 年	2017 年	2018 年	2019 年
5 群蜂以上生产者蜂蜜产量（万吨）	7.34	6.69	6.89	7.12
产蜜群数量（万群）	277.5	266.9	280.3	281.2
蜂蜜单产（千克/群）	26.45	25.08	24.68	25.31
蜂蜜库存量（吨）	18 730	13 880	13 200	18 598

2016 年美国进口蜂蜜 20.31 万吨（比 2015 年增加了 21%），加上 2015 年库存 1.87 万吨，蜂蜜总量为 29.46 万吨。2018 年蜂蜜总量为 26.93 万吨。2019 年美国进口蜂蜜 18.88 万吨，蜂蜜总量为 25.98 万吨。

二、各州蜂蜜生产情况

（一）2018—2019 年各州蜂蜜生产情况

表 3 - 3 显示，2018 年和 2019 年北达科他州是蜂群数量、蜂蜜总产量、存量最多和产值最高的州，夏威夷州是美国蜂蜜单产最高的州。蒙大拿州是蜂蜜单产第二高的州，其 2018 年蜂蜜单产居于最近 4 年的最高点，2019 年蜂蜜单产为 4 年来的第二高点。2018 年新泽西州仍然是蜂蜜价格最高的州，其价格是当年美国平均价格的 3.4 倍，但 2019 年价格只有 50.5 元/千克，同比下降 55.4%。

表 3-3　2018—2019 年美国各州的蜂蜜生产情况

州	产蜜群（万群）		蜂蜜单产（千克/群）		产量（吨）		存量（吨）		平均价格（元/千克）		产值（万元）	
	2018 年	2019 年	2018 年	2019 年	2018 年	2019 年	2018 年	2019 年	2018 年	2019 年	2018 年	2019 年
阿拉巴马州	0.6	0.7	20.41	19.05	122.47	13.15	6.35	19.96	56.41	48.53	690.62	647.29
亚利桑那州	2.4	2.3	17.24	20.87	413.68	479.91	49.44	91.17	45.65	29.87	1 888.20	1 433.52
阿肯色州	2.8	2.0	22.68	24.95	635.04	498.96	38.10	79.83	28.51	23.20	1 810.47	1 157.69
加利福尼亚州	33.5	33.5	18.60	21.77	6 230.20	7 293.89	1 370.78	1 458.78	32.00	23.66	19 935.16	17 255.22
科罗拉多州	3.1	3.2	21.77	20.87	674.96	667.70	128.37	226.80	31.09	32.45	2 098.00	2 166.79
佛罗里达州	21.5	20.5	22.23	20.41	4 778.68	4 184.46	334.30	376.49	36.40	37.61	17 392.11	15 737.09
佐治亚州	9.8	10.2	15.42	14.97	1 511.4	1 526.82	90.72	167.83	41.85	39.58	6 325.65	6 042.94
夏威夷州	1.7	1.6	46.72	36.29	794.36	580.61	8.16	23.13	29.12	19.41	2 312.62	1 126.73
爱达荷州	9.6	9.2	14.06	14.52	1 349.36	1 335.40	297.11	307.09	29.72	25.33	4 012.35	3 381.57
伊利诺伊州	1.1	1.1	18.60	17.69	204.36	194.59	48.99	52.62	73.25	65.36	1 498.18	1 271.87
印第安纳州	0.7	0.9	20.87	24.95	146.06	224.53	48.08	89.81	54.29	59.90	793.11	1 367.49
爱荷华州	3.8	3.8	22.23	24.95	844.60	948.02	455.87	530.71	36.40	33.97	3 074.09	3 220.61
堪萨斯州	0.5	0.7	33.11	35.83	165.56	250.84	43.09	77.57	47.01	44.74	778.67	1 121.92
肯塔基州	0.4	0.6	18.60	18.60	74.39	111.59	15.42	19.96	82.34	68.24	612.89	761.47

（续）

州	产蜜群（万群）		蜂蜜单产（千克/群）		产量（吨）		存量（吨）		平均价格（元/千克）		产值（万元）	
	2018年	2019年	2018年	2019年	2018年	2019年	2018年	2019年	2018年	2019年	2018年	2019年
路易斯安那州	4.5	5.4	37.65	32.66	1 694.20	1 763.60	118.39	194.14	28.96	30.94	4 907.26	5 456.18
缅因州	1.2	1.5	14.52	15.88	174.18	238.14	41.73	49.90	45.19	44.28	786.92	1 054.50
密歇根州	9.7	9.4	19.96	22.68	1 935.96	2 131.92	348.36	618.26	37.76	35.79	7 309.99	7 629.85
明尼苏达州	11.9	11.8	27.67	26.76	3 292.68	3 157.96	526.63	1 389.38	29.42	24.72	9 686.59	7 805.95
密西西比州	2.0	2.2	39.46	36.29	789.26	798.34	31.75	63.96	31.39	28.05	2 477.71	2 241.08
密苏里州	0.9	1.0	20.41	19.50	183.71	195.05	16.33	33.11	42.92	50.35	788.30	982.28
蒙大拿州	16.0	17.3	41.73	39.01	6 676.99	6 748.66	1 669.25	2 631.79	28.81	22.44	19 238.35	15 146.21
内布拉斯加州	4.0	3.9	26.76	23.59	1 070.50	919.90	385.56	101.15	30.48	22.14	3 263.26	2 036.78
新泽西州	1.3	1.5	14.06	12.70	182.80	190.51	74.84	70.31	113.28	50.50	2 070.49	962.33
纽约州	5.6	5.9	21.77	26.31	1 219.28	1 552.22	377.85	465.85	49.13	68.09	5 990.66	10 569.12
北卡罗来纳州	1.0	1.4	14.97	19.05	149.69	266.72	28.58	53.52	87.35	61.57	1 307.64	1 641.95
北达科他州	55.0	52.0	32.66	29.48	17 962.56	15 331.68	2 155.51	2 913.02	28.36	21.23	50 938.15	32 550.01
俄亥俄州	1.4	1.5	33.11	30.39	463.58	455.87	222.72	200.49	56.41	51.86	2 615.28	2 364.21
俄勒冈州	9.3	8.7	15.88	14.52	1 476.47	1 262.82	457.68	517.56	35.79	31.39	5 284.22	3 964.19

（续）

州	产蜜群（万群） 2018年	产蜜群（万群） 2019年	蜂蜜单产（千克/群） 2018年	蜂蜜单产（千克/群） 2019年	产量（吨） 2018年	产量（吨） 2019年	存量（吨） 2018年	存量（吨） 2019年	平均价格（元/千克） 2018年	平均价格（元/千克） 2019年	产值（万元） 2018年	产值（万元） 2019年
宾夕法尼亚州	1.9	1.9	19.96	22.68	379.21	430.92	140.16	185.52	58.99	64.30	2 236.95	2 770.74
南卡罗来纳州	1.6	1.6	21.77	21.32	348.36	341.11	6.80	20.41	48.07	75.98	1 674.96	2 591.89
南达科他州	25.5	27.0	21.32	32.66	5 436.40	8 817.98	2 337.85	3 439.2	28.96	23.20	15 746.03	20 459.32
田纳西州	0.7	0.8	20.87	25.86	146.06	206.84	38.10	41.28	62.33	70.52	910.05	1 458.28
得克萨斯州	13.2	12.6	25.40	27.22	3 353.01	3 429.22	469.48	822.83	32.15	34.88	10 779.61	11 960.68
犹他州	2.6	2.2	18.60	13.15	483.54	289.40	34.02	40.37	31.85	31.24	1 540.14	903.86
佛蒙特州	0.7	0.6	21.77	21.77	152.41	130.64	42.64	38.10	57.02	65.81	868.78	859.84
弗吉尼亚州	0.4	0.5	18.14	17.69	72.58	88.45	15.88	22.23	109.79	113.89	796.55	1 007.04
华盛顿州	7.7	8.1	19.50	15.88	1 501.87	1 285.96	255.38	540.24	32.60	32.15	4 896.95	4 134.10
西弗吉尼亚州	0.6	0.6	16.78	16.78	100.70	100.70	17.24	21.32	65.66	68.24	661.04	687.18
威斯康星州	5.1	4.6	20.41	21.32	1041.01	980.68	322.51	313.89	44.74	45.34	4 656.88	4 446.39
怀俄明州	3.9	3.9	25.40	25.40	990.66	990.66	79.38	138.80	28.96	20.47	2 869.11	2 027.84
其他州	3.6	3.0	17.69	21.32	634.59	763.41	142.43	159.21	91.29	89.62	6 598.05	8 241.37
合计	282.8	281.2	24.72	25.31	69 858.03	71 179.82	13 291.84	18 607.58	33.51	29.87	234 122.06	212 645.38

注：数据为 5 群蜂以上的生产者数据。美元与人民币的汇率以 6.878 7 计算。

（二）蜂蜜生产前 10 个地区

虽然 2018 年蜂群数量比 2017 年增加了 5％，但蜂蜜产量却下降了 5.2％。前十大州的蜂群占比增加为 73％，蜂蜜产量占比增加为 81％。前十大州中除了加利福尼亚州产量保持不变外，北达科他州、蒙大拿州、佛罗里达州、俄勒冈州蜂蜜产量增加，得克萨斯州、明尼苏达州、爱达荷州、华盛顿州、路易斯安那州等蜂蜜产量下降，俄勒冈州和佐治亚州因蜂蜜增产，而将华盛顿州、路易斯安那州挤出前十。北达科他州在产量和蜂群数量占据主导地位，生产了全国 27.3％的蜂蜜（表 3 - 4）。

2019 年，美国全国蜂群数量和蜂蜜产量分别比 2018 年增加了 0.3％和 12.1％。除了加利福尼亚州、南达科他州、蒙大拿州、得克萨斯州蜂蜜产量增加，北达科他州、佛罗里达州、明尼苏达州蜂蜜产量下降。密歇根州、路易斯安那州和纽约州蜂蜜产量增加，将佐治亚州、爱达荷州、俄勒冈州挤出前十。北达科他州在产量和蜂群数量占据主导地位，蜂群数量占比为 18.4％，蜂蜜产量占比为 21.5％，蜂群数量和蜂蜜产量均低于 2018 年。同 2014—2017 年一样，南达科他州仍旧排在第二位，蜂群数量为北达科他州 1/2 以上。由于前十大州的蜂群数量下降，在全国的占比也由 2018 年的 73％下降为 69％，蜂蜜产量占比也从 81％下降为 76％。

第三节　美国蜂蜜价格及消费情况

一、蜂蜜价格

表 3 - 5 显示了 1998—2019 年美国蜂蜜的平均价格和零售价格，蜂蜜的价格总体呈上涨趋势，2019 年蜂蜜价格是 1998 年的 3 倍。其中，变化较大的年度是 2002 年和 2008 年，2002 年比 2001 年翻了一倍，2008 年比 2007 年增加了 37％。2013—2018 年蜂蜜平均价格在 31 元/千克以上。2015 年蜂蜜价格为

表3-4 2016—2019年美国蜂蜜生产前10州的生产情况

	2016年			2017年			2018年			2019年		
	州	蜂群(万群)	产量(万吨)	州	蜂群(万群)	产量(万吨)	州	蜂群(万群)	产量(万吨)	州	蜂群(万群)	产量(万吨)
	北达科他州	48.5	1.710	北达科他州	45.5	1.529	北达科他州	53.0	1.733	北达科他州	52.0	1.533
	南达科他州	28.0	0.903	南达科他州	25.5	0.649	加利福尼亚州	33.5	0.621	南达科他州	27.0	0.880
	蒙大拿州	15.9	0.553	加利福尼亚州	33.5	0.621	南达科他州	25.5	0.544	加利福尼亚州	33.5	0.726
	加利福尼亚州	31.0	0.508	蒙大拿州	14.5	0.472	佛罗里达州	21.5	0.476	蒙大拿州	17.3	0.676
	佛罗里达州	21.5	0.490	佛罗里达州	20.5	0.399	蒙大拿州	16.0	0.667	佛罗里达州	20.5	0.417
	得克萨斯州	13.3	0.422	得克萨斯州	12.0	0.358	得克萨斯州	13.2	0.336	得克萨斯州	12.6	0.345
	明尼苏达州	12.4	0.331	明尼苏达州	12.6	0.354	明尼苏达州	11.9	0.331	明尼苏达州	11.8	0.318
	密歇根州	5.9	0.240	爱达荷州	9.5	0.191	佐治亚州	9.8	0.150	密歇根州	9.4	0.213
	路易斯安那州	5.0	0.195	路易斯安那州	4.3	0.159	爱达荷州	9.5	0.132	路易斯安那州	5.4	0.177
	佐治亚州	9.6	0.168	华盛顿州	7.7	0.158	俄勒冈州	9.3	0.150	纽约州	5.9	0.154
	合计	194.1	5.520	合计	185.0	4.890	合计	203.3	5.139	合计	195.4	5.439
	总计	277.5	7.339	总计	266.9	6.695	总计	280.3	6.346	总计	281.2	7.117
	占比	70%	75%	占比	69%	73%	占比	73%	81%	占比	69%	76%

注：合计为上述前10州的加和。总计为美国全部州的加和。

31.69 元/千克，2016 年蜂蜜价格为 31.47 元/千克。2017 年蜂蜜价格上涨了 4%，达 32.70 元/千克。2018 年蜂蜜价格最高，达 32.85 元/千克。2019 年蜂蜜价格下跌至 29.87 元/千克。国家和州级的蜂蜜价格因合作社、私人和零售渠道的不同而不同。

表 3-5　1998—2019 年美国蜂蜜价格

年度	平均价格（元/千克）	零售价（元/千克）	差异百分比（%）	年度	平均价格（元/千克）	零售价（元/千克）	差异百分比（%）
1998	9.93	17.39	34	2009	21.91	42.22	48
1999	9.11	19.20	53	2010	24.31	46.31	48
2000	9.05	19.77	54	2011	26.22	49.81	48
2001	10.68	21.56	51	2012	29.59	51.64	43
2002	20.12	23.13	13	2013	32.24	56.64	43
2003	21.03	28.59	26	2014	32.77	61.66	47
2004	16.45	28.62	42	2015	31.69	62.11	51
2005	13.71	27.80	51	2016	31.47	70.06	45
2006	15.80	28.96	46	2017	32.70	72.44	45
2007	15.65	29.74	29	2018	32.85	63.87	51
2008	21.38	29.97	28	2019	29.87	73.55	41

表 3-6 显示 2014—2019 年不同蜂蜜的价格，从表中可以看出，特色蜜的价格最高，颜色浅的蜜价格高于深色蜜；零售价格高于合作社和私人价格。合作社和私人蜂蜜售价略呈下降趋势。

表 3-6 2014—2019 年美国蜂蜜价格（元/千克）

项目		蜂蜜颜色分类		特色蜜	所有蜂蜜
	水白色，超白、白色	超浅琥珀色	浅琥珀色、琥珀色、深琥珀色		
合作社和私人价格	2014 年	32.54	31.79	31.66	38.73	31.41
	2015 年	28.66	30.94	30.15	36.14	29.65
	2016 年	28.07	28.46	28.72	37.00	28.52
	2017 年	28.68	28.94	29.54	37.26	29.16
	2018 年	30.03	30.48	31.85	40.03	30.78
	2019 年	24.42	24.72	29.27	36.40	25.78
	5 年变化率	−21%	−22%	−8%	−6%	−18%
零售价格	2014 年	49.82	59.48	63.25	81.16	61.48
	2015 年	53.71	62.45	60.42	98.12	62.11
	2016 年	62.11	57.25	66.18	120.22	70.06
	2017 年	57.64	69.58	73.52	94.66	72.44
	2018 年	55.05	52.17	74.16	108.73	66.42
	2019 年	60.51	53.83	85.38	117.83	73.55
	5 年变化率	18%	−10%	26%	31%	16%
平均价格	2014 年	31.27	33.10	35.52	48.10	32.95
	2015 年	28.96	32.66	34.95	50.09	31.69
	2016 年	29.25	29.59	34.09	58.48	31.47
	2017 年	30.57	32.38	35.21	56.69	32.70
	2018 年	30.48	32.15	38.06	54.90	33.51
	2019 年	25.33	28.05	38.52	58.23	29.87
	5 年变化率	−19%	−15%	8%	19%	11%

注：此价格为 5 群蜂以上的生产者价格。

2016 年蜂蜜的最高价格是纽约州椴树蜜，价格为 37.91 元/

千克，白蜜和浅琥珀蜜的平均价格为 24.26 元/千克。2017 年蜂蜜的最高价格是加利福尼亚州白色橙花蜜，价格为 36.40 元/千克。在一些地方，深色蜜的最低价格是 24.26 元/千克。

二、蜂蜜消费情况

根据美国国家蜂蜜委员会的数据，2012—2015 年，蜂蜜的消费量增长了 25% 以上。美国人对蜂蜜的需求很大，尤其是在茶水中替代甜味剂，在烤面包和饼干时也普遍使用蜂蜜。美国人食用较多的是固体蜂蜜，这些固体蜂蜜既可以单独食用，也可以作为吐司、饼干和松饼的涂抹料食用。蜂蜜也被添加到越来越多的食物中，包括小吃（通常与坚果结合在一起）和谷物早餐中。美国米德酿酒师协会宣布，蜂蜜酒是美国生产商生产数量增长最快的酒精饮料之一。蜂蜜酒虽然不是很主流，但已经成为一种时尚的饮料。

美国有机蜂蜜的消费增长最快。2010—2014 年，有机蜂蜜的需求每年以两位数的速度增长。美国农业部的数据表明，美国人均蜂蜜消费量从 2010 年的每人 1.20 磅增加到 1.51 磅，增长了 26% 以上。但是，随着美国消费量的增加，蜂蜜产量一直没有增加。2000—2015 年，美国蜂蜜产量下降了近 30%。由于需求增长，产量疲软和进口不足，蜂蜜价格大幅上涨。2010 年以来，蜂蜜的生产者价格和零售价格都增长了一倍以上。美国蜂蜜产量下降不是因为蜂群数量减少，而是因为蜂蜜单产下降。实际上，从 2006 年首次发现蜂群衰竭综合征到 2015 年之间，蜂群的数量增加了 10%，但蜂蜜单产从 72.5 磅下降到 58.9 磅，下降了近 20%。

表 3-7 显示，2010—2017 年，美国的蜂蜜总量和人均消费量均逐年增加，2018 年开始呈下降趋势。2017 年人均消费量最高，比 2010 年增加了近 50%。

表 3-7 2010—2019 年美国蜂蜜人均消费情况

年度	蜂蜜总量 （万吨）	蜂蜜出口及留存量 （万吨）	人口数量 （百万）	人均消费量 （千克/人）
2010	18.053	1.315	307	0.54
2011	21.319	3.629	309	0.58
2012	22.090	2.404	312	0.57
2013	22.680	2.222	314	0.65
2014	24.811	2.540	318	0.65
2015	24.676	2.631	321	0.68
2016	25.991	2.494	323	0.73
2017	27.034	0.454	328	0.81
2018	26.944	2.087	327	0.77
2019	26.536	2.722	328	0.73

第四节　美国蜂场成本、收入及蜜蜂授粉情况

一、蜂场成本

表 3-8 显示了 2015—2017 年两种类型（5 群蜂以上和 5 群蜂及以下）蜂场的各项成本。相比 2015 年和 2017 年，2016 年除了 5 群蜂及以下的治螨支出和饲料支出略低外，单产和蜂蜜产量均较高。内的其他数据均较高。2017 年治螨的费用高于 2015 年和 2016 年。从数据看，5 群蜂及以下蜂场养蜂人要花两倍左右的钱来控制蜂群螨害。相反，大蜂场的蜂蜜单产是小蜂场的两倍左右。

表 3-8 2015—2017 年美国蜂群生产成本

项目	2015 年		2016 年		2017 年	
	≤5 群蜂	>5 群蜂	≤5 群蜂	>5 群蜂	≤5 群蜂	>5 群蜂
蜂群（万群）	2.3	0.266	2.4	0.277 5	2.0	0.267

（续）

项目	2015 年		2016 年		2017 年	
	≤5 群蜂	>5 群蜂	≤5 群蜂	>5 群蜂	≤5 群蜂	>5 群蜂
单产（千克/群）	14.20	26.72	14.47	26.44	13.61	25.08
产量（吨）	326.59	70.99	347.46	73.44	271.71	66.95
蜂王价格（元/只）	—	—	227	130.70	96.30	233.88
笼蜂价格（元/群）	—	—	749.78	612.20	522.78	804.81
核心群价格（元/群）	—	—	839.20	804.81	736.02	949.26
其他收入（万元）	119.00	279.28	166.47	334.51	112.19	299.22
蜂群治螨支出（元/群）	78.97	41.68	75.12	39.69	107.65	44.44
蜂群饲料支出（元/群）	167.15	130.01	138.12	124.71	185.03	136.20

5 群蜂及以下的蜂场统计结果显示，2016 年蜂王 227 元/只，笼蜂 749.78 元/群，核心群 839.20 元/群。2017 年除蜂王价格下降为 96.30 元/只外，笼蜂和核心群价格分别上涨522.78 元/群和 736.02 元/群。

美国 5 群蜂以上的蜂场统计显示，2016 年蜂王、笼蜂和核心群的平均价格分别为 130.70 元/只、612.20 元/群和 804.81 元/群，2017 年蜂王、笼蜂和核心群的平均价格分别为 233.88 元/只、804.81 元/群和 949.26 元/群。蜂王的价格在 2018 年和 2019 年保持 124 元（18 美元）不变，而笼蜂和核心群 2019 年价格分别比2018 年下降了 7.5% 和 9.1%。2015—2017 年蜂群的治螨费用和饲料费用支出相对少。2015—2017 年 5 群蜂以上的蜂场治螨支出基本控制在 39～45 元/群，饲料费用在 120～140 元/群之间。2018年开始，治螨费用和饲料费用大幅度提高，治螨费用跃增为 110元/群以上，饲料费用跃增为 400～450 元/群（表 3 - 9）。

表 3 - 9　2018—2019 年美国蜂群（>5 群蜂）生产成本

项目	2018 年	2019 年
蜂王价格（元/只）	124	124
笼蜂价格（元/群）	633	585
核心群价格（元/群）	757	688
工蜂（每千只）	158	172
蜂群治螨支出（元/群）	122	113
蜂群饲料支出（元/群）	448	399

二、蜂场收入

综合 2015—2017 年美国养蜂者的收入组成看，蜂蜜销售占 38%，授粉收入占 43%，其他收入占 18%。可见，授粉收入是美国养蜂者的主要收入。

2016 年 5 群蜂以上的蜂场统计显示，蜂群授粉收入为 23.25 亿元，比 2015 年下降了 1%。其他收入为 10.25 亿元，平均每群蜂为 385.21 元，比 2015 年下降了 10%。

2017 年 5 群蜂以上的蜂场统计显示，蜂群授粉收入为 29.92 亿元，比 2016 年增长 29%。其他收入为 11.21 亿元，比 2016 年增长 9%。

2018 年 5 群蜂以上的蜂场统计显示，蜂群授粉收入为 20.76 亿元，比 2017 年下降 31%。卖蜂收入为 1.58 亿元，其他收入为 6.51 亿元。

2019 年 5 群蜂以上的蜂场统计显示，蜂群授粉收入为 21.30 亿元，比 2018 年增长 3%。卖蜂收入为 1.72 亿元，其他收入为 5.34 亿元。

过去养蜂人把蜂蜜作为第一收入来源，现在蜂蜜收入所占的比例正在下降。相反，因生产蜜蜂带来收入增加的养蜂人数量正在增加。在过去 25 年中，蜂群数量相对稳定，而蜂蜜产量呈缓慢平稳的下降趋势。

三、蜜蜂授粉情况

在构成世界大部分粮食供应的约 100 种农作物中，只有 15％是被家养蜜蜂授粉，而至少 80％需要由野生蜂和其他野生授粉者进行授粉。美国超过 90 种农作物的商业化生产需依赖于蜜蜂授粉，这些农作物的产值约 100 亿美元。在美国生活的大约 3 600 种蜂中，欧洲蜜蜂（Apis mellifera）是最常见的传粉昆虫，也是家庭农业中最重要的蜜蜂。美国人食用的食物中约有 1/3 来自蜜蜂授粉的农作物，包括苹果、甜瓜、蔓越莓、南瓜、西兰花、胡萝卜和杏等。另外，授粉对可可、咖啡和棉花等也很重要。包括蓝莓和樱桃在内的一些农作物，90％依赖于蜜蜂授粉。杏是加利福尼亚州主要的、利润丰厚的农作物，有很高的授粉要求，几乎所有花朵都需要进行异花授粉才能生产商品杏仁。每年，美国 2/3 的蜂群转地授粉，并生产蜂蜜和蜂蜡。在寒冷的冬季，美国养蜂人用卡车将蜂群转移至温暖的南方，让蜂群越冬春繁。部分蜂场会去佛罗里达州为黄瓜和南瓜授粉，或者在佛罗里达州、得克萨斯州和加利福尼亚州的柑橘园采蜜。当春季到来后，大部分蜂场会去加利福尼亚州为杏提供授粉服务。加利福尼亚杏仁产业需要大约 180 万群蜂，才能对近 100 万英亩的杏园进行充分授粉。每年，美国有超过 150 万群蜂（占美国所有蜂群的 1/2 以上）被卡车运到加利福尼亚的中央谷地为杏园提供授粉服务。之后，再去西海岸的李子园、苹果园、樱桃园和其他果园进行授粉，然后再运往全国各地的农场。

（一）授粉收入

1988 年授粉收入只占养蜂员收入的 10.9％，包括蜂蜡、卖蜂收入及政府资助在内的其他收入占 36.4％，蜂蜜收入占 52.7％。2016 年授粉收入占养蜂员收入的 41.1％，包括蜂蜡、卖蜂收入及政府资助在内的其他收入占 18.1%，蜂蜜收入占 40.8%。授粉收入中，蜜蜂为巴旦木授粉的收入为 19.95 亿元，占全部授粉收入的 81%，其次是蓝莓（1.24 亿元）、苹果（0.55 亿元）、樱桃（0.48 亿元）和其他作物（2.41 亿元）。用于授粉的蜂群数量分别是扁桃 176 万群、蓝莓 17.5 万群、苹果 14.9 万群、樱桃 13.5 万群和其他作物 69.2 万群，其中巴旦木授粉蜂群比例为 60%。付费授粉果树的面积分别是巴旦木 37.30 万公顷、蓝莓 3.30 万公顷、苹果 8.58 万公顷、樱桃 3.97 万公顷和其他作物 17.44 万公顷，其中巴旦木果园占 53%。

（二）授粉价格

1987—2017 年，几种作物的授粉价格一直有统计，1993 年开始有巴旦木的授粉价格统计。2017 年授粉收入为 4.35 亿美元。价格最高的是巴旦木，其次是蔓越莓，再次是苹果、梨、樱桃，而蓝莓、黑莓、树莓和三叶草授粉价格最低。虽然个别年度蔓越莓的授粉价格低于 413 元/群，但大多数时间价格在 413～550 元/群之间。苹果、梨、樱桃的授粉价格一般在 275～413 元/群。1987—1999 年蓝莓、黑莓、树莓和三叶草授粉价格在 138～275 元/群之间，2000 年后价格在 275～413 元/群。

1993—2004 年，巴旦木的授粉价格一直在 550 元/群左右。2005 年后，巴旦木授粉价格陡升，特别是 2006 年的蜜蜂蜂群崩溃失调症（CCD）现象，导致巴旦木授粉价格飙升至 1 376 元/群。虽然 2011—2013 年授粉价格略有下降，但基本在 963～1 376 元/群之间。2016 年巴旦木授粉价格为 1 032～1 369 元/群，平均为 1 277 元/群，比 2015 年增加了 85.64 元/群。尽管巴旦木的授粉价格高，但其授粉支出仅占生产成本的 5%，占其零售成本的 1%；其他作物蜜蜂的授粉支出不足其生产成本的 2.5%，不足零售成本的 0.5%。

第五节 美国蜂蜜进出口情况

随着蜂蜜产量不足以满足国内日益增长的消费需求，美国大力寻求蜂蜜进口。1990 年，美国生产了超过 9 万吨的蜂蜜，进口了约 3.5 万吨，约占国内生产的 40%。2015 年，美国蜂蜜产量为 7.1 万吨，而进口量已超过 17.5 万吨，国内产量占进口量的 40% 左右。

一、蜂蜜进出口情况

（一）进出口情况

表 3-10 显示，2015—2019 年，美国蜂蜜进口一直大于出口。2017 年蜂蜜进口量达到 5 年来的最高点，超过 20 万吨，比 2016 年增加了 22%。2019 年虽然蜂蜜进口量下降了 5.9%，但仍然保持国际第一大蜂蜜进口国的位置。2019 年美国进口了 4.301 亿美元蜂蜜，进口量为 188 834 吨，占国际蜂蜜进口总量的 21.4%。

虽然美国也出口蜂蜜到其他国家，但出口量远低于进口量。2018 年出口蜂蜜 439.8 吨，2019 年出口蜂蜜 190.5 万吨。

表 3-10　2015—2019 年美国蜂蜜进出口情况

指标	2015 年	2016 年	2017 年	2018 年	2019 年
进口量（吨）	175 243	166 477	203 069	200 760	188 834
出口量（吨）	510.7	504.7	449.1	439.8	190.5

（二）蜂蜜进口国情况

由于进口蜂蜜价格低，美国大量进口蜂蜜。美国已经成为世界上最大的蜂蜜进口国，占全球蜂蜜进口量的 1/4 以下。2016 年共进口 16.65 万吨蜂蜜，2017 年共进口了 20.31 万吨，比 2016 年增加了 3.66 万吨。2017 年的进口量是当年产量的 3 倍多，当年美国消费的蜂蜜67%来自进口。美国主要从3个国家采购蜂蜜：印度、越南和阿根廷，这3个国家合计占美国蜂蜜进口量的60%左右（表3-11）。

表3-11 2014—2017年美国主要蜂蜜进口国家及进口量（万吨）

国家	2014年	2015年	2016年	2017年
越南	4.690	3.697	3.842	3.610
印度	2.032	3.615	1.928	4.537
阿根廷	3.683	2.703	3.443	3.534
巴西	1.919	1.542	1.896	2.381
墨西哥	0.744	0.508	4.672	4.672

表3-12显示，美国进口蜂蜜的75%来自越南、阿根廷、印度、巴西、加拿大5个国家。2016年7个国家的进口比例占全部进口量的76.9%，2017年该比例为89%。

表3-12 2016—2017年美国主要蜂蜜进口国家及进口比例（%）

年度	印度	越南	阿根廷	巴西	加拿大	乌克兰	墨西哥
2016	11.5	22.9	20.1	11.3	8.3	—	2.8
2017	22.3	17.8	17.4	11.8	7.8	9.6	2.3

2016年越南以22.9%的比例领先，阿根廷排在第二位，占20.1%，印度占11.5%。2016年美国进口的蜂蜜中45%为超浅琥珀和浅琥珀蜜，其余30%主要是白蜜或未确定颜色蜂蜜，12%蜂蜜是有机蜂蜜（几乎全部来自巴西丛林蜂蜜）。

2017年印度居于首位，占比22.3%；其次是越南、阿根廷，分别为17.8%和17.4%。仅印度、越南和阿根廷3个国家出口美国蜂蜜比例就占到了美国总进口量的57%。2017年美国进口印度蜂蜜比例约为2016年的2倍。

2018年，美国从阿根廷、印度等国进口了5.042亿美元的蜂蜜。其中，从阿根廷进口最多，达 0.888 亿美元；其次是印度，进口了 0.832 亿美元。表 3-13 显示了 2018 年美国从主要蜂蜜进口国进口蜂蜜的金额，从 15 个国家进口了 4.85 亿美元的蜂蜜，占其全部蜂蜜进口的 96.2%。其中，墨西哥进口额同比下降了 54%，越南同比下降了 53%。

表 3-13　2018 年美国主要蜂蜜进口国家及进口额

指标	阿根廷	印度	巴西	越南	加拿大	新西兰	中国	乌克兰	墨西哥	泰国	土耳其等	合计
进口额（百万美元）	88.8	83.2	81.6	61.1	47.9	37.2	20.0	17.2	13.3	10.1	24.2	485
进口量（吨）	36 219	44 298	23 604	39 193	15 244	0	13 436	8 324	3 315	4 676	2 314	190 623

注：土耳其等为土耳其、西班牙、德国、澳大利亚和法国的合计。

中国是世界上最大的蜂蜜生产国和出口国，但没有进入美国最大的进口国名单。因为 2000 年，美国养蜂人指责中国和阿根廷蜂蜜倾销美国。作为回应，美国征收进口关税，使来自这两个国家的蜂蜜价格上涨了 3 倍。尽管美国此后取消了对阿根廷的关税，但对中国蜂蜜的关税保持不变，将中国生产者拒之门外。大多数中国蜂蜜出口转向欧洲。

（三）有机蜂蜜的进口

2012—2017 年，美国进口蜂蜜中有机蜂蜜的占比快速增加。2012 年和 2013 年有机蜂蜜在当年的蜂蜜进口中只占 2.0%，2014 年和 2015 年增至 7.0%，2016 年增至 12.0%，2017 年增至 14.0%，反映出有机蜂蜜广受欢迎。

二、蜂蜜进口价格

美国进口蜂蜜价格远远低于本土生产蜂蜜，养蜂员的蜂蜜售价通常比进口价格高 10.62 元/千克。这也是美国进口蜂蜜多于本土生产蜂蜜的原因之一。2016 年，进口越南的浅琥珀蜜价格为 10.62 元/千克，乌克兰的超白蜜 13.65 元/千克，加拿大的混合蜜 14.71 元/千克，巴西的柑橘蜜 37.91 元/千克。

2017 年，进口蜂蜜（不含有机蜂蜜）的最高价格是 22.75 元/千克，而最低价格是 11.22 元/千克（越南蜂蜜）。大多数进口蜂蜜价格在 15.16～18.96 元/千克，加拿大蜂蜜的价格略高一点。

2018 年，进口蜂蜜价格在 27.75～111.76 元/千克，平均价格为 32.76 元/千克。其中，阿根廷蜂蜜根据颜色不同，价格定位在 15.01～19.71 元/千克。印度蜂蜜价格根据颜色不同，价格为 13.19～14.56 元/千克。乌拉圭蜂蜜价格为 14.10 元/千克。越南浅琥珀蜜价格为 12.28～13.50 元/千克。巴西有机蜂蜜根据颜色不同，价格为 18.96～20.78 元/千克。新西兰麦努卡蜂蜜价格为 76.37 元/千克。

2019 年进口蜂蜜价格如下：阿根廷白三叶草蜂蜜，价格为 17.14～17.74 元/千克；混合白花蜜，价格为 17.14～18.50 元/千克。超浅混合花蜜，价格为 16.68～18.50 元/千克；浅琥珀色混合花蜜，价格为 16.83～17.89 元/千克；印度混合白花蜜，价格为 11.83 元/千克；混合超浅花蜜，价格为 11.68～11.98 元/千克；混合浅琥珀花蜜，价格为 11.53～12.74 元/千克。超浅芥花蜜，价格为 12.59～13.50 元/千克；浅琥珀芥花蜜，价格为 12.59 元/千克；琥珀芥花蜜，价格为 11.83 元/千克。乌克兰向日葵白蜜，价格为 14.41～14.71 元/千克；向日葵超白蜜，价格为 12.74～14.71 元/千克。

乌拉圭混合浅琥珀花蜜，价格为 12.28 元/千克；混合琥珀花蜜，价格为 12.28 元/千克。越南浅琥珀混合花蜜，价格为 11.22～12.13 元/千克；混合琥珀花蜜，价格为 9.55～10.31 元/千克。

巴西有机超浅蜜，价格为 14.41 元/千克；有机浅琥珀蜜，价格为 14.41～15.47 元/千克；超浅柑橘蜜，价格为 27.14 元/千克。混合浅琥珀花蜜，价格为 12.44～12.89 元/千克；混合琥珀花蜜，价格为 12.74 元/千克。

三、蜂蜜出口

表 3-14 为 1997 年、2007 年和 2017 年美国蜂蜜主要出口国家和出口情况。1997 年，沙特阿拉伯、也门、加拿大等是美国蜂蜜主要出口国。2007 年，以色列、加拿大、韩国和日本是美国蜂蜜主要出口国。2017 年，韩国、菲律宾、加拿大和科威特是美国蜂蜜的主要出口国，共出口了 4 491 吨蜂蜜，出口量仅占 2017 年总产量的 7%。

表 3-14　1997 年、2007 年和 2017 年美国蜂蜜主要出口情况

1997 年			2007 年			2017 年		
国家	出口量（吨）	占比（%）	国家	出口量（吨）	占比（%）	国家/地区	出口量（吨）	占比（%）
沙特阿拉伯	585.14	14.5	以色列	855.04	22.7	韩国	787.00	17.5
也门	491.70	12.2	加拿大	443.17	11.7	菲律宾	747.08	16.6
加拿大	440.45	10.9	韩国	402.34	10.7	加拿大	646.83	14.4
德国	438.63	10.9	日本	391.00	10.4	科威特	487.17	10.8
日本	333.40	8.3	马来西亚	307.09	8.1	中国香港	342.47	7.6
其他国家	1 750.44	43.3	其他国家	1 376.22	36.5	其他国家	1 480.09	33.1
合计	4 039.76	100.0	合计	3 774.86	100.0	合计	4 490.64	100.0

四、蜂蜡进出口

图 3-3 显示，1961—2019 年，只有 8 年美国进口蜂蜡数量在 1 000 吨以下，其他年度蜂蜡进口量均在 1 000 吨以上。1992 年后进口量总体呈增加趋势，2012 年后进口量在 3 000 吨以上，2018 年进口量最高，达到 4 468 吨。进口额总体呈增加趋势，

2008 年后进口额均超过 1 000 万美元，2015 年进口额为 3 649.8
万美元，为历史最高。

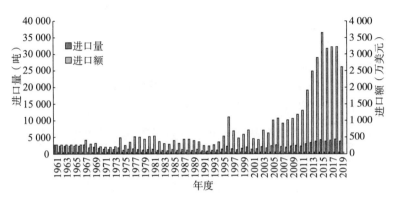

图 3-3 1961—2019 年美国蜂蜡进口情况

美国从 1989 年开始出口蜂蜡。1989 年至 2017 年蜂蜡出口
总体上呈增加趋势，2017 年出口量最高，达到 3 604 吨。出口额
总体上呈增加趋势，2018 年出口额最高，达到 1 593.9 万美元
（图 3-4）。

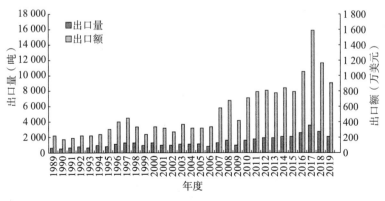

图 3-4 1989—2019 年美国蜂蜡出口情况

五、蜜蜂进出口

1912 年起，美国仅允许从加拿大进口蜜蜂。1978 年后陆续通过风险评估的方式，衡量自新西兰和澳大利亚进口蜜蜂的可行性，2004 年后开始从新西兰和澳大利亚进口蜜蜂。2005—2008 年，美国每年从加拿大进口的蜂群在 6 万~10 万群之间。联合国粮食及农业组织数据库（表 3-15）显示，2012—2019 年美国蜜蜂出口多于进口。

表 3-15　2012—2019 年美国蜜蜂进出口情况

指标	2012 年	2013 年	2014 年	2015 年	2016 年	2017 年	2018 年	2019 年
进口量（群）	150	209	890 868	27 709	1 203 562	30 467	23 677	42 432
进口额（万美元）	1 273.1	1 824.0	1 948.1	1 989.5	1 977.5	2 357.9	648.3	381.8
出口量（群）	0	0	1 408 691	6 638 388	4 594 695	2 347 806	1 692 349	752 307
出口额（万美元）	524.6	625.2	704.3	717.0	678.9	676.7	715.7	721.1

第六节　美国蜜蜂的主要病虫害

2006 年开始，美国蜜蜂数量下降，引起了国际社会的普遍关注。美国蜜蜂主要是西方蜜蜂，其病虫害主要有大蜂螨、小蜂螨、微孢子虫、病毒病、细菌病、蜂巢小甲虫等。美国蜜蜂病虫害调查结果表明，微孢子虫主要流行于春季，蜂螨流行于冬季，病毒以蜜蜂残翅病毒流行率最高，而杀虫剂以蜂螨防治药物残留最为严重。大蜂螨在 1987 年到达北美后，迅速扩散到美国全国，造成 20 世纪 90 年代美国 25% 蜂群消失。调查表明，2015 年

4—6月螨的寄生率为43.4％。2016年1—3月寄生率为34.3％，4—6月寄生率为53.4％。2017年1—3月寄生率为42.2％。2018年4—6月寄生率为56.4％。2019年1—3月寄生率为45.6％，10—12月寄生率为45.7％。2020年1—3月寄生率为25.5％，4—6月寄生率为42.3％。

对于美洲幼虫腐臭病，传统的控制措施是杀死受感染的蜜蜂，然后焚烧蜂巢和用具。过去，养蜂人可以在没有兽医监督的情况下用抗生素治疗其蜂群，但从2017年1月1日起，养蜂人必须通过有执照的兽医才能获得抗生素药物。

美国的蜜蜂农药中毒现象也比较严重，蜜蜂中毒每年造成的损失为1 330万美元。不仅蜜蜂受到农药的影响，其他授粉昆虫也受到影响，种群可能需要3～4年才能恢复到农药施用前的水平。如果有足够数量的传粉媒介，估计美国农作物每年收入可增加4亿美元。

一、蜂群衰竭

自20世纪40年代以来，美国的蜂群数量一直在下降；进入21世纪以来，蜂群损失持续增加。2006年，一些养蜂人报告蜂群损失达30％～90％。2012—2013年，总蜂群损失率达到45％，高于往年的28.9％和36.4％。虽然每年损失超过30％并不罕见，但这些蜂群损失的症状并不完全与已知害虫和病原体通常产生的症状相吻合。因此，养蜂界称之为蜂群衰竭综合征（CCD）。

由于蜂蜜产量下降以及对蜂蜜的需求增加，自2005年以来，美国蜂蜜的生产者价格和零售价格均增长了一倍以上。

科学家开展了许多研究，针对蜂群衰竭综合征给出了许多解释，包括毒素、杀虫剂、螨、气候变化、栖息地丧失等等。尽管尚未完全科学解决，但大多数研究人员认为蜂群衰竭综合征是这些压力源的综合作用，尤其是农药、蜂螨和营养不良等。蜂群衰竭综合征导致美国蜂群数量下降，促使进口更多的蜂蜜和蜂群。

二、越冬损失

从 2006 年蜂群衰竭综合征发生以来，美国每年调查冬季蜂群死亡情况。2006—2010 年，冬季死亡率在 29%～36%。2010—2015 年，蜂群年度损失率在 34%～45%，2012—2015 年的夏季蜂群损失率在 20%～27%。2014—2015 年报告显示，全美蜂群损失率为 42%。其中，东部的缅因州（60.5%）、纽约州（54.1%）、康涅狄格州（57.5%）、宾夕法尼亚州（60.6%）、马里兰州（60.9%）、德拉瓦州（60%）、佛罗里达州（54.8%），以及中部的威斯康星州（60.2%）、伊利诺伊州（62.4%）、艾奥瓦州（61.4%）、奥克拉荷马州（63.4%）等地的损失较为严重；远在太平洋的夏威夷州损失只有 13.9%。

2018 年 10 月 1 日至 2019 年 4 月 1 日，美国的蜂群越冬损失达 37.7%，比 2017—2018 年冬季增加 7 个百分点，比平均冬季损失（2006—2019 年）高 8.9 个百分点。夏季损失率达 20.5%，比 2017 年夏季高 3.4 个百分点，等于自 2011 年夏季调查开始以来的平均夏季损失率。2018 年 4 月 1 日至 2019 年 4 月 1 日，年度总损失率 40.7%，比 2017—2018 年增加 0.6 个百分点，比自 2010—2011 年年度调查开始以来的损失率（37.8%）增加 2.9 个百分点。

三、蜂巢小甲虫

蜂巢小甲虫最早于 1996 年在美国发现，现已传播到美国多个州，包括加利福尼亚州、康涅狄格州、佛罗里达州、佐治亚州、夏威夷州、艾奥瓦州、伊利诺伊州、印第安纳州、堪萨斯州、路易斯安那州、马里兰州、密歇根州、明尼苏达州、密苏里州、内布拉斯加州、新泽西州、纽约、北卡罗来纳州、俄亥俄州、俄克拉荷马州、宾夕法尼亚州、罗得岛州、南卡罗来纳州、田纳西州、得克萨斯州和弗吉尼亚州。其扩散很可能来自佛罗里达的养蜂人转地运蜂过程中将甲虫带到其他州。最近的研究表明，蜂巢小甲虫可以在包装中一起被运输。

四、非洲化蜜蜂

东非低地蜜蜂于 1956 年首次被引入巴西，以提高蜂蜜产量，但 1957 年有 26 只蜂王逃脱，成为杀人蜂。此后，该杂交种已遍及南美。1985 年，美国加利福尼亚州圣华金山谷的一个油田发现了美国第一批非洲化蜜蜂。蜜蜂专家认为，该群蜂没有途径陆地，而是躲藏在从南美运来的石油钻探管中。1990 年，在得克萨斯州南部发现杀人蜂蜂巢。在亚利桑那州的图森地区，1994年对诱捕蜂群的研究发现，只有 15％的蜂群被非洲化。1997 年，这一数字已增至 90％。截至 2002 年，非洲化蜜蜂已从巴西南部传播到阿根廷北部，从阿根廷北部传播到中美洲，已经传播到美国的得克萨斯州、亚利桑那州、内华达州、新墨西哥州、佛罗里达州和加利福尼亚州。在得克萨斯州东部，杀人蜂曾一度停止传播，这可能是由于该地区欧洲蜜蜂数量众多。然而，在路易斯安那州南部发现的非洲化蜜蜂表明，它们已经越过了这一障碍。2005 年 6 月，人们发现非洲化蜜蜂已经进入得克萨斯州并传播到阿肯色州西南部。2007 年 9 月 11 日，非洲化蜜蜂已经在新奥尔良地区定居。2009 年 2 月，在犹他州南部发现了非洲化蜜蜂。2017 年 5 月，蜜蜂已扩散到犹他州的 8 个县，直至北部的格兰德和埃默里。

2010 年 10 月，佐治亚州一名 73 岁的男子被一群非洲化蜜蜂杀死。2012 年，田纳西州东部门罗县的养蜂场中首次发现了一个蜂群。2013 年 6 月，得克萨斯州穆迪市 62 岁的拉里·古德温被一群非洲化蜜蜂杀死。2014 年 5 月，科罗拉多州立大学证实，一群非洲化蜜蜂主动袭击科罗拉多州中西部帕里塞德附近的果园，蜂巢随后被破坏。

随着非洲化蜜蜂向北迁移，蜂群继续与欧洲蜜蜂杂交。2004

年在亚利桑那州进行的一项研究中发现，非洲化蜜蜂可以通过入侵蜂巢，杀死欧洲蜜蜂的蜂王并用自己的蜂王接管衰弱的欧洲蜜蜂蜂群。因此，预计非洲化蜜蜂主要在美国南部各州危害，向北延伸至东部的切萨皮克湾。非洲化蜜蜂的寒冷天气限制使一些专业的蜜蜂育种者从加利福尼亚州进入内华达山脉北部和喀斯喀特山脉南部的严冬地区，这样使得生产杏仁所需要的蜂群数量大大下降，加利福尼亚州蜜蜂早期授粉更加困难。

第七节　美国蜂业管理、科研情况

美国非常重视养蜂业，不仅在制度和法律上给予蜜蜂保护，规范蜂业生产和蜂蜜销售，而且提供资金和项目支持。各协会和养蜂者积极组织，在蜂业技术服务和培训等方面发挥了重要作用。犹他州更是将蜂箱设计进官方州徽，被称为"蜂巢州"。

一、蜂业管理制度

美国农业部负责蜂业生产。美国食品药品监督管理局（FDA）负责监管进入美国的食品（包括蜂蜜）。

美国对蜂业生产实行监管，主要包括养蜂注册和检疫制度。美国规定，蜂场必须进行注册。美国各州制定了蜂场注册制度，由州农业局负责管理，部分州以立法形式进行严格要求，主要登记养蜂者的姓名、通信地址、蜂场位置和其他相关信息。如田纳西州规定，新进入的养蜂者必须在州农业局注册，以后每3年重新注册一次。注册后养蜂者和蜂场的注册信息由州蜂业专家保存。养蜂者会获得一个专门的注册号，这个注册号由养蜂者个人专用，可以用来标记蜂箱和设备。注册蜂场后，蜂场主会收到关于蜂病的暴发及其进展情况的电子邮件通知。如果州农业局接到喷洒农药的计划，养蜂者就会收到其蜂群所在地区飞机喷洒农药的电子邮件和邮局信件通知；当养蜂者想出售蜂群、转场或想要求蜂病检查时，可以得到免费检疫。当美洲幼虫腐臭病或其他管制疫病暴发时，州农业局会帮助保护蜂群；当蜂群因美洲幼虫腐臭病或其他管制疫病或蜂病损失时，注册的蜂群将会得到补偿。如果养蜂者没有注册蜂群或蜂场，则蜂群、养蜂设备将会被没收并罚款 500 美元；如果蜂群因美洲幼虫腐臭病或其他管制疫病或蜂病而遭受损失，养蜂者将得不到任何补偿。

美国大部分州都制定了蜂场检疫制度，监管部门通常是农业部及其下属机构。有些州设有专职蜂场检查员进行蜂场检疫工作，提供技术咨询，指导蜜蜂疾病的防治工作。当养蜂者把蜜蜂从一个州转移到另一个州时，转入州要负责进行蜂场检疫。多数州会要求养蜂者提供蜜蜂转入本州前的检疫结果，并且在蜜蜂转移到别的州以后，还会对其进行跟踪检疫。

美国州内生产并在本州销售的蜂蜜由州政府兽医负责检验检疫；而州与州之间运输、销售以及进出口的蜂蜜由联邦政府兽医负责检验和签发安全证书，农业部动植物卫生检疫局和美国食品安全检验局分别对检验检疫职责范围内的生产厂家进行驻厂检验检疫和监督管理。联邦政府为州及当地政府检验检疫部门提供科技、信息咨询及培训帮助，保证双方运作能等同，并符合法律、法规的要求。

二、蜂业法律

美国的蜂业法律包括联邦法律和州法律。早在 1922 年美国通过了《蜜蜂限制法》，以保护蜜蜂，此后该法又进行了多次修改。目前，该法包括蜜蜂的进口、非法进口的惩罚、蜜蜂的繁殖以及消除和控制不良物种等内容。

1985 年，美国农业部在 1946 年《农业营销法》的基础上，制定了《美国蜂蜜提取等级标准》，规定美国蜂蜜官方等级标准，以确定蜂蜜的质量等级。美国食品药品监督管理局在 2018 年 2 月发布了《蜂蜜和蜂蜜产品正确标签联邦准则》草案，这些准则是建议性而非强制性的；2018 年 3 月发布了《行业指南草案：蜂蜜、枫糖浆和某些蔓越莓产品中添加糖的声明》，这些准则草案允许在蜂蜜营养标签上添加脚注，指出："所有这些糖都是天然存在于蜂蜜中的。"

在州法律层面，很多州都有法律，规定了蜜蜂管理、进口、蜂产品质量标准等。如北卡罗来纳州养蜂业和蜂蜜受到该州法律的保护。1977 年，《北卡罗来纳州蜜蜂和蜂蜜法》授权北卡罗来纳州农业专员和农业委员会促进、改善和增强小型养蜂人的蜜蜂和蜂蜜产业，保护蜜蜂和蜂蜜行业免受蜜蜂疾病、蜜蜂中毒和盗窃的侵害，并为蜜蜂管理和销售提供监管服务。科罗拉多州 1963 年通过《蜂和蜂产品法案》。1963—1987 年，该法案规定在科罗拉多州全州检查蜜蜂疾病，防止蜜蜂疾病从一个蜂场传播到另一个蜂场。威斯康星州法律规定了蜜蜂病虫害及其控制，列出了州和州农业部的权利以及养蜂需要的条件。其中，第 12 章第 13 条是进口蜜蜂的要求，规定任何人未经许可，不能将蜜蜂和蜂机具进口到该州。

从蜂群衰竭综合征暴发以来，美国环保署（USEPA）为保护蜜蜂及授粉昆虫，在农药风险评估及政策制定方面持续改革，持续推动蜜蜂病虫害防治用药登记。目前已规定新烟碱类等对蜜蜂高毒的农药必须明确标示对蜜蜂毒害的警告语，并且明确规范使用的时间和范围。2015 年 5 月，美国环保署推出蜜蜂农药中毒防范措施草案，对蜜蜂中毒的可能途径加以分析并提出应对策略，同月批准草酸为蜂螨防治用药。

除了制定法律外，美国政府还大力宣传蜜蜂的重要性。1999 年前，和其他美国大城市一样，养蜂被纽约卫生署界定为禁止饲养的宠物之一。2009 年，在纽约养蜂人协会连续 3 年的努力后，纽约市"禁蜂令"废除。此前，丹佛、密尔沃基、明尼阿波利斯、盐湖城等地亦已取消了养蜂禁令。在白宫，自产的"白宫蜂蜜"已成馈赠佳品，2012 年 3 月 9 日，当第一夫人米歇尔·奥巴马在康科德市参与推广儿童健康饮食活动时，曾拿出"白宫蜂蜜"与孩子们分享。

美国总统奥巴马于 2014 年 6 月签署备忘录"提升蜜蜂及其他传粉者健康的战略"，成立由内政部、国防部和国家安全部等 15 个部门组成、农业部部长和环境保护局局长联合担任组长的"传粉者健康特别工作组"，由该小组领导起草并在 2015 年颁布了《关于保护蜜蜂及其他传粉者的国家战略发展规划》，通过组织跨学科的科学合作研究、提高公众对传粉者的认知程度、加强政府与各种组织的合作关系以及保护传粉者栖息地等工作，控制美国家养蜜蜂下降趋势、保护濒危传粉者种群并对野生传粉者的自然栖息地进行有效管理。

2016 年 10 月，美国鱼类和野生动物服务局宣布 7 种"濒危"黄脸蜂受到《濒危物种法》的保护。

三、美国政府在保护蜜蜂方面的具体工作

除了立法和蜂业管理外，美国政府在提高公众对传粉者的认知程度、加强政府与各种组织的合作关系和保护传粉者栖息地等方面也开展了大量的工作。

（一）提高公众对传粉者的认知程度

联邦政府及下属部门组织各种活动以提高公众对传粉者的关注度，开展跨部门的传粉者宣传活动（国家公园管理局负责）、加强学校传粉者保护教育（教育部负责）、鼓励年轻人及家庭参加传粉者教育课程培训（农业部负责）、增加公众与农民及养蜂者的交流（农业部负责）、通过国家公共土地日扩大宣传（国家环境教育基金会负责）、创立"国家传粉者活动周"（包括联邦众部门在内的传粉者合作团体负责）、加大对传粉科研工作者的培养力度（国家自然基金委负责）等。

（二）加强政府与各种组织的合作关系

一方面，开展联邦政府间合作，成立由美国、墨西哥、加拿

大三国政府参与的野生动物和生态系统保护管理三边委员会；另一方面，与美国的非联邦实体合作，如美国国家公路与运输协会、爱迪生电力研究所、国家保护区协会、联合国粮食及农业组织等合作，共同保护授粉昆虫。

（三）保护传粉者栖息地

通过增加自然生态保护区面积、调整农业种植结构、为养蜂业提供财政补助等措施增加传粉者栖息地面积，通过多部门合作保障传粉者栖息地的优先使用权、通过立法增加传粉者栖息地面积，提高栖息地的数量，在白宫南草坪建立传粉者花园及蜂箱、史密森花园等，特别是美国白宫的养蜂起到了很好的宣传作用。

四、蜂业科研机构及科研计划

（一）科研机构

美国重视蜂业科研工作，一些著名大学，如康奈尔大学、加利福尼亚州立大学、加利福尼亚大学等开设养蜂课程，或举办相关培训班。得克萨斯农工大学、普渡大学、宾州州立大学、马里兰大学、明尼苏达大学等 10 余所大学都有从事蜂业研究的教授。此外，美国农业部在全美有 4 所专注于蜜蜂研究的机构：①位于马里兰州贝茨维尔的蜜蜂实验室专注于蜂螨、细菌及病毒等蜜蜂病害的研究，为农业生产中的授粉产业提供足够的健康蜜蜂；②位于亚利桑那州图森的卡尔·海登蜜蜂研究中心专注于通过改善蜜蜂的营养进而促进蜂群的增长、减轻蜂螨对蜂群的危害；③位于路易斯安那州巴吞鲁日的蜜蜂遗传育种及生理研究实验室专注于抗螨、抗微孢子等蜂种的研究与培育；④位于犹他州洛根的实验室则专注于本土蜜蜂生物学及生物多样性的研究，并利用这些野生蜜蜂如切叶蜂为农作物授粉。从美国农业部下属的 4 所蜜蜂研究机构可以看出，各研究机构之间分工细致明确，可见美国政府对于蜜蜂的重视程度。虽然这 4 所实验室的研究侧重点各不相同，但最终的目标都是为农作物授粉服务，以利于高品质的食品供应及环境的保护。

（二）科研计划

自 2006 年蜜蜂蜂群衰竭征发生以来，美国政府从支持包括蜜蜂在内的授粉昆虫的研究、农业补助等两方面进行立法并提供资金资助。

2008 年，美国国会通过的"农场法案"中将超过 1 亿美元的经费用于 2008—2013 年支持授粉昆虫的研究与授粉昆虫保护区的建立。另外，美国农业部根据农业补助的规定对因恶劣天气、害虫、突发灾难等遭受损失的蜂农进行资金补助。

2009 年，美国农业部联合了来自 8 所联邦政府研究机构、2 个州政府农业部、22 所大学及一些私人研究机构的大量科学家进行关于 CCD 的联合研究，调查并成立了 CCD 指导委员会。该委员会自 2009 年开始每年都会发布一份 CCD 的研究进展报告。2014 年新的 5 年"农场法案"继续支持包括蜜蜂在内的授粉昆虫研究。

2015 年制定的《关于保护蜜蜂及其他传粉者的国家战略发展规划》为 5 年计划，2015 年已投入资金 4 853 万美元，2016 年经费预算为 8 249 万美元，其中涉及的科学问题共围绕传粉者生存现状及生物学、环境因素对传粉者的影响、传粉者栖息地保护、土地管理和相关数据信息共享 5 个方面，开展传粉者分布和下降趋势、栖息地、营养、传粉者病虫害、农药等 10 个方向150 余个课题的研究，27 家单位参与。

全国蜜蜂调查计划（The National Honey Bee Survey, NH-BS），2020 年该计划名称更改为 USDA APHIS Honey Bee Pests and Diseases Survey Project Plan for 2020，由美国农业部动植物健康检验局资助，并与马里兰大学、美国农业部农业研究局（ARS）和州养蜂专家合作进行，马里兰大学 VanEngelsdorp 蜜蜂诊断实验室领导和管理。在马里兰州贝尔茨维尔的美国农业部蜜蜂研究实验室对样品进行分子靶标分析，并在北卡罗来纳州加斯托尼亚的美国农业部国家科学实验室对样品进行农药残留分析。该计划始于 2009 年，最初仅在 3 个州开展，随后逐步增加，中间曾经因经费问题而勉强维持，2015 年调查规模扩大到 35 个州。调查项目包含蜜蜂微孢子虫、蜂螨流行及寄生情况，蜜蜂病毒流行情况（包括以色列麻痹病毒、蜜蜂残翅病毒、急性麻痹病毒、慢性麻痹病毒、克什米尔病毒、蜜蜂黑蜂王台病毒及新奈湖病毒等），以及杀虫剂及相关代谢产物在蜂产品上的残留情况。

五、蜂业杂志、课程

美国出版的蜂业相关刊物有《养蜂集锦》《美国蜜蜂杂志》和《美国蜂疗协会会刊》等。《美国蜜蜂杂志》由塞缪尔·瓦格纳于 1861 年开始出版，除了南北战争期间的短暂停刊外，至今已经出版 160 多期，成为世界上最古老的英语养蜂出版物。读者群主要集中在业余和商业养蜂人、经销商、育王者、蜂蜜包装商和昆虫学家等。《美国蜜蜂杂志》由出版部在伊利诺伊州汉密尔顿的达旦公司办公室出版，每年向美国和外国订户发行。

一些著名大学，如康奈尔大学、加利福尼亚州立大学、加利福尼亚大学等开设养蜂课程，佛罗里达大学农业和生命科学学院提供养蜂和实用养蜂两门养蜂课程。

第八节　美国蜂业协会及蜂业培训

一、蜂业协会

美国从国家、州到市均有各级养蜂组织。国家层面的养蜂组织主要有：美国养蜂者联合会（ABF）、美国蜂蜜生产者协会（AHPA）、美国蜂疗协会（AAS）、国家蜂蜜委员会

（NHB）等。

美国养蜂者联合会成立于 1944 年，是美国最大的养蜂组织，拥有超过 4 700 名会员，涵盖专业和业余养蜂者、养蜂相关企业、研究机构、教育教学等多个方面。其主要目标是打击蜂蜜造假、促进人与蜜蜂和谐共处、保证蜂蜜食用安全、贯彻政府政策法规等，每年举办蜜蜂学术研讨会、商业展销洽谈等内容的年会，至 2021 年 1 月举办了 78 届年会。

美国蜂蜜生产者协会成立于 1969 年，第一次会议于 1969 年 1 月 29 日在俄勒冈州波特兰举行，其成立是为了反对有关蜂蜜销售订单的立法。组成美国蜂蜜生产者协会的人想代表商业养蜂人的利益，认为销售订单对养蜂人有害，会使蜂蜜的价格保持在低水平，以致商业养蜂人无法继续营业。他们当时的座右铭是"美国蜂蜜生产者协会是以利润为动力的养蜂人"。该协会致力于维护和提升蜂蜜生产者的权利与利益，拥有超过 550 名注册会员，这些会员包括从仅有 1~2 个蜂群的业余爱好者，到拥有 8 万群蜂的大型专业蜂场。

美国蜂疗协会成立于 1978 年，1989 年在新泽西州改组为美国蜂疗协会有限公司。该组织致力于研究和推广有关蜜蜂的传统疗法和科学有效使用蜂疗，促进和教导使用蜜蜂产品来维持和改善健康、减轻疼痛。

国家蜂蜜委员会始于 1987 年初，是在美国农业部监督下运作、由国会法案授权并根据联邦命令的规章制度设立的农业促进组织，目的是研究、营销、促进、宣传蜂蜜的消费和开发，向消费者宣传蜂蜜和蜂蜜产品的益处与用途。该协会发起了全国蜂蜜月活动。

除了上述的国家级蜂业协会外，各州都有各自的蜂业协会，很多协会还有下属的地方蜂业协会。如佛罗里达州就有佛罗里达养蜂者研究基金会和佛罗里达养蜂者协会。此外，美国还有很多蜂业的非营利组织，如蜂知情伙伴关系等。

蜂知情伙伴关系是在美国农业部和国家粮食与农业研究所的支持下，于2014年成立的非营利组织，董事会成员由商业养蜂人、顶级养蜂科学家和流行病学家以及其他蜜蜂组织的领导人组成，最初是由马里兰大学领导，目的是了解美国蜜蜂数量下降情况，以提供有效的管理和决定，从而提供增加蜜蜂存活所需的资源，同时向公众和养蜂人提供有关蜜蜂重要性以及影响蜜蜂健康问题的教育资源和信息。

所有团体都比较活跃，网站也办得非常出色，尤其是国家蜂蜜委员会的网站。

二、蜂业协会开展的工作

（一）保护蜂农的利益

美国养蜂者联合会等在网站上及时发布农药对蜜蜂的影响等各种信息，同时及时通报有关部门的工作动向。如公布美国环保署农药计划办公室在2020年7月21日和7月28日专门举行针对传粉媒介健康和栖息地的两个网络研讨会，提高评估农药对蜜蜂风险的科学性，呼吁养蜂者积极参与。

在新烟碱化合物对蜜蜂的影响方面，协会等也积极参与，大力进行宣传。所有新烟碱类物质于1984年后在美国进行了注册。2012年3月，食品安全中心和一群养蜂人组成的除虫剂行动网络向美国环保署提出了紧急请愿书，要求该机构停止使用新烟碱类药物可比丁，但遭到拒绝。2013年3月，同一小组同塞拉俱乐部和环境卫生中心一起起诉美国环保署，指出美国环保署进行的毒性评估不足，指责环保署依据不充分的研究结果进行杀虫剂注册。该案一直持续到2013年10月止。

2013年7月12日，众议院提出了"拯救美国授粉者法案"，要求暂停使用4种新烟碱类药物，包括被欧盟暂停使用的3种新烟碱类药物，直到完成对它们的审查为止，并要求内政部和美国环保署对蜜蜂种群及其下降的可能原因进行联合研究。为了响应对传粉媒介的担忧，美国环保署已采取多种措施来控制新烟碱类药物。2014 年，在奥巴马总统领导下，针对对农药的脱靶效应的担忧以及环境团体的诉讼，全面禁止在国家野生动物保护区使用新烟碱类药物。2016 年，明尼苏达州州长马克·代顿下令采取各种措施来帮助包括蜜蜂在内的授粉昆虫，其中包括限制新烟碱药剂的使用。2018 年，特朗普推翻了这一决定，指出有关野生动植物保护区农场使用新烟碱的决定将逐案审查确定。2019 年 5 月，作为一项法律解决方案的一部分，环境保护局撤销了对含有十二烷胺和噻虫嗪等 12 种农药的批准。

（二）设立基金资助蜂业研究和保护蜜蜂

美国养蜂联合会于 2005 年成立了旨在促进蜜蜂研究与教育的基金会——蜜蜂保护基金会。基金会的使命是维护和促进蜜蜂的健康，以利于高品质的食品供应及环境的保护，其经费主要来源于社会各界人士及美国养蜂联合会会员的捐助，该基金会每年面向全球提供 5 名左右的研究生奖学金名额。

（三）开展活动宣传蜜蜂重要性和蜂产品知识

美国养蜂联合会在全美发起了并赞助美国蜂蜜女王计划，主要形式是一年一度的全国性竞赛，选出当年的蜂蜜王后、蜂蜜公主。目的是促进养蜂实践，向公众尽可能多地介绍养蜂产业，推动美国百姓的蜂蜜消费，对公众进行蜜蜂价值教育。被选出的蜂蜜王后和公主即为美国蜂产业界的代言人，由美国养蜂联合会提供资助。蜂蜜王后和公主在当选的当年要环游美国各州，并通过农贸市场、学校、各种新闻媒介（如电视、报纸、网络、收音机等）向公众普及蜂蜜的知识（如用于烹饪、制作化妆品等），并向公众宣传蜜蜂的重要性，加深公众对蜜蜂授粉重要性的理解，还向公众解释蜜蜂对于美国农业重要性的原因。最具特色的是，蜂蜜王后和公主还要深入各个幼儿园、小学乃至中学，向学生们介绍蜜蜂相关的知识，培养并激发他们对蜜蜂的兴趣。

美国国家蜂蜜委员会于 1989 年发起全国蜂蜜月，将每年的 9 月定为全国蜂蜜月，在美国举行蜂蜜庆祝和促销活动，以促进美国养蜂业发展以及蜂蜜的销售（图 3-5）。9 月对蜂蜜生产者来说意义重大，因为 9 月标志着美国养蜂人蜂蜜采摘季节的结束。

图 3-5　美国蜂蜜月的标志

（四）为蜂农提供蜂业信息和服务

美国养蜂者联合会办公室会密切关注政府活动和立法情况，及时向会员通报相关情况，提供信息。每年组织会议和数十个商业展览，包括美国蜂蜜展览会、美国蜂蜜王后和公主的入选以及年度会议，交流蜂业生产情况，了解行业发展情况。每月出版《ABFE-巴兹通信》通过电子邮件发送给所有会员，内容包括最新的立法新闻、事件信息以及有用的养蜂技巧和窍门等。出版《ABF 季刊》，刊登特色教育文章和行业最新社论，以及美国养蜂者联合会在养蜂业中的活动和动态。"与养蜂人对话"在线教育系列为成员提供了 100 多个蜂业课程，既有免费课程，也有收费课程。会员可以使用蜂蜜防御基金，检测怀疑被掺入便宜甜味剂的蜂蜜样品来保护蜂蜜形象，确保蜂蜜在市场上的纯度，并资助蜂蜜纯度研究。作为美国养蜂者联合会会员，能从养蜂业产品供应商和服务提供商处获得特权、折扣和优惠价格。

三、蜂业培训

在美国，蜂业培训主要分为政府部门和大学举办的蜂业培训班、行业协会等举办的蜂业培训班等，分别针对不同的学员（初学者、高级进修者）、不同的学习目的（育王技术、病害诊断等），既有收费课程，也有免费课程。2020 年，美国部分州的蜂业培训课程如下：

佐治亚大学蜜蜂研究所于 2020 年 5 月 13—16 日举办第 29届年轻的哈里斯年会。伊利诺斯大学于 2020 年 4 月 18 日提供蜜蜂和蜂业培训，涉及蜜蜂解剖、育种、病虫害、营养、分蜂控制、越冬等内容。佛罗里达大学食品和农业科学研究所 2020 年4 月推出《蜂学硕士课程》，这里的蜂学硕士并不是学术意义上的硕士，只是为养蜂者提供养蜂技术培训。

另外，还有协会提供的培训课程：如得克萨斯州养蜂者联合会于 2020 年 6 月 20 日提供蜜蜂夏季诊断课程等。美国养蜂者联合会下设的蜜蜂保护基金会还通过向蜂农提供免费的培训机会，以使蜂农了解更多的关于蜜蜂疾病及螨害的知识，养成良好的养蜂操作习惯以避免疾病的进一步传播，饲养具有抵抗疾病及蜂螨的蜜蜂品系，尽可能地使用非化学方法防治蜜蜂病害，推动蜜蜂健康饲养。

第九节 美国蜂业值得借鉴的地方

一、形式多样的宣传

美国蜂业从业者很重视对蜂业的宣传，不仅在传统的纸媒（报纸、期刊等）进行蜂业专业知识、授粉作用和蜂产品消费知识的宣传，而且在所有设蜂专业的大学、研究机构和协会的网站上等均有大量的宣传，在脸书上等也有大量的宣传视频。更主要的是，美国的蜂业宣传已经深入小学和社区，美国养蜂者联合会的蜂蜜女王和蜂蜜公主会到小学等进行讲解和宣传，美国的大学教授等也会经常去社区宣传养蜂知识。如马里兰大学蜜蜂实验室人员会将自己的研究成果以科普的形式向大众传播，普及授粉昆虫重要性，在普通民众和消费者心中树立保护蜜蜂和授粉昆虫的意识。当美国蜂群衰竭综合征发生后，美国业界对于蜜蜂的宣传更是持之以恒，报纸、电台、电视台等所有媒体都在报道，受到了全社会以及国际的广泛关注。在蜂蜜月期间，整个行业都在做宣传。

在业界的努力下，美国民众对于蜜蜂的作用非常了解，对蜂业的关注和保护意识非常强烈，这有助于整个行业的发展。在社会的关注下，政府对蜂业也很重视。

二、花样繁多的推销手段

美国行业协会的网站上都有各自会员的联系方式，帮助会员进行产品销售。此外，养蜂者可以参加多种多样的展销会、博览会进行蜂蜜销售。大部分养蜂员有自己的社交销售途径，通过推特、脸书等发布蜂产品信息，有些通过网站进行产品宣传和销售。纽约弗莱提龙区的伊塔利餐厅在14层楼顶首次以"蜂蜜"的新概念亮相，提供"嗡嗡声"特色菜单和鸡尾酒（图3-6至图3-8）。餐厅以蜜蜂蜂巢为灵感装饰，菜单包括本地农场和意大利产品，包括烤蜂蜜坚果南瓜、手工制作的奶酪、榛子和金银花蜂蜜、精品奶酪与蜂蜜配对以及森林蜂蜜烤制的猪前腿配炖根菜。该餐厅是秋季最适合的餐厅，提供精选的自制"蜂茶"鸡尾酒。顾客既可以选择将茶、蜂蜜和烈酒混合在一起，作为完美的热身饮料；也可以购买通过蜂蜜发酵制成的蜂蜜啤酒和蜂蜜鸡尾酒。餐厅与总部位于纽约的蜜蜂保护协会合作，将每个"以蜂蜜为中心"的菜品净收益的10%捐赠给该组织的"蜂箱到蜂箱"计划。

图 3-6　伊塔利餐厅的内部装饰

图 3-7　伊塔利餐厅的饮品

图 3-8　伊塔利餐厅的宣传及装饰

第四章

CHAPTER 4

墨西哥养蜂业

墨西哥自然资源丰富，是世界第五大蜂蜜生产国和第六大蜂蜜出口国，1995 年墨西哥曾是世界第三大蜂蜜出口国。养蜂业是墨西哥畜牧业中产值排名第七的行业。2018 年墨西哥人均蜂蜜消费量为 0.2 千克。

第一节　墨西哥蜂业历史

一、墨西哥养蜂史

墨西哥养蜂业起源于最早的人类居住区，这些原始部落生活在墨西哥湾的沿海地区，利用棕榈树或住房附近树木的树干以原始方式养蜂。饲养无刺蜂，又称蜜蜂（meliponas），在玛雅语言中被称为 Colal-cab。

养蜂是墨西哥人的传统。墨西哥人设法培育了 *Trigona* 和 *Melipona* 的各种蜜蜂，这些蜂较小且无毒。墨西哥有 500 种无刺蜂，玛雅人最喜欢 *Melipona beecheii*，这种蜂被称为 kolil kab，意为贵妇人，至今在尤卡坦州仍使用，也是玛雅人最重要的蜂。

无刺蜂在玛雅有上千年的历史，在玛雅文化和经济中占据了重要位置。玛雅有 3 位蜜蜂神，阿穆森卡布、穆森卡包布、纳伊姆卡布，被认为是蜜蜂的保护者。玛雅人认为，无刺蜂来自尤卡坦的热带森林，是蜜蜂神阿穆森卡布与灵魂世界的连接者。玛雅人习惯将蜂巢放在房屋附近，对蜜蜂有很高的敬意，当蜜蜂在养蜂场外死亡时，他们会用叶片覆盖并掩埋蜜蜂。

玛雅文化有 4 本书留存下来，其中《马德里法典》就是关于蜜蜂和养蜂业的书。《马德里法典》中记录了养蜂者的宗教庆典，在 11 月和 12 月之间，养蜂人为阿穆森卡布举行庆典，会喝掉大量蜂蜜酒，以祈求其赐予花蜜的大流蜜。*Chilam Balam de Chumayel* 提到，每只蜂都与世界的一个基点以及一种颜色相关联。

蜂蜜和蜂蜡都是玛雅人宗教仪式中的重要组成部分。在前哥伦布时期，甘蔗的种植还不为人所知，因此蜂蜜是玛雅人知道的唯一可制作酒精饮料或在用玉米面团制成的饮料中作甜味使用的材料。在墨西哥的古代仪式中，比如"uhanil-cab"仪式，饮品"balché"和"sac-ha"要献给蜜蜂神阿穆森卡布，这无疑增加了无刺蜂蜂蜜的使用。Balché 是用蜂蜜和一种植物（*Lonchocarpus longistylus*）树皮制作的酒精饮料，供男士饮用。而"sac-ha"是用玉米和蜂蜜煮制的甜饮，供女士饮用。蜂蜜在玛雅文化中的重要性也反映在尤卡坦半岛的一些地名中，如科巴在玛雅语言中就是蜜蜂之地。

玛雅人从树洞的蜂巢中提取蜂蜜做甜味剂、制造药物，用蜂蜡做蜡烛。即使现在在尤卡坦半岛，人们仍认为无刺蜂蜂蜡做成的黑蜡具有巨大的能量。在特奥蒂瓦坎，蜂蜡被用于宗教仪式中。玛雅人用蜂蜡制作动物、人类和神灵的雕像，制作蜡烛在宗教场所使用。

玛雅人对蜜蜂的利用延伸到了食品和医药，如用蜂蜜处理咽喉不适、眼部疾病、瘀伤、怀孕期间的疼痛，治疗癫痫和耳疾。此外，蜂蜜还被用作货币和贸易交换的对象。玛雅人对无刺蜂的利用使得他们与周边中美洲的印第安部落保持了几个世纪的贸易往来。玛雅人用蜂蜜和蜂蜡与塔巴斯科、洪都拉斯和尼加拉瓜人做生意，并换回可可种子和其他珍贵的物品。

当弗朗西斯科·埃尔南德斯·德科尔多瓦 1517 年从古巴来到尤卡坦半岛时，看到岛上有很多蜂场和数千个木头蜂箱。西班牙人抵达墨西哥后，当地人用蜂蜜和蜂蜡作为贡品支付。1549年，尤卡坦王国 173 个村庄中只有 5.8％的人不用进贡蜂蜜和蜂蜡。当年共生产 29 300 千克蜂蜡和 3 300 千克蜂蜜，平均每 20人生产 12 千克蜂蜡，每 295 人生产 12 千克蜂蜜，每个养蜂者有100～200 个蜂巢。

1797 年蜜蜂被引入墨西哥中部以生产蜂蜜，西班牙人很喜欢墨西哥的蜂产品，将蜂蜡和蜂蜜作为贡品进贡给西班牙王室。为了保护欧洲的蜂蜜产业，西班牙国王禁止在墨西哥繁殖和饲养欧洲蜜蜂，并下令摧毁蜂巢。尽管如此，仍有一些蜂群适应了该地区的环境条件，得以成功繁殖；而且，有些人继续秘密饲养这些欧洲蜜蜂。

1821 年墨西哥获得独立后，欧洲蜜蜂（*Apis mellifera mellifera*）蜂群数量较少，不足以支撑国内市场对蜂蜜的需求，因此有必要从西班牙进口蜂蜜，墨西哥也因此取消了对蜜蜂繁殖或饲养的限制，养蜂业得以发展和壮大。19 世纪末，原始蜂箱被换成了现代的郎氏蜂箱。1911 年，意大利蜂（*Apismellifera ligustica*）被带到尤卡坦州。波菲里奥·迪亚斯任期内（1884—1911 年），养蜂业得到了极大的推动和经济支持。在当时的出版物中，除了指出蜂业所需少量投资和经验外，还提到了针对养蜂新手的一系列建议，包括养蜂场的距离等。当美国幼虫腐臭病出现时，墨西哥蜂业的快速发展突然被停止，导致蜂群数量减少，后来使用磺胺噻唑治疗后，意大利蜜蜂的数量增加。自 1950 年开始，以意大利蜂为基础的墨西哥养蜂业开始显示出繁荣的迹象，并向商业化发展，从此进入现代和商业养蜂业阶段。

二、墨西哥的养蜂书籍

现存比较老的墨西哥养蜂书籍有三本：

（1）《现代养蜂业》，J. 波尔编写，1917 年出版。

（2）何塞·里维罗·卡瓦略于 1923 年出版《养蜂手册：养蜂初学者指南》。

（3）阿尔弗雷多·R. 安扎杜瓦于 1925 年出版《养蜂人手册》。

第二节　墨西哥蜂业生产情况

墨西哥的地形以高原和山地为主，植物资源丰富，常年有蜜源植物，其主要蜜源植物在农区有棉花、紫苜蓿、油料红花、芝麻、柑橘、芒果等，热带山区和热带雨林地区的野生蜜源植物种类多、数量大、花期长。尤卡坦半岛是蜂蜜的主产区，也是国际知名蜂蜜的出产地。

一、全国蜂业区划

墨西哥有 4.2 万个家庭从事养蜂，养蜂业在墨西哥创造了 10 万个工作岗位。全国有 5 个主要的养蜂区：北部地区、海湾地区、太平洋海岸地区、高原地区和东南地区。每个养蜂区的养蜂条件和蜂蜜品种各不相同，蜂蜜颜色、气味也不同。

（1）北部地区由下加利福尼亚州、南下加利福尼亚州、索诺拉州、奇瓦瓦州、杜兰戈州、萨卡特卡斯州、科阿韦拉州、新莱昂州以及塔毛利帕斯州北部和圣路易斯波托西高原的一部分组成，多沙漠和高山，是面积最大、养蜂业不发达的地区。以其优质的蜂蜜和浅色蜜（一种较透明的琥珀色蜂蜜）而著称，主要是豆科灌木牧豆蜜。该地区有很多集约化的农场，有些地方可以灌溉，种植了棉花、柑橘、油料红花和芝麻等，有些地方还有大量的野生草本蜜源植物，有利于养蜂业的发展。蜂场利用蜜蜂为棉花、紫苜蓿和果树授粉，收益很高。

（2）海湾地区，包括韦拉克鲁斯州、塔巴斯科州、塔毛利帕斯州、圣路易斯波托西州、伊达尔戈州和克雷塔罗州、韦斯塔卡州的一部分。其蜂蜜主要是由橙花生产的浅琥珀色蜂蜜，在国际上享有很高的声誉。

（3）太平洋海岸地区由锡那罗亚州、纳亚里特州、哈利斯科州、米却肯州、科利马州、格雷罗州、瓦哈卡州和恰帕斯州组成，属热带雨林气候，蜜源植物种类多、花期长，每年10—11月至翌年5月流蜜期连续不断。以多种多样的花蜜和著名的红树林蜂蜜而闻名，主要是深色蜜。

（4）高原地区由特拉斯卡拉州、普埃布拉州、墨西哥州、莫雷洛斯州、墨西哥城、瓜纳华托州、阿瓜斯卡连特斯、哈利斯科州、米却肯州、格雷罗州、瓦哈卡州和恰帕斯州以及伊达尔戈州和克雷塔罗州的西部地区，以及圣路易斯波托西州的中部地区组成。该地区具有欧洲市场所需要的琥珀色蜂蜜和淡色蜂蜜（黄油型）。野生蜜源植物种类多、数量大，流蜜期是3—5月和9—12月，生产的蜂蜜大部分是琥珀色或浅琥珀色，含水量低，有香味，酶值高，大部分供出口。

（5）东南地区或尤卡坦半岛由坎佩切州、尤卡坦州和金塔纳罗奥州以及恰帕斯州（东北）和塔巴斯科州（东部）组成，属于热带和亚热带气候，植被是典型的落叶林和雨林，野生蜜源植物极丰富，花期11月至翌年5月，有3个主要流蜜期。该地区因蜂蜜高产和大量墨西哥养蜂人而广为人知。90％的蜂蜜采自12月至翌年2月间的金眼向日葵（*Viguiera dentata*）（42％）和4月至5月间的鹿蹄花（*Gymnopodium floribundum*）（48％）。这两种植物都在降雨最少的时间开花。尤卡坦半岛（包括墨西哥的恰帕斯、尤卡坦和金塔纳罗奥州3个州）面积只有墨西哥国土面积的8％，却是蜂蜜的主产区，蜂蜜产量占全国产量的30％～

40%（刁青云等，2019）。尤卡坦州养蜂的最重要特征是养蜂只是农民的一个边缘行业，用以补充传统的烧荒农业收入，提供玉米、豆类和其他食物供给，蜂蜜生产可以提供现金收入。

二、蜂群数量及蜂蜜产量

图 4-1 显示，20 世纪 60 年代至今，墨西哥的养蜂生产大致分为 3 个阶段：一是蜂群下降阶段（1961—1965 年），1961 年蜂群数量为 198.5 万群，到 1965 年蜂群数量下降至 92.1 万群，短短 5 年数量减少了 1/2。二是蜂群增加阶段（1966—1983 年），蜂群持续增加，至 1983 年达到高峰，近 269.05 万群。三是蜂群基本稳定阶段（1984 年至今），蜂群基本稳定在 170 万～200 万群之间。2017 年墨西哥蜂群数量为 185.4 万群。2018 年墨西哥蜂群数量为 217.2 万群，比 2017 年增加 17.2%。2019 年墨西哥蜂群数量为 215.8 万群，比 2018 年下降 0.6%。

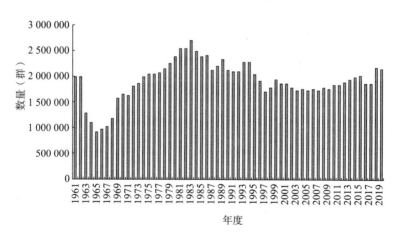

图 4-1 1961—2019 年墨西哥蜂群数量情况

图 4-2 显示，1961—1981 年，墨西哥的蜂蜜产量总体呈增加趋势，1982 年、1983 年和 1984 年蜂蜜产量下降。1986 年蜂

蜜产量达到 58 年来的最高纪录,达到 74 613 吨。此后蜂蜜产量虽有变化,但总体保持稳定。2018 年蜂蜜产量达 64 253 吨,比 2017 年增加 25.8%,占当年畜牧业产量的 0.3%,墨西哥成为国际第九大蜂蜜生产国。2019 年蜂蜜产量为 6.20 万吨,比 2018 年下降了 3.5%。

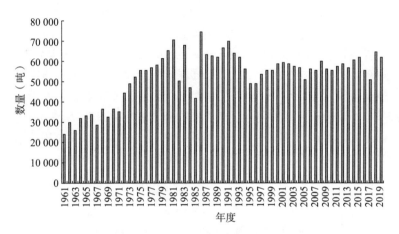

图 4-2　1961—2019 年墨西哥蜂蜜产量情况

三、各州蜂业情况

墨西哥分为 32 个州,各州的蜂群数量和蜂蜜、蜂蜡生产情况见表 4-1。

表 4-1　2018 年 5 月墨西哥各州蜂群和蜂蜜、蜂蜡生产情况

州/区	登记的蜂群数量 (群)	蜂蜜产量 (吨)	蜂群单产 (千克/群)	蜂蜡产量 (吨)
阿瓜斯卡连特斯州	17 500	653	37.31	0
下加利福尼亚州	8 672	81	9.34	2
南下加利福尼亚州	4 680	202	43.16	9

（续）

州/区	登记的蜂群数量（群）	蜂蜜产量（吨）	蜂群单产（千克/群）	蜂蜡产量（吨）
坎佩切州	205 377	3 767	18.34	26
恰帕斯州	161 822	5 324	32.90	128
奇瓦瓦州	34 061	437	12.83	0
墨西哥城	4 000	101	25.25	0
科阿韦拉州	2 650	71	26.79	6
科利马州	17 000	463	27.24	29
杜兰戈州	13 992	415	29.66	38
墨西哥州	40 657	952	23.42	25
瓜纳华托州	39 523	548	13.87	0
格雷罗州	81 194	2 101	25.88	84
伊达尔戈州	23 454	1 235	52.66	42
哈利斯科州	120 128	5 815	48.41	170
米却肯州	67 842	1 701	25.07	75
莫雷洛斯州	66 180	1 924	29.07	0
纳亚里特州	11 312	339	29.97	7
新莱昂州	4 720	167	35.38	3
瓦哈卡州	116 860	4 078	34.90	141
普埃布拉州	91 951	2 435	26.48	92
克雷塔罗州	2 028	50	24.65	1
金塔纳罗奥州	120 188	3 044	25.33	91
圣路易斯波托西州	44 202	1 037	23.47	29
锡那罗亚州	19 237	134	6.97	0
索诺拉州	19 184	540	28.15	0
塔巴斯科州	10 542	381	36.14	11
塔毛利帕斯州	22 854	694	30.37	20

（续）

州/区	登记的蜂群数量 （群）	蜂蜜产量 （吨）	蜂群单产 （千克/群）	蜂蜡产量 （吨）
特拉斯卡拉州	32 003	985	30.78	17
韦拉克鲁斯州	138 009	4 704	34.08	210
尤卡坦州	250 073	4 351	17.40	82
萨卡特卡斯州	57 876	2 078	35.90	176
合计	1 849 771	50 807	28.16	1 514

表 4-1 显示，2018 年 5 月，尤卡坦州、坎佩切州和恰帕斯州是墨西哥蜂群数量最多的 3 个州，其中尤卡坦州的蜂群数量超过了 25 万群。蜂蜜总产最多的 3 个州分别是恰帕斯州、韦拉克鲁斯州和哈利斯科州，其中哈利斯科州的蜂蜜总产达 5 815 吨。全国蜂蜜总产量为 50 807 吨，平均单产为 28.16 千克/群。而蜂群单产最高的 3 个州分别是伊达尔戈州、哈利斯科州和南下加利福尼亚州，其中伊达尔戈州的蜂蜜单产超过 52 千克/群。

2018 年 5 月生产的蜂蜡共 1 514 吨，蜂蜡的生产主要集中在韦拉克鲁斯州、萨卡特卡斯州、哈利斯科州、恰帕斯州和瓦哈卡州。

从历史上看，主要的蜂蜜生产州是尤卡坦州、坎佩切州、哈利斯科州、恰帕斯州、韦拉克鲁斯州、瓦哈卡州、格雷罗州、普埃布拉州、金塔纳罗奥州和米却肯州。前十大州生产的蜂蜜占全国蜂蜜产量的 70% 以上。表 4-2 显示，2019 年墨西哥蜂蜜产量为 61 985.87 吨，同比下降 3.5%，产值为 24.89 亿比索。尤卡坦州、坎佩切州、哈利斯科州仍然保持墨西哥蜂蜜生产前三大州的位置。全国主要蜂蜜生产州蜂蜜平均价格为 40.15 比索/千克，其中米却肯州蜂蜜单价最高，为 52.03 比索/千克，比全国平均价格（40.15 比索/千克）高 29.6%。从产值看，尤卡坦州产值最高，占全国蜂蜜总产值的 11.5%；哈利斯科州由于蜂蜜价格高，因此其产值居于全国第二，占全国蜂蜜总产值的 11.5%。蜂蜜产量第四大州（恰帕斯州）也因为蜂蜜价格高而在产值上居于全国第三，占比为 9.7%。

表 4-2　2019 年蜂蜜主要生产州的蜂蜜生产情况

州	产量（吨）	单价（比索/千克）	产值（万比索）
尤卡坦州	9 809.75	29.22	28 663.33
坎佩切州	7 520.35	29.50	22 182.80
哈利斯科州	5 948.43	48.14	28 637.19
恰帕斯州	5 500.24	43.73	24 051.95
韦拉克鲁斯州	4 798.07	43.30	20 775.41
瓦哈卡州	4 667.77	42.61	19 889.84
金塔纳罗奥州	3 254.74	29.57	9 623.57
普埃布拉州	2 476.54	43.86	10 862.10
米却肯州	2 037.50	52.03	10 600.37
格雷罗州	2 028.87	44.85	9 099.70
其他州	13 943.71	46.25	64 495.26
全国	61 985.97	40.15	248 881.52

四、蜂蜜价格

图 4-3 显示，墨西哥蜂蜜价格近年来呈现增加趋势，但增长幅度不大。2010 年前蜂蜜价格基本在 20～30 比索/千克，2010 年后在 30～40 比索/千克，各州的价格略有差别。

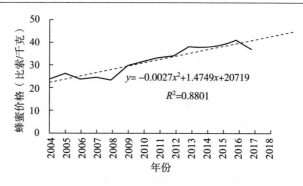

图 4-3 2004—2018 年墨西哥蜂蜜的价格情况
(Francisco，2017)

五、蜂蜜生产的季节性

表 4-3 显示，墨西哥每个月都有蜂蜜生产，比较多的月份是 4—5 月、11—12 月，4 个月的产量占全年总产量的 60%。

表 4-3 墨西哥不同月份蜂蜜的产量占比（%）

月份	2017 年	2018 年
1	4.6	3.5
2	6.3	5.2
3	8.4	7.2
4	14.8	15.3
5	15.2	15.4
6	6.9	7.9
7	1.9	2.5
8	1.2	1.2
9	2.4	2.5
10	8.3	8.5
11	15.6	16.4
12	14.4	14.4
合计	100	100

六、蜂业资源情况

墨西哥是蜜蜂的重要栖息地。据统计，墨西哥大约有2 000种蜂，可以为87%的开花植物授粉（开花植物有35.2万种），其中1/3是农作物。在尤卡坦半岛，分布有西方蜜蜂、玛雅蜂和无刺蜂，玛雅蜂和无刺蜂呈区域性分布。墨西哥人知道保护和利用这些蜜蜂对于农业食品的重要性，特别是蜜蜂的活动可以带来蜂蜜、蜂花粉、蜂蜡、蜂王浆、蜂胶及化妆品和药品等。

尤卡坦半岛的植被是典型的落叶林和雨林，优势物种是豆科植物，然而金眼向日葵和鹿蹄花是主要的蜜源植物（图4-4）。鹿蹄花是中美洲的本土物种，分布于瓦哈卡州和塔巴斯科州南部至洪都拉斯，包括恰帕斯州、尤卡坦半岛、伯利兹和危地马拉。鹿蹄花被认为是尤卡坦半岛的标志性物种。从颜色、口感、味道和视觉综合判断，鹿蹄花蜂蜜被认为是最好的蜂蜜之一，口味很好，深琥珀色，具有强烈的花香和焦糖香气，持久性高，在国际市场上很受欢迎。在6—10月的雨季，虽然大量豆科植物开花，88%的记录物种会在这时开花，但此时蜂蜜的收获只占全年产量的8%。与金眼向日葵蜜和鹿蹄花蜜相比，雨季生产的蜂蜜含水量高，质量不好。

图4-4　尤卡坦半岛的典型蜜源菊科植物

七、蜂群生产与管理

墨西哥蜂蜜的主要生产季节是春季（3—6月）和秋季（9—12月）。9月和10月雨季结束后，就进入了蜜蜂饲养的关键时期，由于缺少花蜜和花粉，蜂群幼虫数量和食物会下降，养蜂员需要给蜜蜂提供食物（主要是糖水）。这两个月中，只能收到很少蜂蜜。11—12月是从雨季到旱季的时间，攀缘植物（主要是旋花科植物）开花，使得蜂群数量增长，为尤卡坦半岛接下来的金眼向日葵蜜和鹿蹄花蜜采收培养采集蜂。

1995年，尤卡坦州有726 000群蜂，密度大约为25.13群/千米^2。蜂场主有18 200人，户均饲养蜜蜂40群。蜜蜂平均单产为32千克。尤卡坦大学养蜂系1992年调查了120个养蜂员，结果表明，养蜂员平均年龄47岁，接受过5年的小学教育。63%的养蜂员从其他养蜂员处购买蜂群开始养蜂，27%的养蜂员从亲戚或朋友那里得到蜂群，不足2%的养蜂员从政府得到蜜蜂。74%的养蜂员从亲戚或朋友那里获得养蜂技能，不足8%的养蜂员从政府机构那里得到培训。76%的养蜂员有自己的收获工具，58%的养蜂员采用家庭用工形式取蜜。调查结果表明，蜂蜜生产更多的是农民自主行为，而不是受政府机构的支持或鼓励。

93个养蜂者收取蜂蜡，然而几乎没有人进行其他蜂产品如花粉和蜂王浆的生产。其原因可能是缺乏必要的技能、装备和时间，也可能因为其他产品没有需求。在非洲化蜜蜂到达墨西哥之前，蜂群通常放在养蜂员的院内。现在蜂群被放在远离村庄的地方以避免发生事故，伤及人和牲畜。养蜂员的蜂群移动通常很慢，因为正常情况下，养蜂员很少进行蜂群的移动。正常情况下，养蜂员两周检查一次蜂箱。1—5月之间取4～5次蜂蜜，6—7月分蜂，7—9月喂糖。养蜂员面临的主要问题是没有资金购买新机具，气候问题如天气寒冷或少雨，蜜蜂病虫害特别是蜂螨的危害等。

八、蜜蜂病虫害情况

墨西哥蜜蜂的主要病虫害有瓦螨、小蜂螨、微孢子虫、蜂巢小甲虫等。

1. 瓦螨　1992 年雅氏瓦螨（*Varroa jacobsoni* T.）在墨西哥韦拉克鲁斯州首次被发现，现在除了南下加利福尼亚州外，雅氏瓦螨已经遍布墨西哥全境。在尤卡坦半岛，1993 年在坎佩切州发现瓦螨，1995 年在金塔纳罗奥州发现瓦螨。1995 年底，尤卡坦半岛大范围的取样结果表明，只有 8.7% 的蜂群感染瓦螨。然而，1996 年 5—10 月的取样结果表明，67.8% 的蜂群中发现了瓦螨，但螨的感染率很低，每百只成年蜜蜂只有 4.5 只螨。目前，注册可以使用的治螨药物有 Apistan 和 Bayvarol，养蜂学会将这些药物分发给养蜂员。养蜂员很少使用生物方法控制蜂螨，如捕杀雄蜂等方法。有些养蜂员使用柯巴脂（橄榄科植物马蹄果的树脂）可以杀死一定数量的螨，从而控制蜂螨的种群增长。然而这个方法也缺乏科学的评估。

2. 小蜂螨　1985 年，墨西哥尤卡坦半岛的南部发现了武氏蜂盾螨的侵染，在尤卡坦半岛的野生蜂群中也发现了武氏蜂盾螨。小蜂螨的分布范围有限，在 90% 的危害蜂群中侵染率都很低，表明小蜂螨在这个侵染水平下可能不会引起饲养蜂群的产量下降。

3. 微孢子虫　1989 年，尤卡坦半岛南部的人工饲养蜂群中发现了微孢子虫（*Nosema apis*）。在尤卡坦半岛北部，微孢子虫分布范围小，感染率低，对蜂群造成的危害不严重。野生蜂群中尚未发现微孢子虫的侵染。

4. 蜂巢小甲虫　2007 年 10 月，在科阿韦拉州第一次发现蜂巢小甲虫。目前，至少在 8 个州发现了蜂巢小甲虫。在尤卡坦半岛等热带地区，蜂巢小甲虫感染率极高。

5. 幼虫病 1994 年，墨西哥发现美洲幼虫腐臭病、欧洲幼虫腐臭病和白垩病。

6. 十月病 尤卡坦半岛的养蜂员频繁提到十月病的存在，这种病的主要特征是蜜蜂腹部膨胀，闻起来有腐臭的肠道味道。蜜蜂在巢门口爬行，不能飞行，引起工蜂的严重死亡。有些养蜂者认为是花粉或花蜜中毒，或者缺盐引起，但都没有科学依据。

7. 害虫和捕食者 在花蜜少的季节（5—10 月），蜂群群势下降，大蜡螟和小蜡螟会出现破坏蜂巢。蜡螟通常发生在弱群中，且有多余的巢脾存在。很多养蜂员不进行巢房消毒，这导致大量的巢房被破坏。80%的养蜂员报告，雨季蜂群会受到行军蚁的危害。

虽然霸鹟不危害蜂群，但它们通常出现在蜂王的交尾区域，在处女蜂王的定向和婚飞中造成损失。养蜂员偶尔会报告蜂群受到鼬科等捕食者的攻击。

8. 非洲化蜜蜂 1986 年，非洲化蜜蜂入侵墨西哥恰帕斯州，并扩散到除下加利福尼亚半岛的所有州。1987 年，非洲化蜜蜂到达尤卡坦半岛，很快在全岛建立起野生种群。尤卡坦半岛养蜂所面临的主要问题是非洲化蜜蜂。1990 年只有1%的蜂群有纯粹的非洲化蜜蜂特征，1994 年 52%的蜂群具有非洲化蜜蜂特征。与此同时，纯种欧洲蜜蜂的比例从 1990 年的 55%下降到 1994 年的 9%。大量的种群是这两种蜂的杂交后代。

九、蜂蜡及其他蜂产品的生产情况

图 4-5 显示，1961 年蜂蜡产量为 4 900 吨，1962—1965 年蜂蜡产量呈下降趋势，1965—1981 年蜂蜡产量呈增加趋势，1981 年蜂蜡产量为 8 957 吨，创造了 58 年来的蜂蜡产量最高纪

录。1981 年后蜂蜡产量一直呈下降趋势，1981—1989 年蜂蜡产量下降很快，1989—2018 年蜂蜡产量呈缓慢下降趋势。2018 年蜂蜡产量为 1 684 吨，比 2017 年增加了 4.1%。2019 年蜂蜡产量为 1 650 吨，同比下降 2.0%。

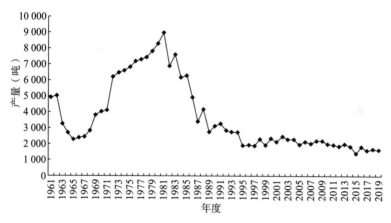

图 4-5　1961—2019 年墨西哥蜂蜡产量情况

表 4-4 显示了 2007 年墨西哥主要州蜂蜡和蜂胶生产情况。坎佩切州蜂蜡产量最高，其次是格雷罗州。米却肯州蜂胶产量最高，其次是普埃布拉州。

表 4-4　2007 年墨西哥主要州蜂蜡和蜂胶生产情况 （吨）

州	蜂蜡产量	州	蜂胶产量
坎佩切州	581.00	米却肯州	45.78
格雷罗州	110.92	普埃布拉州	10.91
哈利斯科州	95.51	墨西哥州	2.52
尤卡坦州	82.26	萨卡特卡斯州	1.87
金塔纳罗奥州	42.81	哈利斯科州	1.18
索诺拉州	32.76	莫雷洛斯州	1.06
墨西哥城	20.16	齐瓦瓦州	0.33

（续）

州	蜂蜡产量	州	蜂胶产量
韦拉克鲁斯州	10.06	科利马州	0.26
圣路易斯波托西州	8.38	韦拉克鲁斯州	0.26
下加利福尼亚州	7.34	恰帕斯州	0.24
恰帕斯州	6.51	瓜纳华托州	0.20
纳亚里特州	6.08		

尽管墨西哥的花粉商业化已有 30 年历史，但 1995—2002 年花粉的生产才增加。1996 年，墨西哥花粉产量估计为 37 吨，在随后的 5 年中，产量显著下降，2002 年再次增加到 39 618 千克。主要的花粉生产州是尤卡坦州、哈利斯科州、米却肯州、普埃布拉州、科利马州和莫雷洛斯州。

2007 年花粉产量为 29.45 吨，各州生产花粉情况见表 4-5。科利马州是第一大花粉生产州，产量占比为 24.2%；其次是莫雷洛斯州，产量占比为 12.0%。

表 4-5　2007 年墨西哥各州花粉生产情况（吨）

州	产量	州	产量	州	产量
科利马州	7.14	锡那罗亚州	0.80	墨西哥城	0.22
莫雷洛斯州	3.53	墨西哥州	0.76	杜兰戈州	0.22
哈利斯科州	2.92	瓜纳华托州	0.70	索诺拉州	0.17
韦拉克鲁斯州	1.97	瓦哈卡州	0.51	圣路易斯波托西州	0.11
特拉斯卡拉州	1.77	瓦哈卡州	0.51	下加利福尼亚州	0.09
萨卡特卡斯州	1.43	克雷塔罗州	0.50	阿瓜斯卡连特斯州	0.08
伊达尔戈州	1.22	格雷罗州	0.44	坎佩切州	0.03
米却肯州	1.18	新莱昂州	0.42	南下加利福尼亚州	0.02
普埃布拉州	1.04	塔毛利帕斯州	0.39		
齐瓦瓦州	1.00	恰帕斯州	0.28		

十、授粉及有机蜂蜜生产情况

根据畜牧业总协调局的数据可知，2013 年，墨西哥有 144 318 个蜂箱用于授粉服务。索诺拉州授粉蜂群最多，共有 38 000 群蜂参与授粉；其次是锡纳罗拉州，有 30 000 群蜂授粉；奇瓦瓦州授粉蜂群 23 600 群；米却肯州有 20 000 群蜂授粉。在这些州中，花卉和果树授粉是养蜂的主要目标，据估计其价值为 2 120 亿美元。蜜蜂授粉中受益最大的农作物主要用于出口，如黄瓜、茄子、西葫芦、西瓜、甜瓜、红花、苹果、草莓、鳄梨、柑橘等。

除了生产蜂蜜之外，养蜂人还寻求多样化的活动，选择生产和加工蜂蜡、花粉、蜂胶、蜂毒和蜂王浆，蜂蜡和花粉可以制成化妆品或掺入食品补品中。哈利斯科州和格雷罗州的养蜂人活动最为多样化。

由于消费者对有机产品的需求，墨西哥有机蜂蜜的生产也很受欢迎，虽然有机生产使得蜂蜜的生产成本增加，但有机蜂蜜的价格比传统蜂蜜高 30 倍，从而使有机蜂蜜生产成为有利可图的活动。2008 年，墨西哥有机蜂蜜产量超过 701 吨，其中瓦哈卡州、恰帕斯州、尤卡坦州、金塔纳罗奥、萨卡特卡斯州、哈利斯科州、韦拉克鲁斯州和坎佩切州是主要生产州。墨西哥是有机蜂群数量第三多的国家，约有 368 000 群蜂从事有机蜂蜜生产，仅次于巴西和赞比亚。

十一、墨西哥蜂业生产存在的问题

近年来，像其他国家一样，墨西哥养蜂业也面临着很多不利因素，如气候变化、森林植被的减少、农业种植区的扩大、杀虫剂的使用、非洲化蜜蜂的不断扩展、人类的捕捉行为、大量的自然死亡及养蜂人缺乏培训和组织等，这些不利因素使得蜂群数量下降。2000 年以来，蜂蜜的生产一直不稳定，其主要原因是天气的变化，如早霜或大雨引起花量的损失，从而降低了蜂蜜产量。

第三节　墨西哥本土蜂生产情况

一、蜂种情况

全世界有 2 万种蜂，墨西哥有 11 个族中的 8 种，拥有 10 589 种，大部分在干旱地区和热带地区。表 4 - 6 列出了墨西哥的 46 种本土蜂，在哈利斯科州的马南特兰山，当地人利用 6 个种 9 个属的蜜蜂，其中 *Scaptotrigona hellwegeri* 非常多。在尤卡坦半岛、普埃布拉州和米却肯州，蜂农一般将本地蜜蜂作为生产蜂蜜的首选。尤卡坦半岛现有 8 种玛雅蜂：

（1）Bool 或 tanjoi，看起来像蚊子，蜂巢小，产蜜高，无刺。

（2）E'hool 或 epooi，头黑色，无刺，住在空树洞，产蜜高。

（3）Kansak，个体大，是唯一有刺的蜂，黄色，住在土壤、树洞或洞穴，没有蜂巢出入口，蜜多。

（4）Nitkip，不产蜜，造蜡。

（5）Usyuk，像蚊子一样小，住在洞穴和树洞，产蜜和蜡少，但产花粉多。

（6）Xik，翅膀有白色分叉，无刺，产蜜少，但蜜质量高。

（7）Xkukriiz，个体大，巢中空，产蜜，蜜对百日咳有疗效。

（8）Yaxsich，蜂蜜甜，蜂巢细。

墨西哥本土蜂的蜂蜜质量很好，具有独特的治疗作用，如治疗白内障、胃溃疡、痔疮、前列腺炎等。

表 4 - 6　墨西哥的本土蜂种

拉丁学名	拉丁学名
Cephalotrigona eburneiventer Schwarz	*Cephalotrigona oaxacana* sp Nov.
Cephalotrigona zexmeniae Cockerell	*Lestrimmelitta chamelensis* sp Nov.

（续）

拉丁学名	拉丁学名
Lestrimmelitta niitkib sp Nov.	*Melipona beecheii* Bennett
Melipona belizae Schwarz	*Melipona colimana* sp Nov.
Melipona fasciata Latreille	*Melipona lupitae* sp Nov.
Melipona solani Cockerell	*Melipona yucatanica* Camargo，Moure，Roubik
Nannotrigona perilampoides Cresson	*Oxitrigona mediorufa* Cockerell
Paratrigona guatemalensis Schwarz	*Paratrigona amaura* sp Nov.
Paratrigona bilineata Say	*Plebeia cora* sp Nov.
Plebeia frontalis Friese	*Plebeia fulvopilosa* sp Nov.
Plebeia jatiformis Cockerell	*Plebeia latitarsis* Friese
Plebeia llorentei sp Nov.	*Plebeia manantlensis* sp Nov.
Plebeia melanica sp Nov.	*Plebeia mexica* sp Nov.
Plebeia moureana sp Nov.	*Plebeia parkeri* sp Nov.
Plebeia pulchra sp Nov.	*Scaptotrigona hellwegeri* Friese
Scaptotrigona mexicana Guerin	*Scaptotrigona pectoralis* Dalla torre
Trigona acapulconis Strand	*Trigona angustata* Lepeletier
Trigona corvina Cockerell	*Trigona dorsalis* Smith
Trigona fulviventris Guerin	*Trigona fuscipennis* Friese
Trigona nigerrima Cresson	*Trigona nigra nigra* Lepeletier
Trigona silvestriana Vachal	*Trigonisa atzeca* sp Nov.
Trigonisa maya sp Nov.	*Trigonisa mixteca* sp Nov.
Trigonisa pipioli sp Nov.	*Trigonisa schulthessi* Freise

二、饲养和生产情况

墨西哥无刺蜂被用于鳄梨授粉。在尤卡坦半岛，无刺蜂每次可以收获 1～3 千克蜂蜜，250～500 克黑色的蜂蜡（坎佩切蜂蜡）。在墨西哥的大多数州，本土蜂蜂箱用芦苇、棕榈叶和木材（图4-6）等有机材料制成，这些材料最终会磨损。在伊达尔戈州和韦拉克鲁斯州，小的黑色无刺蜂（*Scaptorigona mexicana*）则用陶罐饲养（图4-7）。在伊达尔戈州，陶罐甚至被涂上了油漆。

图4-6　墨西哥的本土蜂蜂箱

图4-7　养在陶罐的无刺蜂

三、面临的困难

墨西哥的本土蜂种有 *Trigona* 和 *Melipona*，这些蜂种是热带地区高效的授粉者，然而由于生态（植被减少）、经济和社会原因，现在也面临着灭绝的危险，饲养量越来越少。本土蜂种每年可以生产 2～3 千克蜂蜜，但是欧洲蜂每年可以生产 10～20 千克，因此欧洲蜂逐渐替代本土蜂种，传统的无刺蜂饲养正在慢慢消失。此外，非洲化蜜蜂自 1986 年入侵尤卡坦半岛以来，不断扩张，与玛雅蜂竞争花蜜和花粉；人类的不断扩张也使得无刺蜂的生存范围越来越小。由于糖产业的发展，蜂蜜生产逐渐减少。这些都导致本土蜂种面临灭绝的危险。

第四节　墨西哥蜂蜜、蜂蜡和蜜蜂进出口情况

一、蜂蜜的国内消费及进出口

由于墨西哥的加工食品（如谷类食品、酸奶和糕点等）需使用蜂蜜，其蜂蜜国内消费量逐年增加（表 4 - 7）。2014—2017 年，蜂蜜的国内消费量超过 2 万吨，人均消费量超过 0.14 千克。其中，2016 年蜂蜜的消费量最大，人均消费量达到 0.19 千克，但还没有达到国际蜂蜜的平均人均消费量（0.23 千克）。

表 4 - 7　2014—2017 年墨西哥蜂蜜的供需情况

年度	产量 （万吨）	进口量 （万吨）	贮存量 （万吨）	出口量 （万吨）	消费量 （万吨）	人均消费量 （千克）
2014	6.1	0	0	3.9	2.2	0.15
2015	6.2	0	0	4.2	2.0	0.14
2016	5.5	0	0	2.9	2.7	0.19
2017	5.1	0	0	2.8	2.4	0.17

墨西哥蜂蜜出口仍在养蜂业中占据了主要位置。几十年来，墨西哥一直是国际上蜂蜜的主要生产者和出口者。1995 年，墨西哥是世界第五大蜂蜜生产国和第三大蜂蜜出口国。尤卡坦半岛的 85% 蜂蜜出口国际市场，是重要的收入和换汇来源；10% 在

国内市场消费；5%用于本地区市场消费。尤卡坦半岛蜂蜜主要出口到德国（73%）、英国（12%）和美国（7%），其余8%分别出口到其他19个地方。蜂蜜主要以大包装桶形式（300千克桶）出口，只有一个公司出口瓶装蜜，出口比例很低。

图4-8显示，1961—2018年，墨西哥蜂蜜的进口量除1981年、2001年和2002年较多外，其他年度进口量均很低。1981年墨西哥进口了2 200吨蜂蜜，进口额达53.3万美元，创造了58年来的最高蜂蜜进口量纪录。2001年的进口量为1 349吨，为58年来的第二高纪录。2004—2019年，除2010年进口120吨外，其他年度均未超过10吨。2018年进口量只有2吨，进口额为2.3万美元。2019年没有进口。蜂蜜的最高进口额纪录在2001年，进口额达到137.2万美元。2002年进口额为108.5万美元，为58年来的第二高纪录。其他年度蜂蜜进口额未超过55万美元。

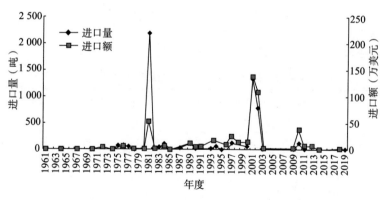

图4-8　1961—2019年墨西哥蜂蜜进口情况

墨西哥蜂蜜的出口多于进口。图4-9显示，1961—2019年，蜂蜜的出口量虽有变化，但总体保持稳定。1961—1975年出口量相对低，1976—1991年出口量相对高，1986年出口量为57 992吨，创造了58年来的最高纪录。2018年出口量为55 675

吨，为 58 年来的第二高纪录。2019 年出口量为 25 122 吨，同比下降 54.9%。

　　1961—2018 年，蜂蜜的出口额总体呈增加趋势。1961—1971 年出口额在 600 万美元以下，1972 年出口额增加为 1 211.4 万美元，1975 年超过 2 000 万美元，1986 年超过 4 000 万美元，2002 年超过 6 500 万美元，2008 年超过 8 000 万美元。2008 年后，蜂蜜出口额快速增长，2012 年蜂蜜出口额超过 1 亿美元。2015 年出口额达到 1.56 亿美元，创造了 58 年来的最高纪录。2018 年蜂蜜出口额为 1.20 亿美元，比 2017 年增加 15.0%，占国际蜂蜜总出口额的 5.3%。2019 年蜂蜜出口额为 0.63 亿美元，同比下降 47.5%。

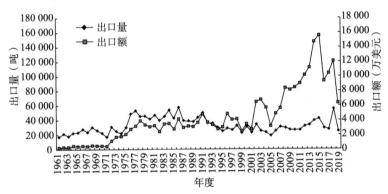

图 4-9　1961—2019 年墨西哥蜂蜜出口情况

二、蜂蜜出口价格

　　墨西哥蜂蜜出口价格因需求、气味、香味、口感、植物种类、结晶与否等不同，差别很大。总体来说，在国际上墨西哥蜂蜜的出口价格偏高。尤卡坦蜂蜜是一种浅琥珀色蜜，满足了食品法典委员会商业和出口的所有要求，被认为是最好的蜂蜜。

　　以 2016 年的蜂蜜出口价格看，除新西兰蜂蜜出口价格远高

于其他国家外，土耳其、塞尔维亚、智利、厄瓜多尔的蜂蜜价格
基本在 3.5～4.0 欧元/千克之间，墨西哥蜂蜜价格略低于上述国
家，为 3.23 欧元/千克。而同期中国蜂蜜的价格仅 1.63 欧元/千
克，墨西哥蜂蜜的出口价格约为中国的两倍。

三、蜂蜜进出口的季节性

表 4-8 显示，2017 年墨西蜂蜜进口发生在 10 月和 12 月，
其他月份没有进口。2018 年进口发生在 6—8 月、10—12 月，其
中 6 月、8 月和 10 月进口量多，占全年总进口量的 93.5%。其
他月份没有进口。

出口分散到每个月，2017 年 5—8 月出口较多，出口量占全
年总出口量的 58.6%。2018 年出口比较多的月份是 4—8 月，出
口量占全年总出口量的 68.8%，其他月份出口量较少。

表 4-8　2017—2018 年每个月进出口蜂蜜比例（%）

月份	2017 年		2018 年	
	进口比例	出口比例	进口比例	出口比例
1	0.0	7.5	0.0	4.1
2	0.0	4.0	0.0	4.9
3	0.0	8.0	0.0	4.9
4	0.0	5.3	0.0	11.3
5	0.0	11.5	0.0	13.9
6	0.0	19.7	19.5	17.0
7	0.0	17.8	1.3	16.5
8	0.0	9.6	37.0	10.1
9	0.0	6.1	0.0	7.0
10	52.9	4.1	37.0	3.4
11	0.0	2.1	2.6	3.5
12	47.1	4.3	2.6	3.4

四、蜂蜜的进出口国家

墨西哥蜂蜜主要出口欧洲国家和美国等。德国是其主要目的地，其次是英格兰和美国，近年来是日本和沙特阿拉伯。2002—2006 年之间，45％蜂蜜出口德国，20％出口美国，8％出口阿拉伯国家，4％出口比利时，1％出口日本。2012 年，墨西哥蜂蜜出口全球 22 个国家。2014 年，墨西哥出口蜂蜜 3.6 万吨，其中出口德国 16 739 吨、美国 5 029 吨、比利时 7 278 吨、沙特阿拉伯 4 109 吨、英国 3 233 吨。2015 年的出口总量（包括常规蜂蜜和有机蜂蜜）为 4.5 万吨，价值超过 1.5 亿美元。2016 年出口蜂蜜 4.5 万吨，其中出口德国 13 103.4 吨，出口价值 0.43 亿美元（Winesbaden，2017）。2017 年墨西哥蜂蜜出口全球 28 个国家，出口额达 1.05 亿美元。其中，41.2％的蜂蜜出口德国，出口额为 36 846 079 美元；18.6％出口美国；其余的 40.2％出口到全球 26 个国家。2018 年墨西哥蜂蜜出口量为 36 067 吨，其中出口德国 18 847 吨，出口额为 62 852 499 美元；其余蜂蜜出口到英国、美国、沙特阿拉伯、比利时等 27 个国家。

墨西哥自法国、匈牙利和西班牙进口蜂蜜。

五、蜂蜡的进出口

图 4-10 显示，1961—1977 年，蜂蜡的进口量和进口额都不高，进口量最多为 31 吨，进口额最高为 4.3 万美元。1978 年蜂蜡进口量陡增为 350 吨，进口额陡增为 47.9 万美元。1979 年和 1980 年进口有所下降，但进口量在 110 吨以上，进口额在 16.5 万美元以上。1981—1995 年进口很少，进口量最多 18 吨（1990 年），进口额最高为 5.7 万美元（1995 年）。1996 年开始，蜂蜡进口呈增加趋势，虽然有的年度会有所下降，但总体上保持增加趋势。其中，2013 年进口量达到 741 吨，进口额为 242.8 万美元，创造了 58 年来的最高纪录。

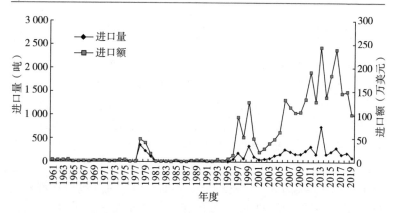

图 4 - 10　1961—2019 年墨西哥蜂蜡进口情况

　　墨西哥的蜂蜡出口多于进口。图 4 - 11 显示，1961—1967年，蜂蜡的出口量和出口额呈增加趋势，1967 年出口量为 613吨，出口额为 50.1 万美元。1967—1973 年蜂蜡出口量呈下降趋势，1973 年蜂蜡出口量 131 吨，出口额达 14.9 万美元。1973—1979 年蜂蜡出口总体呈增加趋势，1979 年蜂蜡出口量达到 938吨，出口额为 158.6 万美元，达到 58 年来的最高点。此后呈下降趋势，在 1988 年前蜂蜡出口量在 110 吨以上，1989 年后出口

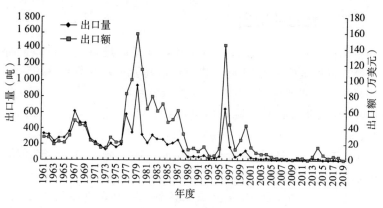

图 4 - 11　1961—2019 年墨西哥蜂蜡进口情况

量下降至 60 吨以下。1996 年蜂蜡出口量又陡增为 647 吨，出口额达到 144.5 万美元，创造了 58 年来的第二高纪录。此后，蜂蜡出口呈下降趋势，2012 年甚至没有蜂蜡出口，2015 年后蜂蜡出口量一直保持在个位数。

六、蜜蜂的进出口

表 4-9 显示，1961—2019 年，墨西哥有 21 年有蜂群进口量的数据，其中 1961—1994 年没有蜂群进口的数据，从 1995 年开始有进口量数据。2019 年蜂群进口量最多，达 148 983 群。蜂群进口额的数据有 16 年，其中 2008 年、2009 年和 2019 年蜂群进口额超过 160 万美元，其他年度没有超过 100 万美元。2008 年蜂群进口额达 204.3 万美元，创 58 年来的最高纪录。2019 年蜂群进口额达 201.1 万美元。

1961—2019 年，墨西哥有 7 年有蜂群出口量的数据，1961—2001 年一直没有统计，2008 年开始墨西哥有蜂群出口记录。2016 年开始蜂群出口量激增至 2 000 群以上，其中 2019 年蜂群出口达到 361 602 群，创造了 58 年来的最高纪录。

1961—2019 年，墨西哥有 9 年蜂群出口额数据，2002 年蜂群出口额开始有统计，2017 年蜂群出口额达 11.9 万美元，2018 年蜂群出口额达 13.9 万美元，创 58 年来的最高纪录。2019 年蜂群出口额再创新高，出口额达 414.5 万美元。

表 4-9　1961—2019 年墨西哥蜂群进出口情况

年度	进口量（群）	进口额（万美元）	出口量（群）	出口额（万美元）
1995	1	3.8	—	—
1996	3	12.7	—	—
1997	3	13.6	—	—
1998	5	17.1	—	—
1999	7	28.1	—	—

(续)

年度	进口量（群）	进口额（万美元）	出口量（群）	出口额（万美元）
2000	8	21.1	—	—
2001	22	42.5	—	—
2002	21	56.0	0	0.3
2003	12	77.4	0	0
2004	17	95.9	0	0
2005	0	0	0	0
2006	0	0	0	0
2007	0	0	0	0
2008	82	204.3	1	3.5
2009	87	162.9	2	4.8
2010	0	0	0	0
2011	0	0	0	0
2012	3	5.3	2	4.5
2013	0	0.2	0	0.8
2016	0	0	2 590	3.9
2017	2 582	9	2 241	11.9
2018	0	0	6 806	13.9
2019	148 983	201.1	361 602	414.5

第五节　墨西哥蜂业管理和科研机构情况

一、蜂业管理及法律

墨西哥农业和农村发展部负责全国的蜂业管理，在墨西哥的农业统计中有详细的蜂业生产统计，墨西哥国家农业食品健康、安全与质量服务局负责蜜蜂疫病和蜂产品质量的检测。

墨西哥大约 20 个州有蜜蜂法（表 4-10）。蜜蜂法规定，养蜂者必须在农业部注册，告知蜂场位置、蜂群数量等，获得养蜂

表 4－10 墨西哥各州的蜂业法律和法规

序号	州	法律名称	生效日期	比较评论	条例
1	南下加利福尼亚州	《南下加利福尼亚州提升养蜂业法》	2004 年 8 月 10 日	特别指出蜂王生产者要标记。授粉蜂场要获得州政府许可。授粉服务应签订合同	无
2	坎佩切州	《坎佩切州蜜蜂法》	2008 年 5 月 21 日	包含非洲化蜜蜂控制；有坎佩切州畜牧、蜂业和家禽业	2005 年 5 月 2 日至法律生效前有蜂业规定
3	齐瓦瓦州	《保护和提升蜜蜂法》	1995 年 8 月 16 日	第四章有提到授粉服务	无
4	科阿韦拉州	《科阿韦拉州蜜蜂法》	1993 年 8 月 31 日，2009 年 5 月 12 日修订	第四章是蜂王育种场的相关规定	无
5	科利马州	《科利马州蜜蜂法》	2008 年 5 月 17 日	蜂场之间应间隔 800 米。第四章是非洲化蜜蜂的控制	无
6	杜兰戈州	《杜兰戈州蜂业提升法》	1991 年 12 月 26 日	提到增加创建蜂业学校	无
7	墨西哥州	《墨西哥州养蜂法》	2004 年 10 月 21 日	第七章是授粉服务管理，第八章是蜂产品质量的认证、完善和实验室研究	2016 年 3 月 9 日前蜂业法律条例有效
8	格雷罗州	《格雷罗州 393 号提升蜂业法》	2007 年 11 月 16 日	明确定义蜂业生产系统，促进商业生产者的安全加工	1987 年 10 月 13 日作为法律的附属部分生效
9	伊达尔戈州	《伊达尔戈州蜜蜂法》	2005 年 7 月 27 日	第五章是非洲化蜜蜂的控制	无

（续）

序号	州	法律名称	生效日期	比较评论	条例
10	哈利斯利州	《哈利斯利州提升养蜂和保护授粉者法》	2015年10月20日	第七章是保护授粉者、第八章是控制非洲化蜜蜂、第九章是育王场规定	无
11	米切青州	《米切青州提升蜂业法》	2004年5月14日，2007年8月23日修订	第四章是提升蜂业活动系统、每年出版蜂业最新生物技术和科学技术	从2014年12月10日生效
12	新莱昂州	《新莱昂州蜜蜂保护和提升法》	2007年12月7日，2008年11月14日修订	为提高蜂业的捐款、按照规定建立蜂业组织（必须有10个或以上蜂业生产者）。第十章是蜂群移动必须符合规定、第70条是卫生育王场，第十一章是建立生物技术信息系统、遵守生物技术规则	有参考法规，但未实行
13	瓦哈卡州	《瓦哈卡州蜜蜂法》	2005年3月22日	第十章是控制非洲化蜜蜂	无
14	金格纳罗奥奥州	《金格纳罗奥奥州蜜蜂法》	2013年9月6日		无
15	锡那罗亚州	无法律			有州蜂业活动规定、1992年9月4日制定

（续）

序号	州	法律名称	生效日期	比较评论	条例
16	塔毛利帕斯州	《塔毛利帕斯州提升蜂业法》	2004年12月16日	第31条规定养蜂者必须每年提供蜂群数量、养蜂者数量，蜂蜜及副产品产量信息。补充条款中包括非洲化蜜蜂的控制和育王场规定	有州蜂业发展条例，1984年5月9日制定
17	特拉斯卡拉州	《特拉斯卡拉州蜜蜂法》	2000年10月6日	包括非洲化蜜蜂控制条款	畜牧法中的蜂业相关规定条款自1978年7月5日生效
18	韦拉克鲁斯州	《韦拉克鲁斯州830号蜜蜂法》	2004年2月12日	无特别条款	无
19	尤卡坦州	《尤卡坦州蜂业保护和提升法》	2004年7月6日	有很多附属条款	生效前有规定
20	萨卡特卡斯州	《萨卡特卡斯州提升蜂业法》	2005年5月21日	第五章是州蜂业提升计划，规定每年分析一次蜂业发展情况。规定非本州人员放蜂需每群蜂交5比索，第六章为授粉服务，第八章是关于育王场的规定	无法规

的许可证。在以 0 和 5 结尾的年需要重新注册。每群蜂每年必须
换一次王。转场前，必须获得农业部同意，运输车辆必须带有清
晰可见的标识，运输过程中必须携带经过检验和签署的动植物卫
生证书。超过 30 群的养蜂场必须间隔 1 千米以上，同时离居民
区和道路 200 米以上，蜂场必须安装清晰可见的标牌，并设有外
围栏。当种植者使用农药时，必须提前 72 小时通知 3 千米内的
养蜂人。生产和销售蜂王必须获得许可。未经卫生许可，禁止将
养蜂设备和蜂种带入境。农业部定期对蜂场进行病虫害检测。

　　有些州虽然没有颁布蜂业法律，但是可以遵循相关的其他法
律。如阿瓜斯卡连特斯州《畜牧发展法》（2007 年 4 月 23 日生
效）中"蜂业提升"内有 2 条是管理蜂群移动和转地、蜂场主和
蜂产品。

　　下加利福尼亚州的蜂业活动应遵循《农业发展法》（2010 年
10 月 8 日颁布）中第十二章是蜂业相关规定，蜂场主财产必须
经过认证，蜂场之间有间隔距离，必须有蜂场设备等。恰帕斯州
《家畜卫生和提升法》（2007 年 9 月 12 日）中第二章是蜂业相关
规定，分为"总论"和"蜂场主"两部分。总论包括定义，提到
蜂场主必须经过认证。蜂场主部分包括蜂场的放置距离以及其他
必要要求。

　　瓜纳华托州的法律比较模糊，规定了蜂业活动归属于畜牧
业，除了规定蜂场主必须经认证外，没有其他要求。

　　莫罗雷斯州《家畜提升和保护法》（2012 年 8 月 5 日生效）
第五章"蜂业"规定，养蜂者必须经过连续注册和认证，养蜂者
认证前必须经过当地畜牧组织或蜂业协会许可。该法在 2011 年
12 月 11 日将第 3 章第 5 款调整成"关于养禽业、养猪业、养蜂
业和水产业的特别规定"。

　　纳亚里特州的蜂业规定相当简单，2007 年 7 月 4 日颁布的《畜
牧法》将蜂业列入很短的一章，仅有 3 条（55～57 条），规定蜂场主
必须注册，配合进行非洲化蜜蜂的控制以及获得转地指导。

普埃布拉州《畜牧法》（2006 年 9 月 4 日生效）中有 2 章涉及蜂业。第三章"蜂场主"的第三款"土地利用"中提到蜂场场址选择必须保持距离，第六款"提升和发展畜牧业"中提到政府要调查蜂业的容载量等情况、蜂农的权利和义务规定。2008 年 2 月 27 日颁布了法规，"蜂场主"涉及注册，"蜂业和水产业"规定蜂蜜提取设备的安装和卫生清洁要求等。

圣路易斯波托西州《畜牧法》（1995 年 11 月 22 日颁布）"小畜种和小门类"第三节蜂业中提到蜂群需要经过认证和标记，规定蜂场主每年需承担的责任、蜂场的放置距离、为控制非洲化蜜蜂而需采取的安全措施等。

虽然塔巴斯科州大多数牧场主将蜂业放在不太重要的位置，但塔巴斯科州《畜牧法》（2000 年 12 月 27 日生效）中对养蜂活动有相应的规定。

索诺拉州《畜牧法》（2005 年 11 月 7 日生效）"蜂业"被分为 6 章：第一章"总则"中规定蜂群必须认证，州政府负责技术指导、卫生检疫等。第二章"蜂业卫生"、第三章"蜂业商业化"、第四章"蜂场安置"、第五章"蜂群及蜂产品检查"等都做了相关规定。

二、政府为发展养蜂所做的工作

（一）倡议颁布蜜蜂法

2017 年墨西哥成立了一个工作组，由参议员、联邦副主席、农业部、养蜂组织和其他参与者的代表共同组成，研究制定有利于蜂业的公共政策。2018 年，参议员玛利亚·路易斯·贝尔特兰·雷耶斯提出制定全国养蜂法以促进养蜂和保护蜜蜂。

2020 年 3 月 17 日，众议员莫妮卡·阿尔梅达·洛佩斯倡议颁布《养蜂总法》，以促进墨西哥蜂业的发展。

（二）制定标准

为控制螨害，1994 年 4 月 28 日通过了《国家螨害控制活动》（编号 NOM-001-ZOO-1994），1997 年 8 月 12 日又进行了修订，2005 年 11 月 24 日再次修订。

为控制非洲化蜜蜂，墨西哥农业部 1994 年 4 月 28 日在公报上颁布了《为控制非洲化蜜蜂的国家计划的具体技术和使用操作规程》（编号 NOM-002-Z00-1994），2016 年经过修订。

1998 年 6 月 8 日公布了《为控制蜂螨，杀螨剂的效果评价方法》（编号 NOM-057-ZOO-1997）。

2015 年 5 月 29 日发布了《牛和蜂箱的国家动物识别系统》（编号 NOM-001-SAG/GAN-2015）。

2020 年 4 月 29 日发布了《蜂蜜生产和特殊规定》（编号 NOM-004-SAG/GAN-2018）。

三、蜂业科研机构

墨西哥有很多大学从事蜂业科研工作，如墨西哥国立自治大学、查宾戈自治大学、国家高等学校、金塔纳罗奥大学、尤卡坦康卡尔技术学院、墨西哥州立自治大学、韦拉克鲁斯大学等都有教授从事蜂业教学和培训工作。瓜纳华托大学于 2015 年 12 月 4 日成立蜜蜂研究中心。

四、蜂业计划

为了监控蜜蜂病虫害的发生以及控制蜂蜜中的药物残留，墨西哥 1998 年开始在全国实施蜜蜂监控计划。此外，墨西哥农业部和国家农业食品健康、安全和质量服务局还实施了《蜂蜜生产良好操作计划》，通过改善蜂蜜生产，实现蜂蜜质量的提升，减少蜂产品中农药残留。为控制非洲化蜜蜂，减少其不良影响，保护本地蜂产业，墨西哥在 1984 年实施了《控制非洲化蜜蜂计划》，虽然已经破坏了 3 万多个非洲化蜂巢，但仍难以在全国范围内控制非洲化蜜蜂。2005 年 12 月 28 日在每日公报上发布全国抗蜂螨计划，并对官方标准（NOM-001-ZOO-1994）进行了修改，尽管采取了措施，但仍然很难根除螨害。

除国家蜂业计划外，各州也会根据实际情况制定蜂业计划。如2018年，哈利斯科州提出了2018—2024年蜂业计划。

第六节　墨西哥蜂业协会、培训和宣传工作

一、蜂业协会

墨西哥的蜂业协会主要有墨西哥蜂业生产者联盟（La Federacion Mexicana de Apicultores）、蜂王和核心群育种家协会（La asociacion Ganadera Nacional de Criadores de Abeja Reinay Nucleos，简称 ASGANAREN）。此外，各州有各自的养蜂学会。

墨西哥蜂业生产者联盟的宗旨是提升墨西哥蜂业效益，保障养蜂人利益。该组织建有自己的脸书帐号，频繁更新动态。

蜂王和核心群育种家协会成立于2007年，通过标记、完善并认证蜜蜂谱系，确定墨西哥国内供应蜂王的质量并颁发蜂王生产证书，以促进和推动蜂业发展。该协会在11个州设有办事处，阿瓜斯卡连特斯州、科利马州、墨西哥城、墨西哥州、瓜纳华托州、米却肯州、纳亚里特州、瓦哈卡州、普埃布拉州、锡那罗亚州和韦拉克鲁斯州。

尤卡坦州有两个蜂业组织（Lolcab 和 Apícola Maya）控制蜂蜜出口行业，这些合作社是由政府机构代表养蜂人并为其创建的。大量养蜂人作为合作伙伴加入了 Apícola Maya，但养蜂人没有参与这些合作社的整合，也没有职位。

二、蜂业培训

墨西哥的蜂业培训有两种形式：大学提供的培训和协会等提供的培训。很多大学提供蜂业培训，既包括蜂业学位的培训，也包括一些短期的培训。如墨西哥国立自治大学兽医学院蜜蜂、兔

和水生生物医学与动物科学系主任阿德里亚娜·科雷亚·贝尼特斯除了对学生教授养蜂学外，还对消防员进行蜂群的生物学和管理培训。为防范非洲化蜜蜂的危害，农业部曾联合尤卡坦大学开展了非洲化蜜蜂防控培训。

三、蜂业宣传

每年国际蜜蜂日期间，墨西哥政府都举办活动。2020年5月25—28日在墨西哥城的国家大众文化博物馆举行蜂蜜展览和讨论，还有很多特色艺术表演和蜂蜜菜肴，吸引广大消费者前来参观和购买。各蜂业生产者和蜂业协会也会通过各自的网络渠道、媒体渠道等宣传蜂业知识，推广蜂业文化。

Beering项目于2019年诞生于墨西哥花园内，是以蜜蜂为主角的主题公园。整个主题公园由7个主题花园组成，游客可以通过认识花卉和树木享受到7种奇妙的体验。其中，一个主题花园是"感官迷宫"，内设有一个画廊，陈列着国际知名艺术家和新兴艺术家的作品。此外，还可以找到拉丁美洲的第一个"蜂环保护区"，用于蜜蜂的认识、学习和研究，有利于授粉媒介的可持续发展（图4-12、图4-13）。

图4-12　Beering项目中一个区域

图 4 - 13 Beering 项目中一个展室内部

第五章
CHAPTER 5

巴西养蜂业

巴西是南美洲国土面积最大的国家，拥有世界上面积最大的热带雨林，是美洲第四大蜂蜜生产国，其蜂群数量和蜂蜜产量均居美洲第四位。

第一节　巴西蜂业历史

一、巴西养蜂史

巴西的蜜蜂饲养经历了 5 个不同的阶段：

（1）1839 年前，巴西仅饲养无刺蜂，巴西人称之为曼达斯（mandaçaias）、曼达瓜里斯（mandaguaris）、图伊瓦斯（tui-uvas）、贾塔伊斯（jatais）、曼杜里斯（manduris）和番石榴（guarupus）；在东北部称之为乌鲁索、詹达拉和卡努多；北部称之为乌鲁库（uruçú）、翰达理阿（jandaíra）和乌鲁苏鲁·包噶·德·兰达（uruçú - boca - de - renda）等。

（2）第二阶段始于 1839 年西方蜜蜂的引进。1839 年 3 月，安东尼奥·卡内罗·奥雷利亚诺从葡萄牙波尔图省将西方蜜蜂（*Apis mellifera iberica*）引进巴西。虽然当时引进的 100 群蜂只存活了 7 群，但至今在巴西境内仍可以找到后代。根据 1839 年 7 月 12 日的第 72 号帝国法令，巴西皇帝佩德罗二世授予安东尼奥·平托·卡内罗神父从欧洲和非洲海岸进口蜜蜂的 10 年专有权。1840 年巴西已经有 200 多群蜂。

随着技术的发展，欧洲蜜蜂（*Apis mellifera mellifera*）被引入巴西。1845 年来自德国的欧洲蜜蜂蜂群被带到南里奥格兰德州、圣卡塔琳娜州和巴拉那州，标志着这些地方养蜂的开始。1870—1880 年，费德里科·汉内曼进口了意大利蜜蜂（*Apis mellifera ligustica*），并将其安置在南里奥格兰德州。1895 年，神父阿马罗·范·埃来曼将意大利蜜蜂带到伯南布哥州。1906 年，埃米利奥·申克也从德国引进了意大利蜜蜂。巴西养蜂业在长达 1 个多世纪的发展中，主要集中在南里奥格兰德州、圣卡塔琳娜州和巴拉那州。另外，在圣保罗和里约热内卢也有养蜂活动。在此阶段，饲养蜜蜂主要是出于爱好，以及生产蜂蜡。养蜂业处于初级阶段，养蜂技术落后，蜂群很少。20 世纪 30 年代后期，养蜂业开始向巴西东北部扩散。东北部是亚马孙热带雨林，雨季过后有丰富的蜜粉源植物资源，成为养蜂的主要地区。

（3）第三阶段始于 1940 年左右，是随着产品的商业化而兴起的。

（4）第四阶段是 1950—1970 年。20 世纪 50 年代，因为欧洲蜜蜂不适应热带气候条件，容易发生病虫害，蜂群大量损失，蜂蜜生产率一直很低，蜂蜜产量每年不超过 8 000 吨，仅排国际第 27 位。

在这 20 年中，来自圣保罗、库里提巴、皮拉西卡巴、里约克拉罗、里贝罗朗·普雷图、阿拉拉夸拉、弗洛里亚诺波利斯、塔夸里、品达能杭巴的一组研究人员将巴西列为世界养蜂科学研究重点。1956 年，沃里克·埃斯特万·克尔教授从非洲引入 49 只蜂王，放在圣保罗州里约克拉罗的实验养蜂场中，将其与欧洲蜜蜂（如意大利蜜蜂）杂交。一场事故导致 26 个蜂群飞逃，这引发了巴西养蜂业的非洲化。在 1963—1967 年，其影响是巨大的。

（5）1970 年至今，巴西养蜂业进入第 5 个阶段，科学家、养蜂人和政府共同开始解决养蜂业的各种问题。这一阶段，养蜂人和科学家们遇到了一些大问题，如来自巴西北部和东北部的蜜蜂过度侵略性特征，由于生产乙醇的甘蔗的新入侵造成随之而来的黑蜂蜜的产生。

二、养蜂书籍

与其他国家不同的是，巴西是先有蜜蜂的书籍出版，后引进西方蜜蜂。弗朗西斯科·德·法里亚·阿拉贡与乔斯·马里亚诺·达·康塞西桑·韦洛索出版了非常古老的养蜂作品，后者于 1808 年随葡萄牙人来到巴西，成为巴西养蜂业的推动者之一。

弗朗西斯科·德·法里亚·阿拉贡编写的《蜜蜂的历史和物理论文》，1796 年出版。

弗朗西斯科·德·法里亚·阿拉贡、何塞·玛丽阿诺达和奥利维拉·利马编写的《蜜蜂的历史和物理论文》于 1800 年出版。

第三本书是弗朗西斯科·伊纳西奥·佩雷拉·鲁比昂出版于 1835 年的《从法国进口的努蒂安娜蜂箱》。以法语和葡萄牙语双语出版，共 27 页。

第四本书是若阿金·尤斯塔基奥·德·阿泽维多·佛朗哥于 1841 年出版的《金字塔形蜂巢；或一种简单的大量增加蜜蜂产品的自然方法，每年不全部被破坏或部分破坏；让卵从蜂群中孵化，并将白糖转化为蜂蜜》，共 85 页。

第五本书是甘蒂多·德·耶稣·布朗科于 1859 年在里约热内卢出版的《适应巴西气候的蜜蜂、蜜蜂文化、繁殖和管理及蜂蜡和蜡烛的制造》，共 84 页。

第六本书是尼尔顿·萨莱斯的《蜜蜂饲养：一本实用全面的养蜂专著，包含有关饲养、管理、蜂蜜和蜂蜡使用等相关知识的规则和建议》，共 192 页。

第七本书是何塞·塞塔诺·图里尼奥于 1898 年出版的《养

蜂业和养蜂的优点与概括》，共 54 页。

第八本书是埃米尔·申克于 1911 出版的《巴西养蜂人、巴西养蜂指南》。

第九本书是若昂·达·莫塔·普雷戈于 1911 年在里斯本出版的《罗克父亲（养蜂人）》。

第十本书是阿马罗·范·埃梅伦于 1915 年在圣保罗出版的《蜜蜂饲养》。

第十一本书是阿马罗·范·埃梅伦于 1934 年在圣保罗出版的《巴西养蜂人入门：蜜蜂、蜂蜜和蜂蜡》。

第十二本书是佩德罗·路易斯·范·托尔·菲略于 1950 年在圣保罗出版的《合理养蜂》，共 147 页。

阿马罗·范·埃梅伦曾于 1918 年第 10 期《穆斯·保利斯塔》第 145～150 页发表论文“一个蜜蜂与本土蜂鸟共生的例子”。

保罗·诺盖拉-内托在 1962 年农业公报第 1～74 页发表了《巴西养蜂业的开端》。

谷物农学编辑于 1972 年出版了 252 页的《养蜂手册》。在这本书中，保罗·诺盖拉-内托负责撰写“巴西养蜂历史笔记”一章。

三、国际养蜂大会

1989 年，第 32 届世界养蜂大会在巴西里约热内卢举行，会议共举行了 13 次全体会议，共有 195 个口头报告和 157 份海报。大会吸引了来自 62 个国家的 1 608 名参与者和 38 个参展商。会上，对非洲化蜜蜂的问题进行了深入探讨。

第二节　巴西蜂业生产情况

巴西约有 3 000 种蜜蜂，其蜂业生产包括蜜蜂饲养和无刺蜂饲养。无刺蜂的饲养简单，成本低。

一、1961—2019 年巴西蜂业生产情况

（一）蜂群数量

图 5 - 1 显示，1961—2019 年巴西蜂群数量总体呈增加趋势。1961—1966 年蜂群数量呈增加趋势，1967—1974 年蜂群数量下降，1974 年蜂群数量下降至 16.5 万群，为 58 年来的最低点。此后受 20 世纪 80 年代以来自然主义者鼓吹食用更健康的食物以及改善人类生活质量运动的影响，蜂产品价格得以提高，蜂群数量缓慢上升至 1983 年的 30 万群，1984 年激增为 40 万群，此后一直快速增长至 1991 年的 81.2 万群。1991—2004 年，蜂群数量一直稳定在 79.5 万～83.5 万群之间。2005 年蜂群数量增加为 88.0 万群，2006 年增加为 95.2 万群，2009 年增加为 102.5 万群。此后大多数年度，蜂群数量保持在 101 万群左右。2018 年蜂群数量为 1 017 506 群，比 2017 年增加 0.6%。2019 年蜂群数量为 1 003 116 群，比 2018 年减少 1.4%。

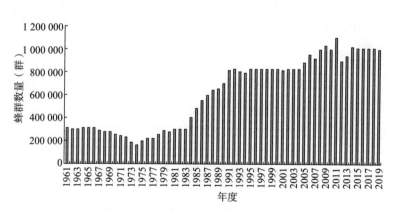

图 5 - 1　1961—2019 年巴西蜂群数量

（二）蜂蜜产量和产值

图 5 - 2 显示，1961—1974 年蜂蜜产量总体呈下降趋势，1974 年蜂蜜产量仅为 4 129 吨，为 58 年来的最低点。此后，蜂蜜产量总体呈增加趋势，1984 年蜂蜜产量增加为 10 634 吨，1996 年蜂蜜产量为 21 173 吨，1997—1999 年虽然蜂蜜产量下降（不足 2 万吨），但 2000 年开始蜂蜜产量增加为 2 万吨以上且快速增长，2003 年超过 3 万吨，2011 年增加至 41 793 吨，为 58 年来的第二高峰。2010 年，因气候问题导致蜂蜜产量下降。2011 年产量增长。2012 年秋天，由于气候问题，巴西东北部蜂群受到损失，导致蜂蜜产量陡降至 33 932 吨，此后又缓慢增长。2018 年蜂蜜产量为 42 346 吨，比 2017 年增加 1.6％。2019 年蜂蜜产量为 45 981 吨，比 2018 年增加 8.6％。

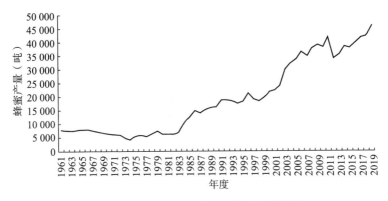

图 5 - 2　1961—2019 年巴西蜂蜜生产情况

表 5 - 1 显示，2014—2019 年巴西蜂蜜的产量总体呈增加趋势，2019 年蜂蜜产量达到 45 980 621 千克，创造了蜂蜜高产纪录。2014—2017 年，蜂蜜的产值呈增加趋势，2017 年达到 6 年来的最高点（5.14 亿雷亚尔），此后又呈下降趋势。2019 年蜂蜜产值为 4.93 亿雷亚尔，比 2018 年下降 1.8％。

表 5 - 1   2014—2019 年巴西蜂蜜产量和产值情况

指标	年度					
	2014	2015	2016	2017	2018	2019
蜂蜜产量 （千克）	38 481 416	37 859 193	39 677 393	41 695 747	42 378 116	45 980 621
蜂蜜产值 （万雷亚尔）	31 501.3	35 916.6	47 195.4	51 425.6	50 291.2	49 373.8

（三）蜂蜡产量

图 5 - 3 显示，1961—1972 年，巴西蜂蜡产量在 1 050～
1 425吨之间变化。此后，蜂蜡产量急剧下降，1973—1983 年产
量不足 700 吨。1984 年开始增加，至 1986 年产量增为 1 018 吨，
1987—1991 年产量快速增加，1991 年蜂蜡产量为 1 450 吨。此
后蜂蜡产量缓慢增加，1991—1998 年产量基本在 1 500 吨左右，
1999—2019 年蜂蜡基本稳定在 1 600～1 800 吨之间。

图 5 - 3   1961—2019 年巴西蜂蜡生产情况

二、巴西养蜂生产情况

根据农业普查的初步数据，2017 年巴西有 101 947 家蜂场，

饲养 215.5 万群蜂，人均饲养 21.1 群蜂。按照大区来看，南部蜂场最多，65.3％的蜂场和 48.5％的蜂群位于南部；蜂蜜和蜂蜡产量最多，39.7％的蜂蜜和 49.9％的蜂蜡产自南部。东南部人均饲养蜂群数量最多，达 49.2 群（表 5 - 2）。

表 5 - 2　2017 年巴西蜂场和蜂群情况

指标	北部	东北	东南	南部	中西部	合计
蜂场数量（个）	2 174	24 167	7 074	66 554	1 978	101 947
蜂蜜产量（吨）	803	12 758	9 500	16 496	2 037	41 594
蜂蜡产量（吨）	3	60	124	193	7	387
蜂群数量（群）	37 428	672 819	347 718	1 045 976	51 199	2 155 140
人均饲养蜂群（群）	17.2	27.8	49.2	15.7	25.9	21.1

巴西共分为 26 个州和 1 个联邦区（巴西利亚联邦区），州下设市，全国共有 5 564 个市。2017 年，巴西各州的蜂业生产情况见表 5 - 3。南里奥格朗德州是巴西蜂场数量和蜂群数量最多及蜂蜜产量和蜂蜡产量最高的州，拥有全国 36.5％的蜂场和 22.6％的蜂群，蜂蜜产量占 15.2％，蜂蜡产量占 35.7％。其次是圣卡塔琳娜州，拥有全国 16.5％的蜂场和 13.8％的蜂群，蜂蜜产量和蜂蜡产量分别占 10.2％和 3.9％。巴拉那州是全国蜂蜜产量第二高的州，虽然只有 12.3％的蜂场和 12.1％的蜂群，却生产了 14.3％的蜂蜜。米纳斯吉拉斯州既是全国蜂蜡产量第二高的州，生产了 14.5％的蜂蜡；也是全国蜂蜜产量第三高的州，生产了 10.9％的蜂蜜。巴西蜂蜜的平均单产相对较低，只有 19.30 千克/群。巴西利亚联邦区的蜂蜜单产最高，达 106.04 千克/群，是全国平均单产的 5.49倍。其次是马拉尼昂州，蜂蜜单产达 67.35 千克/群，比全国平均单产高 2.49 倍。蜂蜜单产最低的州是亚马孙州，只有 4.01 千克/群。

表5-3 2017年巴西各州蜂业生产情况

州/区	蜂场数量 （个）	蜂蜜产量 （吨）	蜂蜡产量 （吨）	蜂群数量 （群）	蜂蜜单产 （千克/群）
朗多尼亚州	334	81	1	3 290	24.62
阿克雷州	101	6	—	1 271	4.72
亚马孙州	518	31	0	7 730	4.01
罗赖马州	44	97	—	2 235	43.40
帕拉州	906	501	2	19 308	25.95
阿马帕州	29	13	0	513	25.34
托坎廷斯州	242	58	0	3 081	18.83
马拉尼昂州	872	2 356	2	34 983	67.35
皮奥伊州	7 984	4 405	10	247 628	17.79
塞阿拉州	4 469	1 776	10	138 344	12.84
北里奥格兰德州	981	175	3	24 602	7.11
帕拉伊巴州	969	156	2	12 131	12.86
伯南布哥州	753	256	3	17 261	14.83
阿拉戈斯州	389	168	1	6 895	24.37
塞尔希培州	312	87	1	5 210	16.70
巴伊亚州	7 438	3 407	28	185 765	18.34
米纳斯吉拉斯州	4 041	4 549	56	196 841	23.11
圣埃斯皮里图州	882	583	11	24 973	23.35
里约热内卢州	538	357	2	9 759	36.58
圣保罗州	1 613	4 011	55	116 145	34.53
巴拉那州	12 491	5 929	41	260 827	22.73
圣卡塔琳娜州	16 838	4 250	15	297 863	14.27
南里奥格朗德州	37 225	6 318	138	487 286	12.97
南马托格罗索州	690	1 157	2	23 913	48.38
马托格罗索州	532	481	3	15 870	30.31
戈亚斯州	717	319	1	10 671	29.89
巴西利亚联邦区	39	79	0	745	106.04
合计	101 947	41 594	387	2 155 140	19.30

表5-4显示，2017年巴西共有4 113个城市有蜂场，2 869
个城市有蜂群统计。其中，坎普·阿莱格里·卢尔德市蜂场数量
和蜂群数量最多，均占全国的1.3%。坎古苏蜂场数量居第二，
达1 085个。而普鲁登托波利斯的蜂群数量居于第二。前十大城
市所拥有的蜂场数量和蜂群数量合计分别占全国的6.7%
和8.3%。

表5-4 2017年巴西蜂场和蜂群前十大城市

排序	城市	蜂场数量（个）	排序	城市	蜂群数量（群）
1	巴伊亚州坎普·阿莱格里·卢尔德市	1 339	1	巴伊亚州坎普·阿莱格里·卢尔德市	27 180
2	南里奥格朗德州坎古苏市	1 085	2	巴拉那州普鲁登托波利斯市	21 207
3	巴伊亚州雷曼索市	671	3	巴拉那州阿拉波蒂市	19 074
4	巴拉那州克鲁兹·马查多市	635	4	南里奥格朗德州圣地亚哥市	17 770
5	圣卡塔琳娜州康科迪亚市	626	5	米纳斯吉拉斯州伊塔马来蒂巴市	17 477
6	巴拉那州普鲁登托波利斯市	598	6	皮奥伊州坎皮·格兰德·皮奥伊市	16 850
7	巴伊亚州庇隆·阿来卡多市	525	7	皮奥伊州圣·来蒙多诺纳托市	16 000
8	皮奥伊州圣·来蒙多诺纳托市	497	8	南里奥格朗德州圣安娜杜里夫拉门托市	15 764
9	塞阿拉州蒙巴萨市	438	9	圣卡塔琳娜州伊萨拉市	13 500
10	南里奥格朗德州圣托克里斯托市	432	10	皮奥伊州皮科斯市	13 240

　　表5-5显示，2017年巴西共有2 229个城市有蜂蜜生产，

其中阿拉波蒂市蜂蜜产量最多，达 639 吨；其次是圣安娜杜里夫拉门托市，蜂蜜产量达 564 吨。前十大城市蜂蜜总产量为 4 184 吨，占全国总产量的 0.2%。蜂蜜单产最高的城市是朱萨拉市，达 2 吨/群；单产第二高的城市是特雷索波利斯市，达 749.38 千克/群。

表 5-5　2017 年巴西蜂蜜产量和单产前十大城市

排序	城市	蜂场产量（吨）	排序	城市	蜂群单产（千克/群）
1	罗赖马州阿拉波蒂市	639	1	戈亚斯州朱萨拉市	2 000
2	南里奥格朗德州圣安娜杜里夫拉门托市	564	2	里约热内卢州特雷索波利斯市	749.38
3	圣保罗州贝贝多罗市	448	3	圣保罗州伊波朗加市	677.60
4	南里奥格朗德州圣地亚哥市	399	4	圣保罗州卡贾蒂市	400
5	皮奥伊州皮科斯市	398	5	马拉尼昂州阿萨伊兰蒂亚市	265.31
6	皮奥伊州圣.来蒙多诺纳托	380	6	戈亚斯州伊塔贝来伊市	239.44
7	南里奥格朗德州唐·佩德里托市	372	7	米纳斯吉拉斯州穆桑比尼奥市	192.55
8	米纳斯吉拉斯州伊塔马来蒂巴	348	8	圣保罗州奥林匹亚市	188.27
9	巴拉那州瓦茨劳·布拉兹市	334	9	圣保罗州米拉卡图市	156.25
10	里约热内卢州特雷索波利斯市	302	10	马托格罗索州高斯港市	151.72

巴西有 94 个城市生产蜂蜡，前十大蜂蜡生产城市见表 5-6。其中，圣塞佩市蜂蜡产量最高，达 81 吨，占全国总产量的

20.9%。其次是莱姆市,产量达 39 吨,产量占比为 10.1%。

表 5-6　2017 年巴西蜂蜡产量前十大城市

排序	城市	所在州	蜂蜡产量（吨）
1	圣塞佩市	南里奥格朗德州	81
2	莱姆市	圣保罗州	39
3	圣伊瓜苏市	巴拉那州	16
4	唐·佩德里托市	南里奥格朗德州	15
5	瓜拉帕里市	圣埃斯皮里图州	6
6	乔芒来巴德市	米纳斯吉拉斯州	6
7	伊塔马来蒂巴市	米纳斯吉拉斯州	6
8	卡萨诺瓦市	巴伊亚州	5
9	皮纳哈达塞拉市	南里奥格朗德州	4
10	伊塔白塞里卡市	米纳斯吉拉斯州	4

三、养蜂者情况

在巴西,养蜂业原则上是家庭的一个次要活动,大部分养蜂家庭的蜂群数量少于 100 群(Sebrae,2006)。蜂群数量少、蜂蜜产量低,蜂蜜销售只是一个次要收入,蜂农的生产技术低,生产的蜂产品仅供家庭使用。因此,养蜂人很难获得竞争优势。Fleck 等(2008)将巴西养蜂人分为农民养蜂者和城市养蜂者,前者蜂群规模小(最多 50 群蜂),通常还经营其他农业活动;后者为企业人士、教授或其他人,居住在城市中心,蜂群数量超过50 群。

(一)塞尔希培州

2007 年圣保罗大学在塞尔希培州所做的调查显示,在接受采访的养蜂人中,男性占 92%,女性占 8%。塞尔希培州被访者的年龄范围和比例如下:18~25 岁占 13%,26~40 岁占 48%,

46～50 岁占 10％，51～60 岁占 10％，超过 60 岁的占 6％，小于 18 岁的占 4％。这些数据表明，在塞尔希培州，适龄从业者对养蜂业越来越感兴趣。

塞尔希培州养蜂人 3％不识字，1％识字，12％接受过小学一年级至四年级教育，23％接受过小学五年级至八年级教育，17％高中教育未完成，31％接受过完整的高中教育，7％接受过不完整的高等教育，6％接受过高等教育或更高。养蜂者的文化水平高于其他生产者，如圣埃斯比里多市的有机咖啡种植者平均受教育时间为 8.02 年，巴拉那州圣赫勒拿的农业生产者中 80％最多接受过小学八年级教育。

养蜂人普遍经过蜂业知识培训，只有 18％的受访者没有接受过养蜂业的任何课程培训。82％的受训者中，有 24％的受训时间超过 25 小时，43％的受训时间在 25～60 小时之间，33％的受训时间超过 60 小时。参加的课程包括基本养蜂、做法和管理，花粉生产和蜂王生产等。60％的养蜂人从事蜂业生产 2～9 年，27％的人在 10 年以上，13％的人只有 1 年。塞尔吉培州很大一部分养蜂人养蜂始于 2002 年，这与欧洲对中国和阿根廷蜂蜜的禁运以及巴西政府鼓励养蜂业有关。

塞尔吉培州的养蜂人可分为小型或家庭养蜂人，因为 8％的养蜂人饲养 1～5 群蜂，6％饲养 6～10 群，48％饲养 11～50 群，合计约 62％的养蜂人饲养蜂群数量在 1～50 群之间；23％的养蜂人饲养 51～100 群蜂，10％饲养 101～200 群，2％饲养 201～300 群，3％饲养 300 群以上，合计约 38％的养蜂人饲养蜂群数量超过 50 群，被视为专业或商业养蜂人。2007 年，塞尔希培州大约有 16 775 群蜂，蜂蜜产量大约为 671 吨，平均蜂蜜单产为 40 千克/群。

91％的受访者表示，除了养蜂他们还从事其他活动。该州的养蜂者主要是家庭养蜂，大多数养蜂人的蜂巢很少，需要从事其他行业增加收入，养蜂被视为一种赚取额外收入并与其主要活动并行的方法。在蜂业从业者中，56％是农民，44％从事其他活动，如教学、木工等。在雇工方面，29％的受访者由亲属（通常是家庭成员，如妻子、子女或兄弟）无偿帮忙，29％的受访者使用雇工，20％的受访者独自工作（没有雇工和帮手），只有6％的人在其养蜂场永久雇用劳动力。但是，在收获或转地期间，养蜂人也使用雇工，雇工平均每天工资为20雷亚尔。

蜂蜜是养蜂业的主要收入，占蜂业总收入的82％，蜂胶占3％，花粉占4％，蜂王浆占1％，蜂王销售占2％，蜂群销售占2％，蜂蜡和蜂蜜化妆品生产占6％。

（二）巴拉那州

巴拉那州西南部蜂业活动主要由小型生产者进行，生产蜂群数量少，生产率低。绝大多数通过到户销售或农业集市直接销售给消费者，其次通过超市进行销售，然后是专业的商业批发。

巴拉那州大部分养蜂者是农民，生产技术低，其生产取决于气候条件（雨水状况、霜冻等）和农药使用情况，因而产量较低。少数生产者是专业养蜂者，饲养200～700群蜂，单产超过50千克/群。2017年农业普查，该州有12 491个蜂农，平均饲养蜂群20.9群，蜂蜜年单产为14.4千克/群。在卡帕内马市，蜂农平均饲养7.8群；在多伊斯比尼霍斯市，蜂农平均饲养7.3群；在弗朗西斯科·贝特拉朗市，蜂农平均饲养7.9群。以上3个市蜂蜜单产分别为4.8千克/群、5.0千克/群和7.7千克/群。

（三）其他州

巴伊亚州南部蜂蜜收入超过蜂业的65％。在巴伊亚州南部地区，43％的养蜂人是文盲或小学四年级以下文化程度，28％的养蜂人蜂群数量少于10群，11.6％的人饲养超过50群蜂。在北里奥格朗德州弥赛亚·塔吉努斯市，63.4％的养蜂者接受过初等教育，其中26.7％为文盲或基本不识字；93％的人除养蜂外，还从事其他职业。北里奥格兰德州36.4％的养蜂人是文盲。

圣卡塔琳娜州有9 000名注册养蜂人，50％的养蜂人仅生产蜂蜜。其中，乌比里奇地区全部由男性养蜂，加盟威乐市的养蜂人中仅有14％为女性。圣卡塔琳娜州从业者年龄集中在20～60岁之间。43.3％的养蜂生产者仅靠养蜂获得收益。

阿拉戈斯州超过30％的养蜂人已经完成了高中教育，87.2％的养蜂人接受过培训。78％养蜂人的蜂群数量1～50群，10％养蜂人的蜂群数量50～100群，12％养蜂人的蜂群数量超过100群。92.7％的人除养蜂外，还从事其他职业。

托康汀州85.6％的养蜂人为男性。养蜂人中75.5％的人年龄在36岁以上，93.6％的养蜂者从事其他职业，其中47.8％是农村生产者。

四、蜂蜜销售与蜂蜜价格

巴西蜂农通常可以根据蜂蜜的商业化营销分为两种：第一种是商业化模式，这类蜂农有固定的出口和销售目的地，通常数量较少，但蜂蜜产量高；第二种蜂农蜂蜜产量低，蜂蜜多在国内市场销售。第二种蜂农以农业为主业，政府有不同的计划［如食品收购计划（PAA）和国家学校供餐计划（PNAE）］帮助他们销售蜂蜜，如以政府食堂的公共采购、学校食堂用膳等形式销售蜂产品。

蜂蜜销售方式主要分直接销售给消费者和商业批发两个途径。巴西蜂蜜的传统销售模式是蜂场主直接销售给消费者。直接面向消费者的蜂蜜销售基本可以通过三种方式完成：第一种方式是门对门，养蜂人直接上门销售产品。虽然这种方式花费时间和精力，但仍在使用。第二种方式是消费者到养蜂人的蜂场或住所购买蜂蜜。通常这类养蜂人已经被消费者知晓，邻居一般知道蜂蜜收获时间。这是绝大多数养蜂人的直接交易方式。第三种方式是在该地区非常普遍的蜂产品集市销售。养蜂人在一周中的一天或几天内到展览地点，通常在公共广场或展馆内将产品直接销售给消费者。在巴拉那州弗朗西斯科·贝尔特拉市，蜂蜜展销已经进行了 20 多年，大约有 24 个蜂场在销售蜂产品。

蜂蜜贸易也在城市的超市进行。一些养蜂人将蜂蜜适当包装，并在大中型超市出售。养蜂人向超市出售的蜂蜜价格差异很大，2018 年巴拉那州蜂蜜平均价格为每千克 16.00 雷舍尔，高于批发价格。

蜂蜜的商业批发销售是养蜂人推销其产品的另一种方式。巴拉那州西南地区有多家公司经营蜂蜜销售，如布雷耶、库法梅尔、南部养蜂、超级蜂蜜和巴拉那港口公司。这些公司通常提供卡车来运输包装好的蜂蜜桶。但是，销售的最大瓶颈是公司支付的价格远低于零售价。

蜂蜜价格分为批发价格和零售价格。相比零售价，根据供求量不同，批发价的变化范围更大。2018 年巴西蜂蜜的批发价格平均为每千克 8.00 雷舍尔。零售价格根据供求关系以及地区而有所不同，但变化较小。2018 年，蜂蜜平均零售价格为每千克 18.00 雷舍尔。

五、巴西蜂产品中的地理标志产品

巴西蜂蜜以其质量、纯度和特性在国内外市场脱颖而出。圣卡塔琳娜州的蜂蜜曾 5 次获得了 APIMONDIA 最佳蜂蜜奖。2019 年 5 月，巴西已认证的地理标志产品达到 62 个。巴西有 6 个与蜂蜜和蜂胶有关的地理标志产品，分别是马托格罗索州潘塔纳尔蜂蜜、南马托格罗索州潘塔纳尔蜂蜜、奥提格里拉蜂蜜、西部地区蜂蜜、阿拉戈斯红树林的红蜂胶以及乳香蜂蜜。

（一）潘塔纳尔蜂蜜

马托格罗索州和南马托格罗索州的潘塔纳尔蜂蜜在 2015 年 3 月获得地理标志产品认证，是巴西第一个获得地理标志产品的蜂产品。潘塔纳尔湿地是世界上最大的连续湿地之一，位于南美中心，潘塔纳尔保护区被联合国教科文组织列为世界遗产和生物圈保护区。潘塔纳尔湿地拥有丰富的养蜂植物资源，有 206 种蜜粉源植物，其中有 86 种草药、44 种乔木、44 种灌木和 24 种藤本植物。其中，assa - peixe、cumbaru、hortelāzinha 和 tarumeirosāo 是蜜蜂最喜欢的蜜源植物。该湿地生长植物几乎全年开花，是生产蜂蜜的有利地区，生产出的蜂蜜口感细腻、浓郁独特、略带甜味。18 世纪，潘塔纳尔被认为只是通往金矿的一条路线，吸引了一大批移民在此建造房屋。与印第安人几个世纪以前在空树洞里寻找蜂蜜一样，移民也用同样的方式来取蜂蜜。从 20 世纪中叶开始，潘塔纳尔蜂蜜的特殊性开始为人所知。

研究、技术援助和农村推广公司于 20 世纪 80 年代提出蜂业发展和刺激计划，使养蜂业迅速发展并建立了新的协会。

（二）奥提格里拉蜂蜜

奥提格里拉是巴拉那州的一个城市，坐落在植被多样的山区，有 2 万多居民，依靠蜂蜜来创造收入。奥提格里拉蜂蜜于 2015 年 9 月获得原产地名称，是巴拉那州首个获得地理标志注册的巴拉那产品。该蜂蜜颜色浅、风味柔和，主要蜜源植物是该地区蜂场中常见的 capixingui（原生乔木）和 assa - peixe（原生灌木，图 5 - 4），具有特定性能。

图 5 - 4　巴拉那州蜜蜂采集 assa - peixe 蜜（Divulgação 摄影）

（三）西部地区蜂蜜

巴拉那州的西部地区蜂蜜于 2017 年 7 月获得了原产地标记注册（图 5 - 5）。该地区的蜂蜜来自伊泰普湖沿岸永久保护区的植树造林植物，主要的花源是 uva - do - japão、angico 和 unha - de - gato。加上气候和地形等影响，这些花赋予了蜂蜜独特的风味。

图 5 - 5 巴拉那州蜂蜜的原产地标记

（四）阿拉戈斯红树林的红蜂胶

阿拉戈斯红树林的红蜂胶于 2012 年 7 月获得原产地标记注册。阿拉戈斯州被认为是世界上唯一生产红蜂胶的地方，红树林位于阿拉戈斯州的沿海和泻湖地区。红树林中的灌木植被，生长在淡水和盐水生境之间的过渡带中。其中，豆科植物黄檀（*Dalbergia ecastophyllum*）产生一种红色的树脂物质，蜜蜂采集黄檀的芽、花和分泌液，带回蜂巢中。这是生产红蜂胶的原料。自然状态下，红蜂胶红色，具有香脂味、茴香甜香气，在低于 20℃的温度下呈刚性，并在 20～40℃的温度下具有稳定的延展性。红蜂胶的特点是其酚类化合物含量高，特别是异黄酮，这是其他蜂胶中从未发现的。自 20 世纪 90 年代以来，来自阿拉戈斯州红树林的红蜂胶的化学性质开始在巴西的科学实验室中受到重视。红蜂胶能够预防心血管疾病、骨质疏松症，对抗胆固醇，还适用于皮炎、伤口、炎症和感染。此外，它还用于制造牙膏、漱口液、糖果等。红蜂胶由阿拉戈斯 22 个城市的 120 个生产商生产，但只能由三家授权公司销售。

（五）乳香蜂蜜

米纳斯吉拉斯州北部的极蜜之路的乳香蜂蜜因其药用特性而闻名国际。乳香蜂蜜是由西方蜜蜂（*Apis mellifera*）采自巴西乳香（*Myracrodruon urundeuva*）并混以蚜虫蜜露而形成的深色蜂蜜，具有抗菌、消炎等药用作用，是米纳斯吉拉斯州北部的特征性蜂蜜（图 5-6）。巴西乳香是一种木材，经常用于养蜂，是阿根廷、巴西、玻利维亚、巴拉圭的本土树种（图 5-7）。由于其木材非常坚硬，永不腐烂，被称为铁木，通常用于制作灯杆。巴西乳香是干旱森林地区的主要植物，有雌树和雄树的区别。蜜蜂基本采集雄树。巴西乳香在干旱季节（8—9 月）开花，11—12 月结果，12 月至翌年 1 月收获，因而有利于养蜂业的发展。

图 5-6　乳香蜂蜜　　　　　　图 5-7　巴西乳香树

乳香蜂蜜由于颜色深，与传统蜂蜜不同，因而曾经被蜂农丢弃。近年来，巴西养蜂届加强了对乳香蜂蜜的药用价值研究，发现其具有多种药用价值，不仅在米纳斯吉拉斯州北部的几个城市如巴西利亚、圣保罗、里约热内卢、贝洛奥里藏特出售，而且还出口到美国和欧洲国家。乳香蜂蜜年产量可以达到 1 000 吨。目前，乳香蜂蜜批发价格为每千克 10 或 11 雷舍尔（其他蜂蜜批发价为每千克 5 雷舍尔）；零售价格为每千克 24.90～68.00 雷舍尔，比普通蜂蜜贵 50%～100%。2020 年 11 月 10 日，1 雷舍尔折合人民币 1.232 9 元。

2019 年，米纳斯吉拉斯州政府将北德米纳斯地区确定为乳香蜂蜜的原产地。米纳斯吉拉斯州已经是塞拉多咖啡和塞罗奶酪原产地。产品在米纳斯吉拉斯州北部的几个城市（巴西利亚、圣保罗、里约热内卢的贝洛奥里藏特）出售，并且还出口到美国和欧洲国家。

新型冠状病毒性肺炎疫情发生以来，米纳斯北部蜂产品的销售一直在增长，特别是乳香蜂蜜。由于乳香蜂蜜被认为是增强免疫力的食物，疫情期间绿蜂胶的销售增长了 300%，乳香蜂蜜的销售增长了 30% 以上。价格也大幅度上涨，2020 年经过加工后向药店和超市销售的乳香蜂蜜价格为每千克 800～850 雷亚尔之间，远高于 2019 年的 250 雷亚尔。米纳斯北部共有 1 500 个蜂场，共建有 7 个蜂蜜屋和 1 个仓库，这些都获得联邦检验局的正式认证。蜂场主分别加入了博卡约瓦的 25 个蜂业协会，生产的蜂蜜大部分是在圣弗朗西斯科和帕纳伊巴山谷开发公司（Codevasf）建在博卡约瓦的蜂蜜仓库中加工。该公司总部设在博卡伊瓦市，从 2005 年开始从事蜂业。该厂每年可加工 250 吨蜂蜜，并进行包括出口检查在内的联邦卫生检查，是米纳斯为数不多的获得出口认证的工厂之一。

为鼓励该地区发展蜂业，联邦政府提供 150 万雷亚尔，将产能 250～300 吨蜂蜜分馏能力的仓库改建成产能 900 吨的仓库。2020 年，作为蜂蜜之路的一部分，巴西区域发展部向北米纳斯地区养蜂人和家庭农民合作社（Coopemapi）捐款 124 万雷亚尔，用于购买设备、产品处理基础设施等。

米纳斯吉拉斯州北部的蜂蜜之路上有 1 600 个养蜂人生产乳香蜂蜜,产量达到 1 000 吨。在北米纳斯地区养蜂人和家庭农民合作社的努力下,乳香蜂蜜已经在 2020 年获得有机认证和地理标记产品证书,加上 QR 码可追溯产品,商品价值大幅度提高。该合作社在米纳斯吉拉斯州的 23 个城市运营,年产量约为 300 吨。

六、巴西蜂胶生产

巴西是世界蜂胶生产主要国家之一,蜂胶的产量居世界第三位,年产量约为 150 吨,75% 出口。主要出口日本等国家。目前,日本消费的蜂胶中 92% 来自巴西。在巴西,已经有超过 10 000 个蜂胶生产者,有 4 000 多家绿蜂胶生产商,每年出口约 3 000 万美元的提取物(酒精或水)或毛胶(Nascimento,2007)。2010 年 7 月,蜂胶的收入为 46 417 美元。养蜂人平均可以 120 雷亚尔/千克的价格出售蜂胶,生产蜂胶的投入成本约为 3 500 雷亚尔,一般购买约 10 个蜂群和其他必要物品来生产蜂胶。

由于巴西生物多样性丰富,因植物不同,巴西蜂胶的类型不同,每种都有特定的特征。巴西蜂胶分为 13 种,包括绿蜂胶、红蜂胶、黑蜂胶、黄蜂胶、棕蜂胶和无刺蜂蜂胶。以下是蜂胶的主要类型及其特性:

(1)绿蜂胶。其植物来源是酒神菊(*Baccharis dracunculifolia*)(图 5-8),产自米纳斯吉拉斯州的南部、东部、中部和森林地区,圣保罗以东、巴拉那州以北以及圣埃斯皮里托和里约热内卢的山区,主要产于米纳斯吉拉斯州的南部,仅存在于巴西。绿蜂胶含有青蒿素 C,在国际市场上具有很高的价值,主要出口到亚洲,用于生产药品。2016 年,巴西绿蜂胶的出口价格可以达到每千克 140 雷亚尔。这种类型绿蜂胶因其生物学特性而闻名,可以作为抗菌剂、抗氧化剂、抗炎剂、免疫调节剂、愈合剂、麻醉剂、抗癌剂和抗龋齿剂。目前有关绿色蜂胶的研究都在进行中，许多研究人员对绿蜂胶在预防和治疗癌症中的作用很有兴趣。

图 5-8 酒神菊

（2）红蜂胶。植物起源是黄檀（*Dalbergia ecastophyllum*），主要存在于巴西北部和东北部的巴拉亚州、伯南布哥州、阿拉戈阿斯州、塞尔希培州和巴伊亚州的红树林中。除颜色外，红蜂胶与其他蜂胶的区别之一是含有一种称为异黄酮的物质，这是一种天然产品，在食品和制药工业中得到了广泛应用。对这种蜂胶的研究也很多，主要是关于它的抗反转录病毒（抗艾滋病）特性、抗氧化活性以及抗癌性。

（3）黑蜂胶。这是巴西最常见的蜂胶类型。由蜜蜂从含羞草科植物 *Jurema Preta* 中收集的树脂制成的。这种植物几乎遍布巴西东北部。在没有特定表现植物的地区，蜜蜂从不同的蔬菜中收集树脂，从而产生黑蜂胶或野生蜂胶。它的颜色较深，通常更黏。尽管产量高，科学文献几乎没有关于这种蜂胶及其水醇提取物的报道，其药用特性仍未开发，目前市场价值很小。

（4）黄蜂胶。黄蜂胶在南马托格罗索州很常见，通常它的酚类化合物和类黄酮含量低（构成蜂胶主要特性的物质）。

（5）棕蜂胶。棕色蜂胶可以在巴西的东南部和南部找到，具有抗菌和抗氧化活性。

（6）无刺蜂蜂胶。由无刺蜂曼达切、曼杜里和贾塔伊生产的无刺蜂蜂胶，具有抗菌和抗氧化活性。在巴西，印第安人使用无刺蜂蜂胶制造工具并作为陪葬品。

2016 年，巴西国家工业产权局（Inpi）为米纳斯吉拉斯州颁发了绿蜂胶的原产地证书。米纳斯吉拉斯州 102 个城市被定义为米纳斯吉拉斯州的绿蜂胶地区，该地区也以铁含量高的酸性土壤为主，绿蜂胶产量约 100 吨。20 世纪 80 年代，米纳斯吉拉斯州的养蜂人将蜂胶刮去并扔掉。直到 1989 年国际养蜂大会在里约热内卢召开，绿蜂胶才被市场注意。从那时起，日本开始对进口巴西绿蜂胶感兴趣。2019 年，在加拿大召开的国际养蜂大会上，放映了"绿蜂胶：从巴西自然到世界的礼物"的音像制品，绿蜂胶再次被推向国际市场。

据技术援助和农村推广公司称，绿蜂胶主要销往日本、中国、韩国和美国。随着新技术的引入和对最佳蜂胶收割期的了解，单产增加了 5 倍，从每群蜂每年生产 250 克增加为 1.5 千克以上。随着米纳斯吉拉斯州养蜂业受到重视，巴西农牧业与供应部（Seapa）采取了行动，对养蜂人进行认证，对绿蜂胶的质量进行检查和认证，鼓励绿蜂胶的生产和商业化，预计绿蜂胶的产量还将增加。

巴伊亚州的蜂产品消费者调查结果表明，约 83% 的蜂胶消费者年龄在 20～60 岁之间，而 53% 的消费者在 20～40 岁之间。大多数消费者（39.8%）已完成高中学业。蜂胶消费者收入为最低工资的 1～3 倍（38.2%），其次是 3～5 倍（21.4%）。蜂胶 50% 通过批发，50% 是零售。

七、花粉生产

巴西蜂花粉的生产始于 20 世纪 80 年代后期，目前巴西花粉生产供不应求。其产量未查到确切的数据。

圣弗朗西斯科与帕纳伊巴山谷开发公司（Codevasf）一直致力于花粉的生产和推广。2011 年 5 月，圣弗朗西斯科与帕纳伊巴山谷开发公司与巴西微型和小型企业支持服务合作投资了 7.6 万雷亚尔，在皮奥伊州皮奥伊市建成了首个花粉加工装置，以促进花粉生产。2014—2017 年，Codevasf 通过 Amanhã 项目培训了 20 名年轻生产者，并投资 97.5 万雷亚尔，提供 31 个家庭生产设备，用于花粉的最终加工。

2011 年，瓦索拉的花粉零售价格平均为 50 雷亚尔/千克。但是，在专业网站上，零售价格可以达到 200 雷亚尔/千克。2019 年，圣保罗市花粉的零售价格是每千克 500 雷亚尔，每群蜂每月得到 3.0～3.5 千克花粉，蜂农可以获得约 1 500 雷亚尔的收入。

八、病虫害情况

目前，因巴西植物蜜源的多样性，养蜂有增加的趋势，因合适的气候和蜜源的多样性，非洲化蜜蜂的蜂蜜产量增加，蜜蜂也更抗病虫害。巴西蜜蜂病虫害主要分两类：一类是幼虫病，包括欧洲幼虫腐臭病、美洲幼虫腐臭病、白垩病；另一类是成虫病，如微孢子虫、瓦螨和盾螨。此外，巴西经常发生大量蜜蜂因农药中毒死亡事件。根据公共机构的数据，2018 年 12 月至 2019 年 2 月，南里奥格兰德州、圣卡塔琳娜州、圣保罗和南马托格罗索州等的养蜂人发现，超过 5 亿只蜜蜂因农药中毒而死亡。据估计，实际死亡数据可能更高，因为野生蜜蜂的死亡无法统计。2013—2016 年，巴西 247 个蜂农报告，蜜蜂的年死亡率达 62%。

巴西大豆花期蜜蜂中毒事件很多。此外，巴西还有一些有毒蜜粉源植物，如巴巴蒂芒（*Stryphnodendron* spp.）花粉可以引起本土蜜蜂和西方蜜蜂中毒，发生巴西囊状幼虫病，导致蜜蜂幼虫死亡。巴巴蒂芒树是最常用于治疗伤口感染的豆科树种，原产地是塞拉多，常见于米纳斯吉拉斯州、巴伊亚州、圣保罗州、马托格罗索州和马托格罗索杜南州，9月开花。里约热内卢州有巴巴蒂芒树地区的1 436位养蜂人中有61％的养蜂人受到其花粉毒害，估计造成了大约100万雷亚尔的损失（Pacheco，2007）。2009年，巴伊亚州金刚石板国家公园49％的养蜂人受到巴巴蒂芒树花粉的影响。

2015年3月中旬，圣保罗大学在圣保罗州皮拉西卡巴的野外蜂巢中捕获了蜂巢小甲虫，2015年12月又在圣保罗州玛帕发现了蜂巢小甲虫。此后，在圣保罗州的35个地方、里约热内卢州的3个地方均发现了蜂巢小甲虫。

地熊蜂（*Bombus terrestris*）起源于欧洲，于1970年引入智利后逃往自然界，2006年在阿根廷发现。美国和墨西哥等将其视为害虫，禁止进口。但在南美，没有法律禁止其进口。

九、授粉情况

2015年12月由坎皮纳斯大学的玛丽娜·沃洛夫斯基等12位专家联合完成了《巴西授粉、授粉者和食品生产的关系》报告。2017年8月该报告再版。巴西食品中76％的植物需要依赖授粉者才能生产。直接或间接用于粮食生产的289种野生植物中，有191个（66％）需要授粉。在这些植物中，有75％（144个）的植物需要依赖植物与访问者相互作用，60％（114种）需要依赖传粉者。91种水果、蔬菜、豆类、谷物、油料作物需要依赖动物传粉，其中76％（69种）需要充分授粉，35％（32种）必须进行授粉，24％（22种）需要高度依赖授粉，10％（9种）需要适度授粉，7％（6种）几乎不需要授粉。蜜蜂是巴西主要的传粉昆虫。植物对蜜蜂的授粉依赖度为78.9％，对甲虫的授粉依赖度为21％，对蝇类的授粉依赖度为6.1％。

据估计，2018年巴西由于为67种栽培或野生植授粉而产生的经济价值为430亿雷亚尔。其中，约80％与大豆、咖啡、橙子和苹果等具有重要意义的农作物有关。

在巴西，授粉者也受到多种因素的威胁，例如栖息地丧失、气候变化、环境污染、农业有毒物质、入侵物种、疾病和病原体等影响。欧洲蜜蜂的入侵，会与本土的无刺蜂竞争植物资源和筑巢地，甚至传播疾病造成无刺蜂死亡。

巴西约有609种动物为种植或野生植物的传粉者，据估计其中41%（249种）可以充当传粉媒介。这些传粉者分为以下几类：蜜蜂（66.3%，165种）、甲虫（9.2%，23种）、蝴蝶（5.2%，13种）、蛾类（5.2%，13种）、鸟类（4.4%，11种）、胡蜂（4.4%，11种）、苍蝇（2.8%，7种）、蝙蝠（2.0%，5种）和半翅目（0.4%，1种）。

巴西有16种本土蜜蜂可以为很多本地植物授粉，其中12种是本地无刺蜂。西方蜜蜂（*Apis mellifera*）是使用最广泛的传粉媒介，特别是用于生产蜂蜜和其他蜂产品。但是，巴西无刺蜂种类繁多，除了生产高附加值的优质蜂蜜外，还可以为各种农作物授粉。*Melipona*、*Nannotrigona*、*Plebeia*、*Scaptotrigona* 和 *Tetragonisca* 的无刺蜜蜂，*Centris* 和 *Xylocopa* 的独居蜂都得到了饲养。

亚马孙地区阿萨伊果的生产依赖于各种蜜蜂，本土蜂是阿萨伊果的主要授粉昆虫。阿萨伊果（*Euterpe oleracea*）又称巴西莓，为棕榈科花椰属物种，是一种原产于巴西亚马孙地区的棕榈科植物。果实外表类似蓝莓，可以食用。阿萨伊果的营养价值非常高，果实中含有丰富的多酚、铁、膳食纤维和钙质等营养元素，经常用来生食、制作果汁或在沙拉中食用。近年阿萨伊果的国际需求迅速增加。在阿萨伊花上收集的596种来访昆虫中，无刺蜜蜂占38%，苍蝇占16%，其他蜜蜂（独居，大部分为本土蜂）占13%，黄蜂占12%，蚂蚁占8%，甲虫占6%，合计超过1/2（51%）是本土蜜蜂。包括无刺蜂和独居蜂在内的本土蜂授粉占棕榈花授粉的90%以上，其所携带的花粉比其他昆虫至少多8倍。

十、巴西蜂业存在的问题

巴西蜂蜜生产的最大障碍是消费环节，大多数巴西人没有消费蜂蜜的习惯，很多人一年消费一次蜂蜜。塞尔吉培州37%的蜂场销售未经市政、州和/或联邦政府注册与检查的蜂蜜，仅25%的产品直接向消费者提供检验和检查记录。

环境是蜂产品产量的直接限制因素，也影响产品的价格和供需关系。国内市场也影响产品价格，特别是当产量较低时，蜂蜜价格就上涨。在某些地区，蜂蜜是季节性产品。在南方特别是南里奥格兰德州和巴拉那州等最大的生产州，冬季是蜂蜜产量低的季节。

蜂产品的加工是养蜂人反映的主要问题之一，他们抱怨缺乏蜂蜜提取车间与机械，缺乏足够的运输工具将蜜蜂运输到提取地。塞尔吉培州36%的养蜂人在自己的家中提取蜂蜜或其他蜂产品，26%的养蜂人在加工车间或蜂蜜屋中提取蜂蜜，25%的养蜂人没有使用机械提取蜂蜜，还有13%的养蜂人在上述没有提到的其他地方提取蜂蜜。养蜂人报告，他们经常在蜂场提取蜂蜜，最多只盖一层防水油布。关于蜂产品的销售，受访的养蜂人认为，养蜂业中最大的问题是产品的商业化，其次是由于森林砍伐进程的加快，来自政府的蜂业激励很少。

第三节　巴西蜂蜜和蜂蜡进出口情况

2018年巴西是国际第十一大蜂蜜生产国和第十大蜂蜡生产国，其蜂群数量居于国际第19位，位列蜂蜜进口国第101位。2017—2019年巴西一直保持国际第六大蜂蜜出口国的位置。表5-7显示，2015—2019年巴西蜂蜜产量逐年增加，出口量也逐年增加，其蜂蜜国内销量则呈下降趋势（2019年除外）。

2015—2019 年巴西蜂蜜产量的 58%以上出口国际市场。

表 5 - 7 2015—2019 年巴西蜂蜜产销情况

指标	2015 年	2016 年	2017 年	2018 年	2019 年
产量（吨）	37 859	39 722	41 740	42 394	46 029
出口量（吨）	22 168	24 201	27 053	28 524	30 039
国内销量（吨）	15 691	15 521	14 687	13 870	15 990
出口量与产量占比（%）	58.55	60.93	64.81	67.28	65.26

一、蜂蜜出口情况

2002 年，欧洲国家对阿根廷和中国蜂蜜实行禁运，国际蜂蜜价格上涨，巴西蜂蜜出口迅速增长，出口量显著增加，从 2000 年的 260 吨跃升至 2002 年的 12 500 吨，这种增长一直持续到 2005 年中国重返欧盟市场。巴西蜂蜜出口的优势地位下降，蜂蜜出口量下降。2006 年，因为缺乏质量控制，巴西蜂蜜被欧盟禁运，但是巴西将蜂蜜出口美国，因此出口量并没有下降。美国由于蜜蜂发生蜂群衰竭综合征，在 2007 年失去了 1/3 的蜂巢，因而成为当年全球蜂蜜主要进口国。在巴西政府采取行动监控和控制蜂蜜残留后，巴西蜂蜜于 2008 年重回欧洲市场。

2010 年，尽管出口价格很高，但因气候问题导致蜂蜜产量下降，因而出口量下降。2011—2018 年，蜂蜜出口量除 2012 年和 2013 年在 1.6 万吨左右，其他年度均高于 2 万吨。从 2015 年开始，出口量持续增加。2018 年出口 2.8 万吨，约占产量的 67%以上。2019 年出口 3.0 万吨，2020 年前 10 个月出口量达 3.8 万吨。蜂蜜出口额总体呈增加趋势，2017 年蜂蜜出口额最高，达 1.21 亿美元，创最高纪录，比 2016 年增长 31.8%。2018 年因蜂蜜出口单价下降，导致蜂蜜出口额低于 2017 年，只有 9 542 万美元，占国际蜂蜜总出口额的 4.2%。2011—2017 年蜂蜜出口单价持续增加，2017 年出口单价达 4.48 美元/千克，为 10 年来的最高价格。2018 年开始蜂蜜出口价格持续下降，2018 年出口价格为 3.34 美元/千克，同比下降 25.4%。2020 年蜂蜜出口价格只有 2.16 美元/千克（表 5 - 8）。

表 5 - 8　2011—2020 年巴西蜂蜜出口情况

年度	出口量（千克）	出口额（美元）	单价（美元/千克）
2011	22 398 577	70 868 550	3.16
2012	16 707 413	52 347 767	3.13
2013	16 180 566	54 123 900	3.34
2014	25 317 263	98 576 057	3.89
2015	22 205 764	81 719 968	3.68
2016	24 202 954	92 029 508	3.80
2017	27 052 933	121 298 116	4.48
2018	28 524 236	95 420 025	3.34
2019	30 039 000	68 470 000	2.28
2020	45 728 000	98 550 000	2.16

表 5 - 9 显示，2016—2020 年，巴西蜂蜜出口量不断增加，但自 2017 年开始，巴西蜂蜜出口单价持续下降，因此 2017—2019 年蜂蜜出口额持续下降。2020 年蜂蜜出口额略有增加。美国、德国、英国等是巴西蜂蜜主要出口国，其中美国是巴西蜂蜜第一大出口国。2017 年 86% 的巴西蜂蜜出口美国。2018 年巴西向美国出口蜂蜜 2.26 万吨，占出口量的 79%。2019 年巴西 80% 的蜂蜜出口到美国，出口额占巴西蜂蜜全部出口额的 79%。

表 5 - 9 2016—2020 年巴西蜂蜜主要出口情况

国家	2016 年		2017 年		2018 年		2019 年		2020 年	
	出口额（万美元）	出口量（吨）	出口额（万美元）	出口量（吨）	出口额（万美元）	出口量（吨）	出口额（万美元）	出口量（吨）	出口额（万美元）	出口量（吨）
美国	7 556.4	19 729	10 409.7	23 234	7 379.1	22 612	5 421.3	24 176	7 126.5	34 128
德国	504.6	1 392	363.6	818	1 110.7	2 920	476.5	1 864	1 322.2	5 363
加拿大	583.7	1 570	400.3	904	322.9	956	300.1	1260	428.5	1 788
荷兰	0	0	17.6	40	173.5	484	103.5	483	119.3	543
英国	230.4	667	160.7	363	147.4	445	152.0	638	115.9	517
比利时	61.9	180	417.7	914	104.7	303	115.5	463	187	847
法国	75.5	221	98.6	206	60.3	145	44.2	179	5.9	20
澳大利亚	28.2	78	152.3	339	15.6	38	70.3	336	304.3	1 515
丹麦	22.7	60	23.3	60	51.8	159	65.9	260	67.1	289
西班牙	28.9	81	0	0	51.8	145	8.6	41	29.9	157
其他	110.7	225	85.4	175	124.2	317	89.0	338	9 855	561
合计	9 203	20 203	12 129.8	27 053	9 542	28 524	6 847.0	30 039	9 855	45 728

2015 年巴西 63.36 吨蜂蜜出口到中国，出口额为 42.6 万美元（表 5 - 10）。2017 年和 2018 年分别出口了 32.00 吨和 51.00 吨蜂蜜到中国，出口额分别为 28.5 万美元和 34.9 万美元。2019 年巴西出口 5.00 吨蜂蜜到中国，出口额为 5.6 万美元，出口单价为 11.20 美元/千克，是巴西出口蜂蜜的最高单价，比巴西蜂蜜平均单价高出近 4 倍。

表 5 - 10 2011—2019 年巴西蜂蜜出口中国情况

指标	2011 年	2012 年	2013 年	2014 年	2015 年	2016 年	2017 年	2018 年	2019 年
出口量（吨）	8.82	10.80	17.93	63.54	63.36	68.00	32.00	51.00	5.00
出口额（万美元）	7.7	9.4	13.0	37.7	42.6	53.9	28.5	34.9	5.6
出口单价（美元/千克）	8.74	8.68	7.26	5.93	6.73	7.93	8.91	6.84	11.20

（续）

指标	2011 年	2012 年	2013 年	2014 年	2015 年	2016 年	2017 年	2018 年	2019 年
巴西蜂蜜出口平均单价（美元/千克）	3.16	3.10	3.34	3.89	3.68	3.80	4.48	3.34	2.28
中国进口蜂蜜总额（万美元）	1 290.6	2 620.8	4 293.2	5 862.7	7 474.0	7 280.7	9 123.5	7 012.9	8 490.1
巴西蜂蜜占中国进口蜂蜜比例（%）	0.60	0.39	0.30	0.64	0.57	0.74	0.31	0.50	0.07
巴西出口蜂蜜总额（万美元）	7 086.9	5 234.8	5 412.4	9 857.6	8 172.0	9 203.0	12 129.8	9 542.0	6 787.9
出口中国蜂蜜占巴西蜂蜜出口总额比例（%）	0.11	0.18	0.24	0.38	0.52	0.59	0.23	0.37	0.08

二、蜂蜜出口单价

表 5 - 11 显示了巴西蜂蜜出口到各国的单价。从 2017 年开始，巴西蜂蜜出口单价持续下降，2019 年的出口单价为 2.28 美元/千克，仅为 2017 年的 50.9%。2016 年巴西蜂蜜出口美国单价最高。2017 年、2018 年和 2020 年巴西蜂蜜出口法国单价最高。2019 年巴西蜂蜜出口德国单价最高。从 2018 年开始，除法国和荷兰外，巴西蜂蜜出口的主要国家中，蜂蜜出口单价都持续下降。2020 年巴西出口到法国和荷兰的蜂蜜单价均高于2019 年。

表 5 - 11 2016—2020 年巴西蜂蜜出口单价（美元/千克）

排名	国家	2016 年	2017 年	2018 年	2019 年	2020 年
1	美国	3.83	4.48	3.26	2.24	2.09
2	德国	3.63	4.44	3.80	2.56	2.47
3	加拿大	3.72	4.43	3.38	2.38	2.40
4	英国	3.45	4.43	3.31	2.38	2.24
5	比利时	3.44	4.57	3.46	2.50	2.21
6	法国	3.42	4.79	4.17	2.46	2.95
7	荷兰	—	4.36	3.58	2.14	2.20
8	澳大利亚	3.60	4.50	4.15	2.09	2.01
9	丹麦	3.78	3.90	3.26	2.54	2.32
10	西班牙	3.56	—	3.58	2.10	1.90
	平均	3.80	4.48	3.34	2.28	2.16

三、主要蜂蜜出口州

巴西经济、工业、对外贸易和服务部的数据表明，2018 年蜂蜜在基本产品出口中排名第 34，在巴西总出口中排名第 171。巴西蜂蜜出口最多的 5 个州是圣保罗州、皮奥伊州、巴拉那州、圣卡塔琳娜州和南里奥格兰德州，分别占出口量的 30.0%、19.2%、17.6%、13.6%和 8.6%。圣保罗州出口额为 2 387 万美元，占 25.0%；巴拉那州出口额为 2 030 万美元，占 21.3%；圣卡塔琳娜州出口额为 1 795 万美元，占 18.8%；皮奥伊州出口额为 1 362 万美元，占 14.3%；米纳斯吉拉斯州出口额为 846 万美元，占 8.9%。各州产量和出口量比例差异较大，2017 年，南里奥格兰德州生产的蜂蜜 1/3 出口，米纳斯州生产的蜂蜜 52%出口，而皮奥伊州的出口量和产量比则为 88%。

四、蜂蜜进口情况

表 5 - 12 显示，总体而言，巴西蜂蜜进口量不高。2015—2019 年，巴西进口蜂蜜数量没有超过 60 吨，其中 2016 年复进口 57 吨，2017 年复进口 40 吨。2018 年巴西从阿根廷进口 52 吨蜂蜜，进口量居于国际进口国第 101 位；进口额为 23.9 万美元，居于国际第 98 位。由于阿根廷蜂场中存在美洲幼虫腐臭病，因此从 1994 年以来巴西禁止进口阿根廷蜂蜜。经过 10 多年的卫生隔离，2018 年，在检验合格的情况下，阿根廷蜂蜜才首次进入巴西。

表 5 - 12　2015—2019 年巴西蜂蜜进口情况

年度	国家	进口量（吨）	进口额（万美元）	进口单价（美元/千克）
2015	意大利	0	0.1	0
	合计	0	0.1	0
2016	巴西*	57	18.6	3.263
	意大利	1	0	0
	合计	58	18.6	3.207
2017	意大利	0	0.1	0
	巴西*	40	14.8	3.700
	合计	40	14.9	3.725
2018	阿根廷	52	23.9	4.596
	合计	52	23.9	4.596
2019	意大利	0	0.1	0
	合计	0	0.1	0

注：* 表示复进口。

五、蜂蜡进出口情况

表 5 - 13 显示，巴西蜂蜡进口数量少，2015—2019 年只有

2015 年进口了 11 吨，2018 年进口了 10 吨，其他年度进口不足
10 吨。巴西主要从法国进口蜂蜡，每年进口量为几吨，占巴西
总进口量的 50％以上。巴西蜂蜡的平均进口单价总体呈下降趋
势。巴西从印度进口的蜂蜡单价最高，曾高达 30 600 美元/吨。

表 5 - 13   2015—2019 年巴西蜂蜡进口情况

年度	国家	进口量（吨）	进口额（万美元）	进口单价（美元/吨）
2015	法国	6	1.2	2 000
	美国	1	1.3	13 000
	印度	5	15.3	30 600
	德国	0	0.2	—
	日本	0	0.1	—
	合计/平均	11	18.1	16 455
2016	法国	5	0.9	1 800
	印度	1	2.9	29 000
	荷兰	1	1.1	11 000
	美国	0	0.3	—
	德国	0	0.2	—
	中国	0	0.2	—
	合计/平均	7	5.6	8 000
2017	法国	4	1.2	3 000
	印度	3	8.6	28 667
	德国	0	0.6	—
	中国	0	0.2	—
	意大利	0	0.2	—
	合计/平均	8	10.7	13 375
2018	法国	6	1.5	2 500
	美国	1	0.8	8 000
	德国	1	1.2	12 000

（续）

年度	国家	进口量（吨）	进口额（万美元）	进口单价（美元/吨）
	印度	2	5.7	28 500
	中国	0	0.5	—
2018	葡萄牙	0	0.5	—
	合计/平均	10	10.2	10 200
	法国	5	1.2	2 400
	美国	3	2.5	8 333
	印度	1	1.5	15 000
2019	德国	1	1.1	11 000
	中国	0	0.3	—
	荷兰	0	0.2	—
	合计/平均	9	6.8	7 556

表5-14显示，巴西蜂蜡出口高于进口，近5年出口量超过30吨，其中2017年出口46吨，是5年来的最高点。巴西蜂蜡主要出口日本，每年出口量超过50%。中国是巴西蜂蜡的第二大出口国，2019年巴西出口13吨蜂蜡到中国。巴西蜂蜡的出口单价远远高于其进口单价，出口单价总体呈增加趋势，出口单价和进口单价的差额也呈增加趋势，由2015年的6.65倍增加为2019年的25.81倍。

表5-14　2015—2019年巴西蜂蜡出口情况

年度	主要国家/地区	出口量（吨）	出口额（万美元）	出口单价（美元/吨）
	日本	26	344.5	132 500
	中国	5	82.8	165 600
2015	韩国	2	27.2	136 000
	法国	2	15.6	78 000
	越南	1	10.2	102 000
	合计/平均	40	510.1	127 525

（续）

年度	主要国家/地区	出口量（吨）	出口额（万美元）	出口单价（美元/吨）
	日本	28	339.7	121 321
	中国	4	64.1	160 250
	韩国	2	27.8	139 000
2016	美国	1	5.9	59 000
	德国	0	2.6	—
	加拿大	0	3.1	—
	合计/平均	41	457.2	111 512
	日本	30	426.3	142 100
	中国	10	202.4	202 400
	韩国	1	13.1	131 000
2017	德国	3	20.4	68 000
	法国	1	7.0	70 000
	合计/平均	46	680.6	147 957
	日本	19	364.4	191 789
	中国	9	216.2	240 222
2018	韩国	2	25.8	129 000
	法国	0	3.4	—
	合计/平均	34	622.8	183 176
	日本	17	393.0	231 176
	中国	13	295.8	227 538
	韩国	2	24.7	123 500
2019	中国台湾	1	10.5	105 000
	美国	1	6.5	48 000
	法国	0	4.8	—
	合计/平均	37	749.6	202 595

六、蜜蜂进出口情况

2015—2018 年，巴西只在 2018 年出口了 2 群蜜蜂，其他年度没有蜂群进出口业务。

第四节 巴西无刺蜂

巴西卡亚坡印第安人繁殖了几种无刺蜂。在巴西东北部的农村地区，无刺蜂饲养是传统产业，饲养量很大，但随着欧洲蜜蜂和非洲化蜜蜂的引入，无刺蜂的发展受到了极大的限制。

巴西无刺蜂资源丰富，据调查有 300 多种，因为是本土蜂种，无刺蜂有很多有趣的名字，如果酱（marmelada）、树懒（preguiça）、舔眼（lambe—olhos）、蛙嘴（boca - de - sapo）、稻草（canudo）和黑人女孩（mocinha preta）等。无刺蜂是巴西自然环境的重要授粉媒介，对于大部分巴西本土植物的生存至关重要。巴西森林中 40%～90% 的树木授粉需要依赖这些蜜蜂。巴西本土蜂及其采集植物见表 5 - 15。在农业生产中，*Nannotrigona testeicornis* 和 *Tetragonisca angustula* 为温室草莓授粉，*Melipona subnitida* 为番石榴授粉。

表 5 - 15 巴西本土蜂及其采集植物

作者	地点	蜂类型	树种
Castro (2001)	巴伊亚州卡廷加 Caatinga (Scrub savanna)(Bahia)	9 种（主要是 *Apis mellifera*、*Melipona quadrifasciata anthidioides*、*Melipona asilvae*）	42.2% *Commiphora leptophloeos* 29.7% *Schinopsis brasiliensis*
Martins 等 (2001)	北里奥格兰德州卡廷加 Caatinga (Scrub savanna)	7 种	75.0% *Caesalpinia pyramidalis* 和 *Commiphora leptophloeos*

（续）

作者	地点	蜂类型	树种
Martins 等 (2001)	北里奥格兰德州卡廷加 Caatinga (Scrub savanna)	*Melipona subnitida*	50.0% *C. leptophloeos* 22.3% *C. pyramidalis*
		Melipona asilvae	92.3% *C. pyramidalis*
Antonini (2002)	塞拉多	*Melipona quadrifasciata*	77.0% *Caryocar brasiliense*
Oliveira 等 (2002)	中亚马孙	*Melipona seminigra merrillae*	42.9% *Ascomium* sp.
		Melipona compressipes manaosensis	47.1% *Tabebuia barbata*
Batista (2003)	巴伊亚州雨林	12 种	52% *Tapirira guianensis*
		Tetragonisca angustula	56.3% *Tapirira guianensis*
		Plebeia sp.	58.3% *Tapirira guianensis*
		Scaptotrigona tubiba	70.0% *Tapirira guianensis*

一、无刺蜂的生产现状

贾泰蜂是巴西本土无刺蜂，自古以来就被图皮人视为神圣的蜜蜂。身体金黄色，花粉筐黑色，没有螫针，分布广泛，从南里奥格兰德州到墨西哥都可以找到。贾泰蜂蜜除了美味可口外，还具有很高的药用价值，可以增强机体的抵抗力，有助于预防便秘和肠道感染，治疗流感和感冒等，可以用作增强剂和消炎剂，对于眼部消炎作用很大（图 5-9）。

图 5-9　巴西本土无刺蜂：贾泰蜂

通常，无刺蜂饲养者只收获蜂蜜。最近几年，无刺蜂群的市场需求增加，无刺蜂繁殖成为育种者最重要的收入来源。虽然无刺蜂蜂蜜产量低，但在当地的市场更大，价格也更高。1 升贾塔伊蜂蜜价格可以达到 100 雷亚尔。除了蜂蜜以外，贾塔伊还生产优质的蜂胶、蜂蜡和花粉。

虽然无刺蜂是巴西的传统产业，但直到 2010 年，无刺蜂才引起了人们的注意。无刺蜂饲养受到欢迎，饲养人数快速增加。2015 年巴西合法注册的无刺蜂饲养者约有 5 000 名，无刺蜂饲养业拥有 14 000 名成员。布卢梅瑙无刺蜂协会拥有 180 名会员，圣卡塔琳娜州谷所在市的无刺蜂集团拥有 1 200 多名成员。经过几年的发展，无刺蜂快速增加，2018 年后增长更快。即便如此，因为空气和水的污染、森林和巢穴的破坏以及人为的取蜜等，大约有 100 种无刺蜂面临灭绝。如在巴西卡廷加，当地人在收集柴火时，会摧毁本土社会性蜜蜂筑巢的树木以及被独居蜂用作巢穴的枯死的树干和树枝。猎蜜人收取蜂蜜时，一般会摧毁几棵树。

证据表明，四叉无刺蜂（*Melipona quadrifasciata*）实际上已在南里奥格兰德州灭绝，现存的蜂是生产者和业余爱好者重新引入的（Dìaz et al.，2017；Marques et al.，2003）。

饲养无刺蜂具有以下优点：更适应当地气候，有很多独特蜂种，可以保护动植物的生物多样性；工作时间更少，工作更舒适，可以轻松繁殖蜂群，在更小的空间里可以繁殖更多的蜂群；取蜂和维持蜂巢繁殖的成本低，管理成本低；任何人（过敏症患者、儿童和老人）都可以饲养，可以成为老人的休闲产业，在住宅旁边饲养，容易实现定期管理；不易被盗；可以生产蜂蜜、蜂胶、蜂蜡和花粉；可以生产优质蜂蜜（特有蜂蜜和有机蜂蜜），蜂蜜更珍贵、更美味，含糖量较低，蜂蜜市场有保证。

无刺蜂饲养还存在以下难题：蜂蜜不容易保存，繁殖会被人为选择，难以获得大群，具有花卉偏好，对气候和植被条件具有高度专业化，立法仍然不足（目前仍然是以野生动物来立法），数量少。

二、对无刺蜂的保护和研究

从 2000 年起，巴西政府与巴西银行基金会合作，设计了全国社会技术奖，用于鼓励养蜂业（包括无刺蜂饲养业）中的技术创新，这一做法一直持续至今。

政府采取多种措施推动无刺蜂的生产，如举办培训班进行技术推广。2002 年，巴拉那州研究人员改进无刺蜂饲养技术，以鼓励无刺蜂饲养。2005 年 4 月，在巴西巴萨、伦索瓦举办了"无刺蜂及其在授粉中的作用"讲习班。2020 年 4 月 28 日，政府网站发布了蜜蜂和无刺蜂饲养技术培训公告，16 岁以上的人都可以报名参加。

为保护和规范无刺蜂生产，2020 年 8 月 19 日巴西委员会以第 496 号决议的形式公布了《本地无刺蜂养殖可持续利用和管理规范》，规定饲养无刺蜂必须在国家平台上进行注册。

2015 年，圣保罗大学为首的科研人员第一次在《科学》杂志上发表四叉无刺蜂的测序结果，这样四叉无刺蜂也成为巴西第一种进行基因组测序的无刺蜂物种。2020 年，该研究小组又完成黄果酱蜂（*Frieseomelitta varia*）的基因组测序。

为了推动无刺蜂发展，2019 年初，圣保罗州无刺蜂养殖协会与大学等合作，开展育种、蜂蜜和蜂胶等产品的商业化运作培训，创建无刺蜂产品存储仓库，在里贝朗普雷图发展无刺蜂养殖，使其成为圣保罗州第一个发展无刺蜂饲养业的城市。第一批40 名农民学习无刺蜂饲养技术。在行业的带动下，里贝朗市无刺蜂快速发展。2018 年初，圣保罗州无刺蜂养殖协会只有 9 名会员，2018 年 12 月已有 110 名会员，其中 1/4 来自里贝朗市或附近的市镇。

三、无刺蜂协会

巴西很多州的蜂业协会既是蜜蜂的协会，又是无刺蜂饲养者协会，如阿拉戈斯州有两个无刺蜂协会，分别是佩内多无刺蜂和养蜂者协会（AMAP）和阿拉戈斯养蜂业和无刺蜂饲养业联合会（FEAPIS）。

第五节　巴西蜂业科研、管理情况

一、蜂业科研单位

巴西从事蜂业科研的单位较多，约有 38 家科研机构从事蜂业研究，如圣保罗大学、巴拉那国立大学、维索萨联邦大学、伯南布哥联邦农村大学、联邦农村半干旱大学、皮奥伊联邦大学、南里奥格兰德联邦大学、阿拉戈斯联邦大学及塞拉多国家生物多样性评估、研究和保护中心（CBC）等等。此外，还有隶属于巴西农业部的巴西农业研究公司以及隶属于各州的农业研究与农村推广公司。其中，圣保罗大学有 66 名教授从事蜂业教学和科研工作，伯南布哥联邦农村大学研究蜜蜂授粉及访花行为，阿拉戈斯联邦大学开展红蜂胶研究，帕拉联邦大学（UFPA）和亚马孙联邦农村大学（UFRA）研究无刺蜂授粉。2007 年以来，塞拉多和卡廷加国家生物多样性研究和保护中心（2017 年更名为塞拉多国家生物多样性评估、研究和保护中心），一直在开展传粉媒介保护研究。

巴西农业研究公司（Embrapa）是隶属于巴西农业部的国有研究公司。自 1973 年 4 月 26 日成立以来，一直致力于巴西农业技术研究与开发。2017 年开始，Embrapa 的研究人员开始绘制包括皮奥伊州和马拉诺州在内的巴西中北部地区蜜源和蜜蜂区系图，以便养蜂人获得蜜粉源植物及其开花季节的准确信息，方便转地放蜂。

巴西圣保罗大学的研究者维拉·卢西亚·恩佩拉特里斯·丰塞卡等参与了 2016 年国际关于保护传粉者的政策研究。这项研究共有英国、瑞典、墨西哥、阿根廷、澳大利亚、日本等 7 个国家共同参与，评估世界蜜蜂种群并提出保护授粉动物的公共政策。

二、蜂业计划

(一) 国家项目："活蜂巢项目"

由国家植物防御产品工业联盟（Sindiveg）创建的保护行业运动，其目的是鼓励农民和蜜蜂育种者之间的对话，促进巴西农业中农药的正确使用，以保护农作物、保障人们的基本食物权，尊重养蜂业和环境。该项目于 2014 年试点，2015 年启动，至今已经执行了 6 年多。该项目有手机 App 操作软件支持。

国家良好农业养蜂行为计划：该计划是活蜂巢项目的一部分，执行期 2018—2020 年。该计划旨在通过现场技术援助和远程培训等，向农民、投资者、农药经销商和养蜂人宣传杀虫剂的正确做法，使蜂场正规化，以防止蜜蜂死亡并减轻蜜蜂中毒事件发生。2020 年，活蜂巢项目的目标之一是通过实施数字平台国家计划，与圣保罗州、南里奥格兰德州、巴拉那州、圣卡塔琳娜州、马托格罗索州、米纳斯吉拉斯州和巴伊亚州中的至少一个州的农业实体和养蜂场建立伙伴关系，南马托格罗索州和戈亚斯州分别在 2018 年底和 2019 年底建立了伙伴关系。

为保护生物多样性和自然资源，巴西联邦政府资助 Manduri 项目。该项目计划在南里奥格兰德州重新引入本土蜂，并出于社会经济和保护主义的目的进行繁殖（Associaçãopapa - mel，2006）。

2019 年环境部通过可持续农村发展项目（PDRS）在南巴拉那巴盆地进行了"授粉对农业生产的经济价值"研究，使人们能够了解生物多样性的经济利益及其损失的成本。

（二）各州的蜂业项目

2009 年 9 月 24 日，里约热内卢州设立里约热内卢蜂蜜计划。具体目标包括：①促进蜂蜜及其衍生物产量的增加，引进新技术并改善国家生产链的组织；②通过创建质量印章来建立里约热内卢蜂蜜产品的认证，该印章将由国家机构的主管区域授予；③传播蜜蜂知识，保护里约热内卢州的蜂蜜植物区系。

巴拉那州中部地区奥蒂盖拉市的蜂蜜项目，其重点是蜂蜜的质量和典型性差异化产品。该计划得到了巴西微型和小型企业支持服务公司、市政厅等的支持，在项目的支持下，2009—2011 年对奥蒂盖拉蜂蜜的生产进行了分析，2013 年 5 月申请并于 2015 年获得原产地名称。通过养蜂人注册、改善蜂蜜的生产和提取工艺，实现了蜂蜜来源保证和蜂蜜生产的注册。奥蒂盖拉市的 45 位养蜂人通过注册获得艺术印章，从而蜂蜜价格提高，扩大销售。

2018 年开始，巴伊亚州投入 2.6 亿美元用于巴伊亚州乡村可持续发展项目，发展养蜂（包括蜜蜂业和无刺蜂产业）是其中很重要的内容。资金中 1.5 亿美元来自世界银行，1.1 亿美元来自巴伊亚州政府。该项目规定协会和合作社可以根据养蜂人的数量，申请一定金额用于发展养蜂。

2018 年，圣保罗州为发展无刺蜂饲养业，制定了《加强养蜂业和无刺蜂饲养业生产链计划》。2019 年 12 月 13 日，官方公报发布了《加强圣保罗州养蜂业和无刺蜂饲养链计划》。该计划由养蜂者、蜂蜜生产者、加工者、研究人员、技术人员、民间社会实体和国家机构的代表参加，其目标是提高蜂产品的产量、生产率和质量，增加养蜂人、蜂蜜生产者和加工者的收入。

2020 年，米纳斯吉拉斯州启动技术和管理援助计划，其中包括资助 30 位养蜂人。由于该地区当年的降雨超过了过去几年的平均水平，蜂蜜的产量和价格都出现了下降，因此花粉成为米纳斯吉拉斯州北部养蜂人的另一种增收选择，平均价格为每千克 100 雷亚尔。

（三）国际项目

除了国家项目和各州项目外，自 2010 年以来，液化空气基金会在受干旱和荒漠化影响严重的北里奥格兰德州开展养蜂活动。该项目"在半干旱环境下养蜂"是欧盟经济组织"团结的经济"计划的一部分，通过 Pardal 网络实施（由 9 个巴西非政府组织参加），其目标是通过减轻荒漠化的影响和发展养蜂。合作社和协会的 850 位养蜂人接受了优质蜜的生产、储存和销售方面的培训。项目实施前，每个家庭的平均收入为 150 欧元；项目实施后，家庭的收入增加 15％。基金会还推动 700 名学生食用蜂蜜。

三、蜂业管理

蜂业由巴西农牧与供应部管理。根据农业综合企业理事会全体会议的决定，2006 年 12 月 1 日第 293 号法令建立"蜂蜜和蜜蜂生产链的部门会议厅"管理蜂业，隶属于农牧与供应部，后经调整，同时考虑到当地无刺蜂的饲养，该机构更名为"蜂蜜和蜂蜜生产链部门"。为提高巴西蜂蜜质量和国际影响力,该机构联合不同机构代表,如巴西技术标准协会、巴西微型和小型企业支持服务公司,巴西养蜂业联合会以及养蜂公司和生产者协会的代表等,制定和实施巴西蜂蜜"合格评定程序"(PAC),于 2007 年5 月颁布蜂产业链技术标准的临时特别措施(ABNT/CEET - 00:001.87),以规范养蜂,包括场地、蜜房和仓库储藏阶段的生产、管理及运输和设备等设计要求、蜂产品的测试和追溯系统等。

政府对蜂业的重视主要表现为:一是制定法律和法规,规范蜂业发展;二是规划和支持蜂业的发展。巴西法律规定,销售植物和动物来源的企业都必须经过国家行政总局理事会(Consad)的批准,接受检查并通过法律程序进行统一注册后,在本州或本地区销售产品才合法。

巴西实施严格的蜂产品质量认证体系,如良好生产规范、危害分析和关键控制点与食品安全计划,建立了从生产者到消费者的全程追溯系统。巴西蜂产品的监督检验有两种认证方式:一种是由卫生监督部下属的城市监督服务局(SIM)认证,经过检验后,允许蜂蜜在省内和部分州销售。另一种是国家检验局,负责国家范围的监控和认证,经过国家检疫局检验后,产品可以出口国际市场。

巴西蜂蜜出口需要许多文件,为了简化出口流程,1993 年巴西创建了 SISCOMEX(集成的外贸系统)。该系统将外贸部、联邦税收部和巴西中央银行的类似活动进行了整合,从而提高了效率。蜂蜜出口分为 3 个阶段:谈判、运输和交付。第一个文件是发票,与最终的商业发票相似,但具有预算特征,并且必须使用进口国的语言(巴西微型和小型企业支持服务公司,2018)。另一个文档是装箱单,包含所有运输内容的列表。还需由运输公司签发的提单,证明已收到货物及其条件的文件,以及将其交付目的地的义务(Motta,2005)。此外,可以由外国贸易部、当地工业联合会或州政府具体根据蜂蜜的目的地国要求，决定是否颁发原产地证书（Sebrae，2018）。需要发票，且用本国货币填写金额，并按交易时有效的汇率换算金额。根据出口是直接的（由制造商自己制造）、间接的（第三方中介）或者贸易公司，某些文件会发生变化。

在蜂业发展规划方面，巴西国家区域和城市发展部负责的"国家整合路线计划"共有 10 种线路，包括蜂蜜、可可、牛奶等在内。2011 年以来，国家整合路线计划一直在努力加强"蜂蜜路线"，为蜂业生产者提供培训课程和蜂箱、熏蒸器等设备及养蜂工具、蜂产品提取和蜂蜜加工车间建设等支持。培训课程涉及蜜蜂解剖学和生物学，养蜂场的设置、管理和方法，必要材料使用，植物检疫控制等方面的理论和实践。2019 年 5 月 22 日，区域发展部提供了 5 100 万雷亚尔，用于支持中西部地区发展养蜂业，特别是小型生产者。其中，超过 1 350 万雷亚尔用于与大学、联邦机构、州政府、市政集团等开展 19 项蜂业合作研究。

2019 年，巴西最好的 5 条蜂蜜之路是米纳斯吉拉斯州北部的极蜜之路、北里奥格兰德州詹达拉的极蜜之路、南里奥格兰德州顶场的极蜜之路、高乔大草原的极蜜之路以及塞阿拉州克拉特乌斯的塞特斯极蜜之路和因阿穆恩斯的极蜜之路。以这 5 个地方为中心覆盖了 133 个城市和大约 10 000 个蜂业生产者。南里奥格兰德州顶场的极蜜之路是由巴西本土蜂生产的白蜜。米纳斯吉拉斯州北部的极蜜之路是巴西最大的极蜜之路，至少覆盖 54 个城市（如雅瑙巴、博代林哈和埃斯彼瑙萨），生产的乳香蜂蜜因其药用特性而闻名国际。北里奥格兰德州詹达拉极蜜之路的蜂蜜具有特殊性，是无刺蜂生产的，甜度更低，流动性更高，蜂蜜更柔软。2021 年 9 月，蜂蜜之路增至 9 个。

2019 年 9 月 20 日，巴西发布了《2020—2022 年三年国家蜂业发展计划》（PAN 2020—2022），主要战略目标是改善蜜蜂健康和管理，加强供应的组织化和集中度，改善蜂蜜质量以及提高市场接受率。

四、蜂业法律

（一）蜂业生产

农牧与供应部 1985 年 7 月 25 日第 6 号条例公布蜂业生产的规定，批准了蜂蜜、蜂蜡及其衍生物的卫生、健康和技术标准。该规定共分七章：第一章是蜂场、蜂机具、设备、蜂蜜厂房、蜂蜜和蜂蜡仓库、实验室的设备及要求等内容，其中规定蜂场应远离公共道路，最好保持 10 米以上距离。第二章是对蜂产品的要求，包括蜂蜜加工及花粉、蜂胶、蜂蜡及蜂蜜制品（包括蜂蜜醋）的要求。第三章是包装和标签。第四章是原材料和产品的运输。第五章是附属设备和人员卫生。第六章是蜂蜜与蜂蜡的分析和质量指标。第七章是检验标准。

1991 年 1 月 17 日批准的 8171 号法律的 27 - A、28 - A 和 29 - A 组织了统一农业卫生保健系统，并做出其他规定。

2000 年 10 月 20 日，农牧与供应部批准有关蜂蜜识别和质量技术法规。

2001 年 1 月 19 日第 3 号规范性指令，批准有关蜂毒、蜂蜡、蜂王浆、蜂王浆冻干粉、蜂花粉、蜂胶和蜂胶提取物的特性与质量的技术法规。

2003 年 2 月 18 日第 9 号条例（Portaria N°293，de 01/12/2006），设立养蜂健康科学咨询委员会，旨在向动物防御部提供科技补贴，以详细制定巴西蜜蜂种群的健康以及蜜蜂和蜂产品的进口及其相关规则和程序。

2004 年 6 月 11 日第 16 号规范性指令，确定在 2003 年 12 月 23 日有关第 10.831 号法令的法规工作进行之前要采用的程序，向农牧和供应部申请注册和续签动植物来源的有机原料和产品。

2006年3月30日第5741号法令是关于艺术规范。

2008年12月19日64号规范性指令，批准了动植物生产有机系统的技术法规。

2010年4月10日第001/2010号决议，规范国家养蜂人登记处以发行国家养蜂人卡。

2014年9月2日，议会公布了第7948号法律草案（Projeto de Lei N° 7.948，de 2014），规定了在开展养蜂业和无刺蜂饲养活动时，应对从业人员进行专业培训。

2014年9月2日颁布的第7947号法令（Projeto de Lei N° 7.948）规定养蜂人和无刺蜂养殖者从业时必须具备的要求，如农业或环境领域中专及以上文凭的持有人，通过学校养蜂和/或无刺蜂饲养等相关学科每年培训时间不少于80小时；高等教育文凭的持有人，培训时间不少于60小时。

2017年10月，根据《巴西职业守则》建立了养蜂人的职业分类，分类代码为6234-10，使养蜂业得到认可和规范。

2017年，农业部发布第5/2017号规范性指令，代替了先前的法规，为养蜂、乳制品、鸡和鹌鹑蛋的小生产者的设施和设备中的农业健康检查建立了新标准。其中，建议养蜂业小型企业每年加工的蜂蜜不超过40吨。

2018年6月出版的《艺术印章法》（13680/2018）修改了1950年的法律，该法律涉及动物源产品的工业和卫生检验。新法律允许在采用传统的或区域性的特征和方法，并采用良好的农业和生产规范，接受州和联邦区公共卫生机构的检查后，包括蜂蜜、蜂花粉等蜂产品在内的手工食品被允许跨州销售，生产者将不再"局限于"其城市和社区。

为保护蜜蜂免受农药的危害，巴西环境与可再生自然资源研究所于2017年2月10日以第二号规范性指令发布在《联邦官方公报》，这使得对巴西尚不存在的农药风险评估更加严格，并对巴西市场已经存在的产品进行了重新评估（Diniz，2017）。

（二）与无刺蜂有关的法律

1. 国家法律　由于无刺蜂限制性法律的要求不是很明确，根据法规可知（Cortopassi - laurino et al.，2006；Gehrk，2010），大部分法律都规定了无刺蜂养殖活动。到 2015 年，超过 1/2 的巴西大型商业无刺蜂饲养者指出，当前的立法是无刺蜂饲养的最大障碍（Jaffé et al.，2015）。由市政协会与政治实体组成的协会在论坛和会议上的示威游行表明了该部门的困难并施加了巨大压力，促进了立法的发展（Dalmagro，2015；Giba，2017；Nsctv，2019）。巴西目前提出的无刺蜂养殖的法律框架存在一系列特殊性和矛盾性，可能不利于活动的发展和养蜂品种的保护。无刺蜂养殖有两种相关标准：与养蜂有关的标准和与无刺蜂产品链有关的标准，如蜂蜜、花粉、蜂胶等。

对于与无刺蜂繁殖有关的规则，最早采用的规则之一是巴西利亚环境与可再生自然资源研究所第 117 号，该法律规范了野生动物的贸易（第 10 条），接着是 Ibama 第 118 - N 号法令，该法令规范了出于经济目的而繁殖野生动物的行为。但其中第 7 条个人信息登记和第 11 条禁止捕捞都将无刺蜂按照野生动物来管理，不利于行业的发展。1998 年，巴西颁布的《环境犯罪第 9605 号法律》批准了无刺蜂产品和巢穴的销售。2004 年，国家环境委员会在第 346 号决议中规范野生蜜蜂的使用，规范诱饵筑巢（第 3 条）和捕获新群来调节无刺蜂的引入（第 1 条），只能销售人工繁殖的蜂群（第 4 条），以防止从树干上移走蜂巢销售。该决议仍然只授权给 50 群以上无刺蜂饲养者，适用于在自然环境中的人工养殖（第 5 条）。2008 年的第 169 号规范指令再次明确了这一点。但是，除了获得伊巴马州联邦技术注册局（由联邦法律 6.938/1981 制定）的授权，出于科学研究的目的可以运输无刺蜂外，没有联邦政府的授权，超过 50 群蜂的生产商的任何生产和销售无刺蜂行为都属违规。该规则使出售蜂蜜不可能成为家庭的主要生计，因为每个蜂群每年只能生产 4 千克蜂蜜。

2014 年，国家环境委员会发布了第 444 号法令，除出于研究和保护目的外，禁止对濒临灭绝物种进行捕获、运输、储存、保管、处理、加工和贸易。濒临灭绝物种包括在巴西面临灭绝的蜜蜂，如 *Melipona capixaba*、*Melipona rufiventris*、*Melipona scutellaris* 和蛙蛙嘴（*Partamona littoralis*）。

2011 年第 140 号补充法第 8 条规定，在野生动植物繁殖地的运作方式中，各州可以制定并发布特定的州法律。这导致各州的法律有时同国家法律不一致。如圣卡塔琳娜州 2013 年的第 16171 号法律和 2015 年的第 178 号法令规定，在该州范围内，购买蜂巢和出售产品，通过发布动物运输指南运输蜂巢时，无须出示农村土地所有者的证明。南里奥格兰德州 2014 年制定了规范指令 Sema 3，其中列出了 24 种蜜蜂允许保留在该州的本地物种。2015 年颁布法规 14.763，规范无刺蜂养殖。其他州也有无刺蜂饲养的法律在实施，如巴伊亚州的第 13.905 号法律（2018 年）、亚马孙州的 Cemaam 决议 22（2017 年）、戈亚斯州的州决议公民公决 007（2017 年）、巴拉那州的第 19.152 号法律（2017 年）和米纳斯吉拉斯州的 4943 号法案（2014 年），每个州的法律都有其独特之处。

无刺蜂的蜂蜜和蜂胶必须遵守农业部所属的牛奶和衍生物部门的规定，主要指南是 2017 年的第 9013 号法令。该法令对动物源性产品进行工业和卫生检验的方法，并对 1952 年的第 30691 号法令进行了改进，但第 2 条蜂产品与肉制品、野味、捕鱼、牛奶和鸡蛋的法规相同。

2000 年制定的规范指令 11 通过蜂蜜的获取过程（2.2.2）对蜂蜜进行了定义。蜂蜜标准多针对西方蜜蜂，对于本土无刺蜂并不适合。如巴西东北部种植最多的树种之一詹达拉生产的蜜（Mel de jandaíra）是由 *Melipona subtida* 生产，不能满足标准中的湿度和渗透活性要求（Almeida - muradian et al.，2013），而且在大多数研究中，都没有适合本土蜜蜂蜂蜜的最大湿度值。

在整个大西洋森林中采集的 *M. Quadrifasciata* 蜂蜜的水分值大于参考值的两倍（Biluca et al., 2016）。

艺术印章（Selo arte）推动了无刺蜂蜂蜜的营销，因为动物源的手工产品只要经过地区检查（市政或州），出示艺术印章并遵守其在手工产品包装上的应用规则，就允许在全国范围内销售。

第 6560 号法案（Projeto de Lei N°6560）制定了鼓励蜂蜜生产和发展的国家政策，鼓励发展无刺蜂养殖技术。2019 年通过的第 5028 号法案（Projeto de Lei N°5028）制定了国家环境服务付款政策，为注册的蜂蜜养殖者支付环境服务费用。

2. 各州法律　巴西具有多样的生物群落，便形成蜂蜜独特的区域特征，因而联邦法律很难加以概括。巴伊亚州于 2014 年通过了 Portaria Adab 207，规范了 *Melipona* 蜜蜂的蜂蜜质量。圣保罗州 2017 年通过 SAA - 52 号决议，制定了包括 *Meliponini* 等 6 个属在内的无刺蜂蜂蜜的身份和技术法规标准。圣保罗州 2018 年还制定了《国家养蜂业和无刺蜂生产加强计划》，利用无刺蜂进行林业、鳄梨、棉花和咖啡的生产。

里约热内卢州于 2009 年 9 月 24 日以第 5548 号法律的形式，公布在里约热内卢州设立里约热内卢蜂蜜计划（RIO - MEL 计划）。2017 年 5 月 17 日又以第 2841/2017 号法律颁布关于发展与扩大养蜂和无刺蜂饲养业的法律，废除了第 5548 号法律，保留里约热内卢蜂蜜计划。

五、蜂业标准

巴西技术标准协会是负责巴西技术标准规范性的私营非营利组织。巴西技术标准协会公布的现行蜂业标准共有 17 个，内容涉及郎氏蜂箱的制造要求、养蜂场的安装和管理、巢框的收集和运输以及蜂蜜提取的要求、蜂蜜生产可追溯系统的基本要求，蜂蜜在仓库中的提取和处理、蜂蜜中理化测定样品制备等。巴西技术标准协会分别于 2012 年、2016 年、2020 年出版《实施指南：标准化：蜂链中标准的使用和应用指南》《应用手册：蜜蜂生产》《电子收集技术标准-养蜂链》，刊登了相关的标准。蜂业相关标准可以分为两大类：生产标准和产品标准。

（一）生产标准

2008 年 5 月 19 日，巴西技术标准协会 ABNT NBR 15585：2008 号技术标准：蜂业-蜂蜜农村生产系统，规定了蜂蜜的现场生产。

2009 年 6 月 2 日，巴西技术标准协会 ABNT NBR 15713：2009 号技术标准：蜂业-装备-郎氏蜂箱，规定了郎氏蜂箱的要求。

2013 年 4 月 8 日，巴西技术标准协会 ABNT NBR 16168：2013 号技术标准：蜂业-蜂胶的实地生产，规定了养蜂场安装、蜂箱管理、蜂胶收集、调节、运输和储存的要求。

2016 年 12 月 5 日，巴西技术标准协会 ABNT NBR 16572：2016 号技术标准：蜂业-装备-蜂蜜离心机，公布蜂蜜离心机的标准。

2016 年 12 月 5 日，巴西技术标准协会 ABNT NBR 16573：2016 号技术标准：蜂业-材料-蜂业服装，公布养蜂服装的标准。

（二）产品标准

2009 年 6 月 2 日，巴西技术标准协会 ABNT NBR 15714-1：2009 号技术标准：蜂业-蜂蜜第一部分：蜂蜜理化分析的准备。

2020 年 5 月 11 日，巴西技术标准协会 ABNT NBR 15714-2：2020 号技术标准：蜂业-蜂蜜第二部分：折光法测定蜂蜜湿度。

2009 年 6 月 2 日，巴西技术标准协会 ABNT NBR 15714-3：2009 号技术标准：蜂业-蜂蜜第三部分：灰分测定。

2016 年 4 月 26 日，巴西技术标准协会 ABNT NBR 15714-

4：2016 号技术标准：蜂业-蜂蜜第四部分：电导率的测定。

2009 年 6 月 2 日，巴西技术标准协会 ABNT NBR 15714 - 5：2009 号技术标准：蜂业-蜂蜜第五部分：不溶性固体的测定。

2020 年 5 月 11 日，巴西技术标准协会 ABNT NBR 15714 - 6：2020 号技术标准：蜂业-蜂蜜第六部分：pH、游离酸、乳酸和总酸度测定。

2020 年 5 月 12 日，巴西技术标准协会 ABNT NBR 15714 - 7：2020 号技术标准：蜂业-蜂蜜第七部分：透析活性测定。

2016 年 4 月 26 日，巴西技术标准协会 ABNT NBR 15714 - 8：2016 号技术标准：蜂业-蜂蜜第八部分：高效液相色谱法测定羟甲基糠醛含量。

2020 年 5 月 12 日，巴西技术标准协会 ABNT NBR 15714 - 9：2020 号技术标准：蜂业-蜂蜜第九部分：紫外可见分光光度法测定羟甲基糠醛含量。

2016 年 4 月 26 日，巴西技术标准协会 ABNT NBR 15714 - 10：2016 号技术标准：蜂业-蜂蜜第十部分：还原糖和总蔗糖的测定。

2009 年 1 月 8 日，巴西技术标准协会 ABNT NBR 15654：2009 号技术标准：蜂业-蜂蜜的追溯系统。

2018 年 4 月 27 日，发布 TEXTO - BASE 087：000.000 - 009 标准：蜂业-蜂胶：表征与典型特征。

2017 年 5 月 2 日，巴西技术标准协会 ABNT NBR 16576：2017 号技术标准：蜂业-蜂花粉生产系统，规定了花粉的生产、收集、运输和储存的要求。

第六节　巴西蜂业协会、合作社和培训情况

一、蜂业协会

巴西共有 506 个州养蜂协会，除阿克雷州没有养蜂协会外，

其他州都有协会。其中，圣卡塔琳娜州协会数量最多，达93个；其次是巴拉那州，蜂业协会达80个；巴伊亚州、南里奥格朗德州和塞阿拉州分别有55个、42个和41个蜂业协会。其中，巴拉那州瓜拉普阿瓦市和北里奥格朗德州的波尔图阿莱格雷市蜂业协会最多，达4个；巴伊亚州新星市、圣布里吉达市、杰瑞摩博市、塞阿拉州伊拉布安皮涅罗市、米纳斯吉拉斯州贝洛地平线市、里约热内卢州里约热内卢市、北里奥格朗德州的莫索罗蜂业协会都是3个。

巴西蜂蜜出口商协会（ABEMEL），位于圣保罗州里奥克拉罗市，成立于2003年8月15日，是巴西最大的蜂产品出口和销售公司。其宗旨是以平衡、创新、公平和道德的方式促进巴西养蜂业国际和国内市场的竞争性发展，为会员提供蜂药、蜂机具及设备等，并在世界主要市场取得稳固和有利的地位。大多数巴西蜂蜜以50升的量出口，包装非常相似，很难从竞争者中脱颖而出。2015年，巴西蜂蜜出口商协会为拓展海外市场，增加产品价值，对其蜂产品采用了新包装（图5-10）。巴西蜂蜜出口商协会的新包装具有实用性、现代性和经济性，类似于蜂巢的几何形状。最具代表性的是400克八面体瓶，形状与其他包装不同，而且可以堆叠起来，使蜂蜜的纯度得到重视。此外，与旧型号相比，出口成本更高。

图5-10 巴西蜂蜜出口商协会2015年设计的蜂蜜包装

为保证产品质量，巴西蜂蜜出口商协会建立了自己的质量认证系统（ABEMEL-PCA 认证计划），经过认证的产品会加盖认证章，使得消费者可以快速识别该产品。为推动蜂业发展，巴西蜂蜜出口商协会还与圣保罗养蜂人协会、弗朗卡地区咖啡种植者、农民合作社、弗朗卡市政厅合作，于 2018 年 8 月 18 日举办了第二届蜂业研讨会，以提高养蜂业的生产力、推动蜂业授粉发展。

2010 年，作为赞助商，巴西蜂蜜出口商协会资助巴西出口和投资促进局（Apex-Brasil）制定了 5 年《养蜂业战略规划》。该规划主要包括巴西蜂业的生产、质量和生产率的提高，以及巴西蜂产品的国际商业化两方面的内容。

巴西养蜂业联合会（CBA），是位于南里奥格兰德州阿雷格里港的非营利组织。2006 年初农牧与供应部协调正式成立巴西养蜂业联合会，自成立以来一直由巴西养蜂业联合会主席担任政府的蜂蜜和蜂蜜生产链部门主席。2020 年 8 月 29—30 日，巴西养蜂者联合会在线举行"大流行时期的国际蜜蜂论坛"，讨论大流行期间蜂产品的使用、蜜蜂管理等问题。

欧洲蜜蜂的创建者、保卫者协会（APACAME）是一个非营利的民间组织，成立于 1979 年 11 月，位于巴西圣保罗州。协会每年至少举办一次大型会议。如 2016 年举办了第 14 届养蜂业和无刺蜂饲养大会，2017 年举办了第二届圣保罗中西部养蜂业和无刺蜂养殖研讨会以及第一届 RMC 养蜂研讨会，2020 年举办了 2020 年专业博览会等。协会出版期刊《甜言蜜语》。

巴拉那州西南地区有 3 个养蜂人协会，分别是巴拉那州西南养蜂人协会（ASPAR），位于弗朗西斯科·贝尔特朗市；卡帕内马养蜂人协会（ASCAP）和多维尼真色家庭养蜂人协会（ADAF）。协会为养蜂人制作巢础，提供课程培训和交流机会等。

二、蜂业合作社

（一）巴西半干旱地区养蜂合作中心

巴西半干旱地区养蜂合作中心（Casa Apis），是巴西最大的养蜂合作社，成立于 2005 年 6 月 2 日，总部位于皮奥伊州特雷西纳东南 307 千米处的皮科斯市。该中心是一家遵循有机生产原则的团结型企业，以环境可持续为优先事项。Casa Apis 由 5 个独特的合作社组成，包括 900 多个养蜂家庭，覆盖 34 个城市，拥有 28 个蜂蜜加工场，直接从养蜂人那里收蜜，然后离心和过滤蜂蜜，在皮科市工业区中有一个建筑面积为 1 492 米^2 的工厂，每年产量约 1 500 吨。其蜂蜜拥有有机认证证书、真实性来源证书、联邦检查证书、公平贸易证书、非转基因项目认证证书等。2016 年该中心出口 350 万美元的蜂蜜到美国。

（二）国家养蜂合作社

国家养蜂合作社（CONAP）成立于 1991 年，位于贝洛奥里藏特都会区的新利马，在米纳斯吉莱斯州及其他州有会员。会员费为 500 雷亚尔。该合作社建有占地 3 600 米^2 的现代化厂房，其产品出口日本、韩国、泰国、比利时、德国、西班牙、奥地利、美国、阿曼等国家。生产的产品包括蜂蜜、花粉、蜂胶及其复合衍生物（包括喷雾剂和胶囊等）以及蜂蜜和蜂胶的复合蜜等。在日本东京和比利时布鲁塞尔设有代表处。

（三）辛普利西奥·门德斯微区养蜂人联合合作社

辛普利西奥·门德斯微区养蜂人联合合作社（Comapi）最早成立于 1996 年，在巴西的伯南布哥州、里约热内卢州、圣保罗州、托坎丁斯州和皮奥伊州等州销售蜂蜜。从 2002 年开始将蜂蜜出口到欧美地区。后来该合作社进行营销时出现了一些问题。因此，在 2007 年重新组合，由 10 个城市 32 个社区的 1 000 个生产者组成。Comapi 主要生产蜂蜜，每年产量 400～800 吨。2016 年，Comapi 在 10 个城市拥有 685 名成员，产量为 412 吨，产品出口到北美市场。该合作社是巴西最大的合作社之一。

（四）库法梅尔

库法梅尔是巴拉那州西海岸圣海伦娜市的养蜂合作社，最初由圣赫勒拿岛等城市的 119 位养蜂人组成。合作社共有 8 400 群蜂。2015 年，生产蜂蜜 108 吨，比 2017 年的 76 吨增长 42%。2018 年，合作社依靠技术援助改良蜂蜜提取方法。合作社现有 300 名养蜂人，其中 50 人拥有地理标志产品。2018 年，生产蜂蜜 150 吨，销往巴拉那州、圣卡塔琳娜州、马托格罗索州和圣保罗州等。

（五）阿波美合作社

位于奥尔蒂盖拉的阿波美合作社拥有 300 位养蜂人，其中 40 位获得了地理标志产品注册。2018 年，生产蜂蜜 350 吨。总部占地面积 700 米^2，产能达 1 800 吨。

三、蜂业公司

布雷耶位于巴拉那州，公司的创始人在维奥里亚州建立了一个生产基地。该基地大约有 4 万群蜂。目前，布雷耶生产和销售蜂蜜、蜂胶、蜂胶提取物、花粉、蜂王浆及其衍生物，包括有机和常规类别，除了在巴西市场销售外，还出口到欧洲及美国、加拿大、日本、英国等国家。

超级蜂蜜公司位于帕拉纳州马林加市，拥有超过 10 万群蜂，蜂蜜年产量为 4 800 吨，在圣卡塔琳娜州、南里奥格兰德州以及巴西东北部的一些州运营。2002 年，该公司与德国不莱梅认证机构在帕拉纳州、圣卡塔琳娜州和南里奥格兰德州共同发起了一项有机蜂蜜社会项目，2011 年在巴西东北部州也启动了该项目。

钻石蜂场集团专注于有机蜂产品销售，其销售较为困难。

在巴拉那州的西南地区，除了通过出口导向型公司而不断增长的产量外，生产力低的小生产者生产的蜂蜜的销售市场更分散，大多通过直接销售和超级市场销售蜂蜜。

四、蜂业培训

巴西微型和小型企业支持服务中心（Sebrae）是一家成立于1972年的非营利性私营组织，与蜂业合作社等合作开展蜂业培训。如巴拉那州目前唯一的技术援助是由巴拉那州劳工和技术援助合作社（Biolabore）与巴西微型和小型企业支持服务中心一起为30位养蜂人提供技术援助，主要包括冬季饲喂、更换蜂王和每年更换部分蜂蜡，所需资金由市政厅提供。

明天项目是圣弗朗西斯科和帕纳伊巴山谷开发公司（Codevasf）的一项社会计划，为在正规教育机构就读的14～26岁农村青年提供培训，使其顺利就业。养蜂业同绵羊饲养业等一起作为Codevasf培训活动的一部分，2017年Codevasf通过明天项目在塞尔吉佩自治市培训了20名年轻生产者。

蜜蜂公司在蜜蜂综合业务服务拥有近40年的经验，开发了蜜蜂生产方法，其在线课程100%免费，在巴西有7 000多名学生（养蜂人）。

赫博拉项目由一家女性家族企业在圣保罗大都会地区和圣卡洛斯及大区建立的合作项目，通过对农村妇女进行无刺蜂养殖、蜂蜜销售等培训来提高农村妇女的地位。赫博拉项目认为，在巴西饲养无刺蜂是生物多样性保护和促进社会正义的关键。其蜂产品与艺术印章合作，可以覆盖更多消费者，为更多贫困家庭提供支持。该项目不仅仅局限于蜂蜜，除了高质量的蜂蜜外，还提供经过高级烹饪的本土产品、化妆品和发酵饮料，通过文化和美食活动推动本土产品的发展。

五、蜂业会议

拉丁美洲养蜂大会是由国际拉丁美洲养蜂业联合会举办的大会。国际拉丁美洲养蜂业联合会由来自拉丁美洲和加勒比地区国家的养蜂组织，阿根廷养蜂人协会（SADA）、巴西养蜂人联合会（CBA）、古巴养蜂人协会（CUBAPI）、智利国家养蜂网络联合会（FRNAC）、智利国家养蜂开发公司（CNA）、瓜达拉哈拉养蜂人协会（ASAJA）、委内瑞拉养蜂人玻利瓦尔联盟（FE-BOAPIVE）、墨西哥国家养蜂组织（ONA）、乌拉圭养蜂协会（SAU）9 国代表组成，创立于 2008 年 7 月 12 日，总部设在智利康塞普西翁市。20 世纪 80 年代起，每两年在不同国家举办一次。

2020 年 5 月 20 日世界蜜蜂日，拉丁美洲养蜂业联合会及来自巴西、智利、古巴、墨西哥、巴拉圭、秘鲁、乌拉圭和阿根廷的成员组织以及 200 多个组织，采取了集体行动，要求美洲人权委员会（IACHR）经济、社会、文化和环境权利特别报告员采取紧急措施，保护蜜蜂、自然和生物多样性。

巴西养蜂大会由巴西养蜂者联合会联合地方蜂业协会举办，每两年举办 1 次，1976 召开第一届大会，至 2021 年已经召开了 22 届。自 2018 年开始，与巴西无刺蜂大会一起举办。第 23 届巴西养蜂大会和第 9 届巴西无刺蜂大会原定 2020 年召开，因新型冠状病毒性肺炎疫情未能按期召开。2018 年 5 月 16—19 日在圣卡塔琳娜州召开了第 22 届巴西养蜂大会和第八届巴西油菜栽培大会。除了介绍科学论文，对该地区的养蜂场进行技术考察和参观外，与会者可以参加讲座、短期课程和讲习班。会上有来自巴西和希腊公司的产品、投入品和蜂设备的展览，还包括蜂蜜和蜂王浆的销售。

2018 年 8 月 18 日，巴西蜂蜜出口商协会组织在圣保罗养蜂人协会（APACAME）的支持下举办了第二届研讨会，通过培训和管理以提高养蜂业的生产力和授粉，促进该地区的蜜蜂生产。但是，重点是解决与生产力提高有关的问题，以及与授粉有关的内容，特别是在种植咖啡方面。

2019 年 10 月 8—10 日，圣保罗州弗朗卡市举办第八届无刺蜂养殖研讨会和第二届养蜂论坛，该会议由阿尔塔莫干纳州特殊咖啡生产者协会与弗朗卡州合办，并得到圣保罗州的支持。无刺蜂养殖研讨会已经成为巴西最重要的会议之一。

六、蜂业宣传活动

非政府组织"蜜蜂还是不（Bee Or Not To Be）"是由北里奥格兰德州的养蜂业和无刺蜂业技术中心（CETAPIS）发起，于 2017 年成为民间的非营利组织。2013 年 8 月至 2015 年 3 月 8 日，发起的"保护蜜蜂请愿书"行动已收集了 22 190 个签名。通过传播有关蜜蜂对人类和环境重要性的知识，将保护蜜蜂的公开请愿合法化，鼓励公民互动和保护蜜蜂。其目的是使人们意识到蜜蜂的重要性，将养蜂业和无刺蜂养殖定位为农业生产链中不可或缺的基本环节，在巴西开展保护、提高和维持所有蜜蜂生命，减少蜜蜂消失的行动。该计划还得到了巴西蜂蜜出口商会、拉丁美洲养蜂联合会等支持。

2016 年，第 13 届国家科学技术周的活动之一是在巴西利亚植物园举行的养蜂科学展览。此外，管理与战略研究中心组织了关于传粉媒介生物多样性的摄影展览。

为保护并宣传巴西的无刺蜂，巴西蜂业届做了很多工作。一是通过视频、讲座等进行宣传，二是举办展览等进行宣传。"无刺蜂的创造"项目于 2016 年 5 月 13 日在里约热内卢植物园揭幕。该项目于 2010 年开工，历经近 6 年的建设，目前拥有里约热内卢州所有天然存在的 21 种无刺蜂蜂巢，如贾泰、四叉无刺蜂等。根据植物健康实验室负责人调查，里约热内卢州是无刺蜂种类最丰富的州之一，约有 20 种。仅在里约热内卢的植物园中，就已经发现了 13 种以上。

2019 年 10 月 3 日，里约热内卢植物园在环境博物馆内举办讲座和参观活动来庆祝国家蜜蜂日，组织参观者观看以蜜蜂为主题的视频和纪录片，参观植物园内的无刺蜂蜂巢，通过这些宣传蜜蜂对生态所起的重要作用。

2020 年 5 月 20 日国际蜜蜂日，里约热内卢植物园在网络上邀请三位专家就花园中蜜蜂种类的多样性、特征和习性以及植物与传粉媒介之间的相互作用进行了现场直播。

农艺师玛丽亚·卢西亚·弗朗卡·特谢拉·莫斯卡泰利介绍了无刺蜂及在花园中筑巢的蜜蜂种类。

"环境相当"计划是巴西圣保罗大学的一个计划，该计划讨论环境和社会问题，并通过与市、州、国家及国际的专家和研究人员进行访谈来分析可持续性发展问题。2018 年 12 月 19 日的节目邀请了生物学家和环境经理朱莉安娜，朱莉安娜介绍她与来自圣保罗州里贝朗·普雷图市的马里奥泻湖定居点的妇女共同开发了"赫博拉"项目，以教授他们如何饲养无刺蜂。

第六章
CHAPTER 6

加拿大养蜂业

第一节　加拿大蜂业历史

一、加拿大最早的商业养蜂

大卫琼斯是 19 世纪加拿大第一个商业养蜂者，是世界著名蜜蜂育种家和北美洲养蜂业的先驱（图 6-1）。1881 年他建立了安大略省养蜂者协会（Ontario Beekeepers Association），1885 年创立了加拿大蜜蜂杂志（Canadian Bee Journal）。他饲养了 1 000 群蜂，蜂群后来全部毁于美洲幼虫腐臭病。安大略省蜜蜂镇（原名为 Beetown）是大卫琼斯的家。他 1867 年来到克拉克维尔镇，1874 年该镇改名为蜜蜂镇。

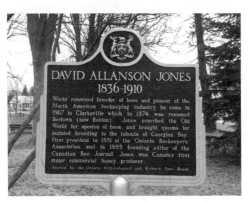

图 6-1　安大略省第一个养蜂员纪念牌

加拿大的养蜂业统计开始较早，1924年国家统计局开始统计养蜂业。1924年，全国养蜂业从业人员22 205人，蜂群数量280 010群，蜂蜜产量7 620吨。1924年，安大略省蜂蜜产量约占全国总产量的2/3，魁北克省蜂蜜占1/4。

二、第二次世界大战期间的养蜂业

第二次世界大战期间，养蜂人数从1940年的27 150人增至1945年的43 340人。与此同时，蜂群数量增加了1/3，达到522 530群。增长主要归因于以下几个方面：①蜂蜡是制造弹药传送带的关键成分，战争使得蜂蜡需求增加。②1942年加拿大实行糖配给制，一些人转而使用蜂蜜作为替代品，这使得蜂蜜使用量增加。虽然养蜂人和蜂群的数量有所增加，但蜂蜜单产仍与战前相似。1948年蜂蜜的产量创了新的纪录，导致蜂蜜价格下跌。此后，蜂群数量、蜂蜜产量及养蜂员数量都下降了。20世纪50年代中期，这三个指标都降到了历史最低点。1957年蜂群数量从1948年的569 000群下降至323 000群，养蜂员数量从1948年的32 100人减至14 900人。

第二次世界大战结束后不久，加拿大政府宣布出售阿尔伯塔省和平河地区的大部分土地，首先低价销售给退伍军人。其他平民也可以以公平价格购买土地，但条件是必须使该土地盈利，许多人购买土地养蜂。天堂谷蜂蜜公司创始人于1947年购买土地开始养蜂，并成立了公司。

三、蜂蜜生产在20世纪60年代向西迁移

自20世纪50年代末开始，蜂蜜生产回升。同时，蜂蜜生产开始转移到加拿大西部。20世纪60年代，草原省每年的蜂蜜产量是安大略省的两倍，阿尔伯塔省成为加拿大最重要的蜂蜜产区。新的养蜂技术在西部的发展以及大草原上蜂群生产效率明显高于东部省份，是养蜂生产转移到西部的两个主要原因。

2010—2014 年，加拿大蜂群的平均蜂蜜单产为 56 千克/群，其中以萨斯喀彻温省（87 千克/群）、曼尼托巴省（80 千克/群）和阿尔伯塔省（57 千克/群）为首。曼尼托巴省的平均产量是安大略省（39 千克/群）和魁北克省（37 千克/群）的两倍，是不列颠哥伦比亚省（25 千克/群）的三倍多。

四、养蜂的黄金时代

蜂蜜生产在 20 世纪 80 年代达到顶峰，1984 年达到创纪录的 4 332 万千克，比 50 年代中期增加了三倍。1970—1983 年，养蜂员的数量翻了一倍多，达到 21 210 人；1986 年，蜂群数量增加了 3/4，达到 707 375 群，创了新的纪录。

五、瓦螨危害蜂蜜生产

1989 年，瓦螨首先出现在加拿大，导致蜂蜜产量降至 10 多年来的最低水平。1991 年，蜂群数量比 1986 年减少了 1/3，下降至 498 780 群。

在整个 20 世纪 90 年代和 2000 年后，因控制瓦螨危害导致养蜂成本增加，大批养蜂员特别是兼职养蜂员撤离养蜂业。2008 年，养蜂员的数量比 20 世纪 80 年代中期下降了近 2/3，只有 6 931 人。2009 年，养蜂人数只有 6 728 人，降至历史新低。

六、养蜂员的回归

虽然养蜂员的数量在 20 世纪 90 年代急剧下降，但养蜂员设法提高蜂蜜单产，争取从较少的蜂群中获得更多的蜂蜜。同时养蜂员积极提高养蜂技术，人均养蜂数量增加，由 1993 年的人均饲养 38 群增加为 2009 年的人均饲养 86 群，效率提高了一倍。尽管加拿大的蜂群数量比 20 世纪 80 年代的高峰时期减少了 1/4，1998 年加拿大的蜂蜜产量达到了创纪录的 46 085.76 吨。

1924—1965 年，加拿大蜂蜜平均单产只有 37 千克/群，1966—2005 年蜂蜜单产达 56 千克/群，2006 年蜂蜜单产达 77 千克/群，2007 年单产有所下降，为 53 千克/群，2008 年蜂蜜单产52 千克/群。虽然蜂蜜产量有所增加，但养蜂业仍然是一个不稳定的行业。2006 年的蜂蜜产量达到了 48 000 吨的新纪录，而2007 年和 2008 年的总产量下降了 1/3 以上。专业养蜂员的比例不断增加，从 2001 年的 18％增加到 2006 年的 28％。

第二节　加拿大蜂业生产情况

养蜂是加拿大重要的农业活动，蜜蜂不仅可以生产蜂产品，而且还可以为果树、蔬菜、花卉和植物授粉，为油菜制种。在过去的 10 年里，加拿大养蜂员和蜂群的数量一直在稳步增长，2018 年达到了近 8 年的最高点。2016 年，加拿大有 9 859 个养蜂员，蜂群总数超过 75 万群。2017 年，养蜂员数量为 10 544人，蜂群总数为 790 668 群，蜂群数量比前 5 年的平均水平增加了19％。2018 年，养蜂员数量为 10 629 人，蜂群总数为 794 764 群，比 2017 年增加了 0.5％。经过 5 年的增长后，2019 年加拿大的养蜂从业人员下降了 3％，只有 10 344 人。2019 年由于早春很多地方低温，所以加拿大蜂群数量下降，仅有 773 182 群，比2018 年减少了 2.7％。由于气温低，蜜蜂无法采集油菜花蜜，所以蜂蜜产量处于最近 7 年来的最低点。尽管蜂蜜价格高，但是产值仍然比 2018 年下降 12％，处于最近 3 年的最低点。2020 年，新冠疫情蔓延，旅行受限，使得蜂业生产、笼蜂和蜂王的售卖受到影响，对加拿大的养蜂业产生了一定的负面影响。

一、加拿大 2012—2019 年养蜂生产情况

（一）养蜂员数量

加拿大主要养蜂省份的养蜂员数量如表 6-1 表示。安大略

省的养蜂员最多，2018 年有 3 026 人（2017 年和 2016 年分别为
3 331 人和 2 896 人），占全国养蜂员总数的 29%（2017 年为
32%，2016 年为 29%）。其次分别是不列颠哥伦比亚省（2016
年 27%，2017 年 25%，2018 年为 25%）、阿尔伯塔省（2016 年
14%，2017 年 13%，2018 年为 14%）、萨斯喀彻温省（2016 年
12%，2017 年和 2018 年均为 10%）、曼尼托巴省（2016 年和
2017 年均为 7%，2018 年为 8%）。相比 2018 年，2019 年加拿
大全国养蜂员数量下降。2019 年不列颠哥伦比亚省养蜂员数量
（2 763 人）超过安大略省（2 506 人），成为养蜂人数最多的省，
在全国养蜂员中占比为 27%。其次是安大略省，占比为 24%；
阿尔伯塔省养蜂员数量为 1 474 人，占比为 14%；萨斯喀彻温省
占比为 11%；曼尼托巴省占比为 9%（图 6 - 2）。

表 6 - 1 2012—2019 年加拿大各省养蜂员数量

省份	2012 年	2013 年	2014 年	2015 年	2016 年	2017 年	2018 年	2019 年
爱德华王子岛省	46	47	45	45	40	46	50	50
新斯科舍省	230	287	320	395	451	604	631	690
新不伦瑞克省	244	244	277	291	351	374	388	415
魁北克省	305	296	309	333	384	402	425	440
安大略省	3 200	3 155	3 262	2 562	2 896	3 331	3 026	2 506
曼尼托巴省	517	532	546	607	662	746	834	905
萨斯喀彻温省	748	715	719	955	1 150	1 044	1 059	1 101
阿尔伯塔省	883	890	1 015	1 064	1 453	1 402	1 540	1 474
不列颠哥伦比亚省	2 139	2 323	2 405	2 363	2 640	2 640	2 676	2 763
合 计*	8 312	8 489	8 898	8 615	10 027	10 589	10 629	10 344

注：* 统计未包括纽芬兰和拉布拉多，因为没有蜂蜜生产报告。

资料来源：加拿大统计局。

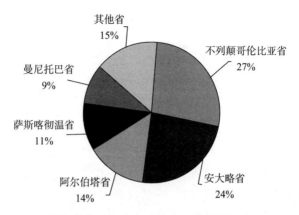

图 6-2　2019 年加拿大各省养蜂员占比

（二）各省的蜂群数量

2012—2018 年，加拿大蜂群数量呈增加趋势（表 6-2）。2018 年蜂群数量达到 796 764 群。2019 年蜂群数量为 77.3 万群，同比下降 2.9%。草原是蜂群活动的理想聚居地，因为草原夏季时间长、有适宜的作物，所以大部分蜜蜂聚居在大草原。虽然阿尔伯塔省养蜂员数量不多，但蜂群最多（2016 年 41%，2017—2019 年均为 39%），其次依次为萨斯喀彻温省（2016 年、2017 年和 2019 年均为 15%，2018 年为 14%）、曼尼托巴省（2016—2018 年均为 14%，2019 年为 15%）、安大略省（2016—2018 年均为 13%，2019 年为 12%）、魁北克省（2016 年 7%，2017—2019 年均为 8%）。

表 6-2　2012—2019 年加拿大各省蜂群数量（群）

省份	2012 年	2013 年	2014 年	2015 年	2016 年	2017 年	2018 年	2019 年
爱德华王子岛省	3 719	4 432	3 777	4 005	4 920	6 300	4 453	4 453
新斯科舍省	19 000	19 500	23 000	25 504	31 080	26 426	26 426	20 805
新不伦瑞克省	5 650	4 318	5 441	6 710	7 000	7 100	8 141	6 300

（续）

省份	2012 年	2013 年	2014 年	2015 年	2016 年	2017 年	2018 年	2019 年
魁北克省	49 708	47 203	49 635	54 294	64 426	61 020	65 000	62 000
安大略省	101 000	97 500	112 800	101 135	97 342	105 244	100 413	90 675
曼尼托巴省	80 000	73 800	78 700	90 909	102 030	111 802	114 098	114 668
萨斯喀彻温省	110 000	100 000	95 000	101 000	112 000	115 000	114 000	115 000
阿尔伯塔省	278 400	278 100	282 900	296 880	309 000	317 000	312 200	303 500
不列颠哥伦比亚省	42 560	42 544	44 999	45 571	39 885	40 776	52 033	55 781
合 计*	690 037	667 397	696 252	726 008	767 683	790 668	796 764	773 182

注：* 统计未包括纽芬兰和拉布拉多，因为没有蜂蜜生产报告。

综合表 6-1 和表 6-2 可以看出，阿尔伯塔省是人均饲养蜜蜂最多的省，2019 年平均每个养蜂员饲养 206 群蜂，约是全国平均人均饲养量（75 群/人）的 3 倍。

（三）各省的蜂蜜总产量

蜂蜜产量会因天气和其他生产因素而逐年变化。2016 年加拿大蜂蜜产量为 41 815 吨；2017 年产量为 43 551 吨蜂蜜，比 2016 年增加了 4.2%，达到 8 年来的最高点。2018 年蜂蜜产量为 42 283 吨，比 2017 年减少了 2.9%。2019 年蜂蜜产量仅有 36 400 吨，比 2018 年减少了 13.8%。

表 6-3 显示，阿尔伯塔省蜂蜜总产量最高（2016 年为 41%，2017 年为 43%，2018 年为 40%），其次为萨斯喀彻温省（2016 年为 25%，2017 年为 24%，2018 年为 22%）、曼尼托巴省（2016 年为 16%，2017 年为 19%，2018 年为 20%）、安大略省（2016 年为 10%，2017 年为 5%，2018 年为 9%）、不列颠哥伦比亚省（2016 年为 2%，2017 年为 4%，2018 年为 3%）。

2017 年，阿尔伯塔省、萨斯喀彻温省和曼尼托巴省集中了全国 68%（2016 年为 69%）的蜂群，生产了 86%（2016 年为

83%）的蜂蜜。阿尔伯塔省蜂蜜产量占全国的 43%（2016 年为 45%），其次是萨斯喀彻温省（24%，2016 年为 25%）和曼尼托巴省（19%，2016 年为 16%）。

2019 年阿尔伯塔省生产了 31% 的蜂蜜，仍旧位于全国蜂蜜产量第一大省的位置，但由于低温，蜂蜜产量处于 2000 年以来最低。萨斯喀彻温省生产了 25% 的蜂蜜，曼尼托巴省生产了 23% 的蜂蜜，分别位于蜂蜜生产第二大省和第三大省。安大略省和魁北克省分别生产了 9% 和 5% 的蜂蜜，其他省共生产了 6% 的蜂蜜。

表 6 - 3　2012—2019 年加拿大各省蜂蜜产量（吨）

省份	2012 年	2013 年	2014 年	2015 年	2016 年	2017 年	2018 年	2019 年
爱德华王子岛省	83.46	79.83	70.31	76.20	913.1	104.78	76.20	102.06
新斯科舍省	181.44	224.53	195.05	186.43	192.32	250.84	250.84	189.60
新不伦瑞克省	90.27	93.90	107.05	125.19	130.18	91.17	212.74	129.27
魁北克省	1 993.57	1 490.53	1 945.94	1 902.40	1 999.47	1 688.75	1 799.43	1 999.44
安大略省	4 281.53	2 886.26	4 797.73	4 069.70	4 027.97	2 760.06	3 731.31	3 377.00
曼尼托巴省	5 987.52	5 657.30	6 389.86	7 257.60	6 895.63	8 672.83	8 486.86	8 323.42
萨斯喀彻温省	10 489.5	8 255.52	7 498.01	8 544.46	10 363.85	9 963.32	9 307.87	9 180.71
阿尔伯塔省	17 236.8	15 059.52	16 102.8	17 899.51	17 293.5	18 405.27	16 993.67	11 370.20
不列颠哥伦比亚省	824.19	938.50	1 741.82	1 674.69	838.25	1 613.00	1 424.30	1 772.19
合 计*	41 168.28	34 685.89	38 848.57	41 736.18	42 654.27	43 550.02	42 283.23	36 443.89

注：* 统计未包括纽芬兰和拉布拉多，因为没有蜂蜜生产报告。

（四）各省的蜂蜜产值

经过 2012—2015 年连续 4 年的增长后，加拿大蜂蜜总产值从 2015 年的 10.92 亿元下降到 2016 年的 8.78 亿元，下降了 20%，原因为蜂蜜价格下跌了 22%。2017 年，加拿大蜂蜜价格增长，蜂蜜产值同比增长了 12%，达 9.87 亿元。虽然 2018 年蜂蜜产量有所下降，但蜂蜜产值继续增加至 10.20 亿元，达到 8 年来的最高点。

表 6-4 显示，阿尔伯塔省蜂蜜总产值最多（2016 年为 36%，2017 年为 37%，2018 年为 33%），其次依次为萨斯喀彻温省（2016—2018 年均为 17%）、安大略省（2016 年为 17%，2017 年为 10%，2018 年为 17%）、曼尼托巴省（2016 年为 12%，2017 年为 17%，2018 年为 17%）、不列颠哥伦比亚省（2016 年为 5%，2017 年为 8%，2018 年为 7%）。

表 6-4 2012—2019 年加拿大各省蜂蜜产值（万元）

省份	2012 年	2013 年	2014 年	2015 年	2016 年	2017 年	2018 年	2019 年
爱德华王子岛省	285.97	235.11	215.39	300.50	230.96	345.66	203.97	271.96
新斯科舍省	653.94	809.12	652.38	697.02	875.03	823.13	823.13	579.72
新不伦瑞克省	261.06	268.32	326.97	384.06	343.06	265.21	742.17	451.01
魁北克省	6 379.03	6 372.80	6 947.33	7 216.70	7 823.41	7 847.28	7 785	8 563.50
安大略省	12 359.99	10 567.88	18 760.29	16 150.76	16 590.35	10 513.38	17 717.62	16 422.72
曼尼托巴省	11 988.9	13 140.04	15 719.47	16 815.6	10 899	16 747.09	17 015.93	17 125.44
萨斯喀彻温省	19 802.96	19 363.89	18 016.05	13 687.07	14 229.94	17 669.36	17 572.30	16 807.30
阿尔伯塔省	35 468.46	37 837.70	41 409.97	43 884.05	32 379.37	37 035.32	33 244.55	23 854.28
不列颠哥伦比亚省	4 250.61	5 491.02	6 548.22	10 105.45	4 474.82	7 417.55	6 913.08	5 729.76
合 计	91 450.92	94 085.88	108 596.07	109 241.21	87 845.94	98 663.98	102 017.75	89 805.69

注：加元与人民币汇率以 5.19 折算，美元与人民币汇率以 6.878 7 折算。

2019 年阿尔伯塔省蜂蜜总产值仍旧最多，但其占比却是 2016 年以来的最低点，仅有 27%。曼尼托巴省为蜂蜜产值第二的省，萨斯喀彻温省为蜂蜜产值第三的省，两省的蜂蜜产值占比均为 19%。安大略省是蜂蜜产值第四的省，占比为 18%。魁北克省为蜂蜜产值第五的省，占比为 9%。其他省蜂蜜产值合计占比为 8%。

二、蜂资源及蜂群的四季管理

加拿大饲养的蜂种主要是西方蜜蜂。针对蜜蜂的主要寄生螨，安大略省一直致力于抗螨蜂种的选育，目前已经选育出对螨具有抗性或耐受性的蜜蜂品种。

加拿大拥有丰富的蜜粉源，是典型的资源型国家。东部主要蜜源有三叶草、一枝黄花，一年收 2 次蜜，分别是 5 月和 10 月。西部主要蜜源是油菜，一年收 1 次蜜，时间在 7 月，每群采蜜113 千克。北部主要是苜蓿和油菜，萨斯喀彻温省一年收 1 次蜜，产量达 180 千克/群。此外，在加拿大随处可见百脉根、三叶草、蒲公英、苦菜等，一枝黄花更是大范围分布。

加拿大主要生产蜂蜜，蜂王浆等其他产品很少生产。饲养多采用活动箱底，浅继箱。草原省份的蜂蜜产量为 4 个月（5—8月）。魁北克省和北部也有一个短季节（5 月中旬至 9 月中旬）。其他地区的活动季节是 4—10 月。11 月蜜蜂在室外越冬，包装越冬。魁北克省有很大一部分蜜蜂在室内越冬。这种越冬方法已在阿尔伯塔省北部和不列颠哥伦比亚省北部得到一定程度的普及。在其他任何地方，大多数蜂群都使用各种绝缘包装材料在户外过冬。养蜂员可以通过不同的管理方法在 1 个、2 个或 3 个越冬室内对蜜蜂进行越冬。冬季有冻雨，1 个巢箱越冬，4 月开始春繁。草原省份的养蜂员过去常常在秋季杀死蜜蜂，在春季从美国南部购买包装好的笼蜂。这种做法容易引起蜂螨扩散和蔓延，因此现在很少有人采用。现在草原省份养蜂员在冬季会将蜜蜂放在特殊的越冬棚屋里越冬。

加拿大蜜蜂的主要病虫害有蜂螨、微孢子虫、美洲幼虫腐臭病、病毒病、气管螨和蜂巢小甲虫。2013 年安大略省开展了蜜蜂病虫害检测，检测结果表明：黑蜂王台病毒检出率近 100%，残翅病毒检出率近 100%，以色列病毒检出率 70% 左右，克什米尔病毒检出率40％左右。蜂螨在1989年首次出现在新不伦瑞克省，此后扩散到加拿大各地，现在是加拿大养蜂业重点关注的害虫，政府每年都开展监测。加拿大防治蜂螨的药物主要有化学类、有机酸类和挥发油类。蜂螨对蝇毒磷已经产生了抗药性。瓦螨的处理方法通常是在春季使用阿皮瓦尔或甲酸处理，在夏季或秋季重复使用65％的甲酸40毫升处理或快速处理，在深秋使用草酸治理。

目前，在加拿大多个省发现了蜂巢小甲虫，曼尼托巴省（2002年和2006年）、阿尔伯塔省（2006年）、魁北克省（2008年和2009年）、安大略省（2010年）、不列颠哥伦比亚省（2015年）和新不伦瑞克省（2017年）均发现了蜂巢小甲虫。在草原大省，采取了措施来控制害虫，蜂巢小甲虫未能建立种群。但其能否在安大略省或魁北克省定居，尚待确定。2015年夏季，在不列颠哥伦比亚省的弗雷泽谷地发现了许多成年甲虫及其各阶段幼虫。

由于天气寒冷以及螨害等原因，加拿大蜂群冬季死亡率相对较高，所以政府每年都会统计越冬死亡率。2008年的越冬死亡率结果如下：不列颠哥伦比亚省38％，阿尔伯塔省44％，萨斯喀彻温省26％，曼尼托巴省28％，安大略省33％，魁北克省19％，新不伦瑞克省29％，新斯科舍省18％，爱德华王子岛省36％。2016年加拿大全国的平均越冬死亡率为25.1％。其中不列颠哥伦比亚省31.4％，阿尔伯塔省28.8％，萨斯喀彻温省23.4％，曼尼托巴省17.9％，安大略省26.9％，魁北克省18.3％，新不伦瑞克省17.6％，新斯科舍省13.2％，爱德华王子岛省41.8％。2018年全国平均越冬死亡率为32.6％，是2009年报告以来的最高损失。各省损失为18.4％～45.7％。蜂群死亡的原因很复杂，但主要归因于螨对化学药物的抗性、甲酸处理不当导致的治螨失败、秋季营养不良、饥饿、恶劣的天气、蜂王质量不佳等因素。

加拿大蜂业生产机械化程度高，基本上蜂场都有起运装备，如铲车和起吊设备。蜂蜜主要是封盖蜜，在取蜜车间集中取蜜。取蜜车间面积较大，一般由3个人负责自动化取蜜操作，1个人负责将蜂箱中的巢框搬上取蜜线，1个人在摇蜜机的位置，1个人在最后的蜂箱码放位置负责空蜂箱码放。摇蜜机可同时摇取150个巢框，摇出的蜜通过管道经过蜜蜡分离后进入分装车间进行分装。

第三节　加拿大蜂蜜消费和贸易情况

一、近年蜂蜜消费情况

蜂蜜是加拿大人喜爱的传统食物，近6年来，人均蜂蜜消费量基本稳定在0.8千克/人以上。2015年为近8年来蜂蜜消费的最高年，当年蜂蜜人均消费量为1.10千克/人。此后消费量下降。2017—2019年蜂蜜人均消费量分别为0.90千克/人、0.86千克/人和0.87千克/人。稳定的消费量也保证了蜂产业的持续发展（图6-3）。

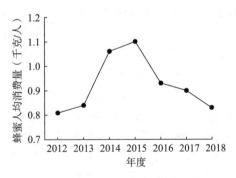

图6-3　2012—2018年加拿大蜂蜜人均消费量

二、国内蜂产品市场情况

加拿大养蜂者主要销售蜂蜜，蜂蜜品种主要有荞麦蜜、山花蜜等。蜂胶、花粉、蜂王浆等产品极少。蜂胶主要销售于华人圈。此外还有蜂蜡蜡烛、唇膏、护肤品、蜂蜜酒及与蜂有关的其他产品。2013年加拿大人均消费蜂蜜0.84千克。

笔者2015年在多伦多调查不同市场的蜂蜜价格。其中超市1中商品名为阿比松的古巴蜂蜜1千克包装售价47.75元，500克包装售价23.85元。品牌为桑德兰的荞麦蜜1千克包装售价60.66元，500克包装售价33.41元。安大略省本地野花蜜1千克包装售价52.53元，500克包装售价31.98元。产自西班牙的品牌桑德兰与比利舍斯共同生产的天然蜂蜜1千克包装售价47.75元。

超市2中，品牌为布罗西亚的蜂蜜500克包装售价28.63元。品牌为马达夫的有机龙舌兰蜂蜜1.3千克包装售价66.87元，465克包装售价38.19元；232克包装售价23.85元。品牌为博克斯的蜂蜜375克包装售价23.85元。品牌为桑德兰的100%安大略蜂蜜1千克包装售价52.53元，500克包装售价31.98元；天然蜂蜜1千克包装售价47.75元。品牌为非洲布莱兹的有机蜂蜜500克包装售价52.53元。品牌为博克斯的蜂蜜375克包装售价23.85元。

超市3中，品牌为荷兰人的黄金的夏蜜和荞麦蜜500克包装售价分别为31.98元和23.85元；1千克包装售价60.66元。1千克有机荞麦蜜、野花蜜、原生态蜜的售价52.53元。

三、蜂蜜的贸易平衡

表6-5显示，加拿大的蜂蜜出口多于进口，但出口量只占其生产量的3%，比例极低。其国内市场消纳了97%的蜂蜜。2009—2018年，加拿大蜂蜜出口总体上呈增加趋势，2018年蜂蜜出口额最高，达4亿元。2019年蜂蜜出口额大幅度下降，同比下降31.0%。从2011—2019年，蜂蜜进口额总体上呈增加趋势。2019年达到9年来最高点2.36亿元。因而加拿大蜂蜜出口

额和进口额的差额达到 11 年来的最低点，只有 4 376.73 元。

四、蜂蜜出口情况

1. 加拿大主要蜂蜜出口目的国及其出口总额　表 6 - 6 显示，2012—2019 年，加拿大蜂蜜出口额呈现 M 形变化。2012—2014 年蜂蜜出口额逐年下降。经过 2013 年和 2014 年连续两年的下降，2015—2018 年蜂蜜出口额增加，并在 2018 年达到 8 年来的最高点。2015 年加拿大蜂蜜出口总额比 2014 年增长了33%，增长至 3.37 亿元。2016 年比 2015 年增长了 11%，达3.73 亿元。2017 年加拿大蜂蜜出口总额继续增长，超过 3.99 亿元，比 2016 年增长 7%。2018 年加拿大蜂蜜出口额达到 4.05 亿元。2019 年蜂蜜出口额降幅达到 31.0%，只有 2.79 亿元。

加拿大蜂蜜主要出口国有美国、日本、中国、韩国等，其对美国的蜂蜜出口依存度很高，尽管对美国出口额不同年份稍有差别，2017 年和 2018 年出口美国的份额均为 79%。2019 年在蜂蜜出口大幅下降的情况下，仍然有 62.4% 的蜂蜜出口到美国。其次是日本和中国，2016 年 24% 的加拿大蜂蜜出口到日本，3%到中国。2017 年出口额度分别为 16% 和 3%。2018 年出口额度分别为 16% 和 2.4%。2019 年加拿大出口日本的蜂蜜额为9 281.8万元，占加拿大当年蜂蜜出口额的 33%，同比增加41.5%。2019 年出口中国内地和中国香港的蜂蜜出口额占比为2.9%（表 6 - 6）。

2. 加拿大主要蜂蜜出口目的国及其出口量　表 6 - 7 显示，经历了 2012 年和 2013 年的蜂蜜出口下降外，2014—2017 年加拿大蜂蜜出口量不断增加，2017 年蜂蜜出口量为近 8 年来的最高点。2017 年后蜂蜜出口又逐年下降。2019 年蜂蜜出口量为11 845吨，同比下降 36.3%。虽然出口国家略有差别，比如阿拉伯联合酋长国从 2015 年开始进口加拿大蜂蜜，瑞士从 2016 年开始进口加拿大蜂蜜。巴西 2017 年进口加拿大蜂蜜。但是加拿大

表6-5 2009—2019年加拿大蜂蜜进出口情况（万元）

项目	2009年	2010年	2011年	2012年	2013年	2014年	2015年	2016年	2017年	2018年	2019年
出口额	225 243.2	272 436.1	18 423.55	38 010.00	30 691.07	25 134.65	33 674.28	37 283.92	39 955.73	40 491.34	27 936.21
进口额	98 946	98 946	6 368.87	7 744.79	13 502.04	16 719.51	21 390.07	19 755.01	21 450.91	19 333.00	23 559.49
出口和进口的贸易差额	126 297.2	173 490.1	12 054.68	30 265.21	17 189.03	8 415.14	12 284.21	17 528.91	18 504.82	21 158.34	4 376.72

注：加元与人民币汇率以5.19折算。

表6-6 2012—2019年加拿大主要蜂蜜出口国（地区）及其出口总额（万元）

国家/地区	2012年	2013年	2014年	2015年	2016年	2017年	2018年	2019年
美国	32 110.53	23 590.63	15 418.45	23 116.26	26 413.99	31 595.68	32 184.23	17 446.19
日本	4 552.15	6 162.09	8 463.85	8 395.34	8 846.36	6 452.21	6 561.72	9 281.80
中国	553.77	609.31	864.14	1 308.92	1 243.52	1 028.14	987.66	728.16
韩国	107.43	2.60	0	389.77	290.12	285.45	361.22	2 610.57
中国香港	172.31	73.17	261.58	148.95	140.65	238.74	180.09	79.93
其他	513.81	253.27	126.63	315.04	349.28	355.51	216.42	139.09
共计	38 010.00	30 691.07	25 134.65	33 674.28	37 283.92	39 955.73	40 491.34	30 285.74

资料来源：加拿大统计局。

的传统出口国家（前5位的蜂蜜出口国家/地区）基本保持不动，美国仍为其主要出口国家。

表6-7 2012—2019年加拿大主要蜂蜜出口国（地区）
及其出口数量（吨）

国家/地区	2012年	2013年	2014年	2015年	2016年	2017年	2018年	2019年
美国	15 832	9 385	5 557	8 224	13 533	15 762	15 222	7 870
日本	1 897	2 363	3 143	2 810	3 719	2 799	2 785	3 575
中国	203	196	250	402	323	323	326	209
韩国	37	1	0	116	105	109	124	128
中国香港	47	22	85	43	40	72	55	19
其他	208	83	55	106	150	131	77	44
共计	18 224	12 050	9 090	11 701	17 870	19 196	18 589	11 845

3. 加拿大各省的蜂蜜出口额 总体来看（表6-8），阿尔伯塔省蜂蜜出口总产值最多（2016年为46%，2017年为34%，2018年为41%，2019年为37%），其次为曼尼托巴省（2016年为24%，2017年为25%，2018年为17%，2019年为22%）、萨斯喀彻温省（2016年为16%，2017年为25%，2018年为26%，2019年为21%）、魁北克省（2016年为9%，2017年为7%，2018年为26%，2019年为7%）、安大略省（2016年为3%，2017年为7%，2018年为8%，2019年为11%）。

表6-8 2012—2019年加拿大各省蜂蜜出口额（万元）

省份	2012年	2013年	2014年	2015年	2016年	2017年	2018年	2019年
爱德华王子岛省	30.10	9.86	0	17.65	40.48	0	0	0
新斯科舍省	1.04	1.04	1.56	1.04	31.66	65.39	7.79	311.40
魁北克省	9 998.54	6 046.35	2 267.51	3 363.12	3 196.00	2 826.47	2 388.44	2 126.86
安大略省	1 110.66	1 179.69	1 209.27	1 419.47	1 148.03	2 005.42	3 304.47	2 969.72

（续）

省份	2012 年	2013 年	2014 年	2015 年	2016 年	2017 年	2018 年	2019 年
曼尼托巴省	11 987.34	8 081.35	5 851.21	9 209.66	8 854.14	10 021.89	6 764.13	6 198.42
萨斯喀彻温省	8 975.59	8 333.06	7 143.52	8 117.16	5 888.57	10 342.63	10 645.21	5 759.34
阿尔伯塔省	5 706.41	6 659.81	7 748.15	10 700.22	17 351.73	14 090.85	16 478.77	10 242.47
不列颠哥伦比亚省	200.33	406.38	920.71	907.21	773.31	602.04	902.54	608.27
合 计	38 010.00	30 691.07	25 134.65	33 674.28	37 283.92	39 955.73	40 491.34	28 216.48

资料来源：加拿大统计局。

4. 加拿大各省的蜂蜜出口数量 表 6 - 9 显示，从出口数量看，阿尔伯塔省蜂蜜出口最多，依次为萨斯喀彻温省、曼尼托巴省和安大略省，其他省出口数量相对少。

表 6 - 9　2012—2019 年加拿大各省蜂蜜出口数量（吨）

省份	2012 年	2013 年	2014 年	2015 年	2016 年	2017 年	2018 年	2019 年
爱德华王子岛省	3	2	0	6	14	0	0	0
新斯科舍省	0	0	0	0	7	22	2	7
魁北克省	4 963	2 392	787	1 116	1 021	1 006	838	611
安大略省	383	332	314	360	378	828	1 219	1 006
曼尼托巴省	5 779	3 334	2 187	3 316	4 580	5 242	3 160	2 957
萨斯喀彻温省	4 455	3 335	2 645	2 999	3 551	5 541	5 127	2 735
阿尔伯塔省	2 566	2 507	2 840	3 640	8 113	6 372	7 959	4 358
不列颠哥伦比亚省	75	155	319	266	215	186	284	171
共计	18 224	12 057	9 092	11 703	17 879	19 196	18 589	11 845

资料来源：加拿大统计局。

五、蜂蜜进口情况

1. 加拿大主要蜂蜜进口国及其进口总额 经过连续 4 年的增长，加拿大蜂蜜进口总额从 2015 年的 2.13 亿元下降到 2016 年的 1.98 亿元。2017 年，加拿大进口了价值 2.14 亿元的蜂蜜，这是过去 5 年中进口总额最高的一年。2018 年加拿大蜂蜜进口额下降，2019 年蜂蜜进口额为 2.36 亿美元，达到 8 年来的最高点，比 2018 年增加 21.9%。

加拿大蜂蜜主要进口国有阿根廷、巴西、新西兰、美国、澳大利亚、希腊、印度等。2015 年以前加拿大主要进口阿根廷、新西兰、澳大利亚、巴西等国的蜂蜜，2015 年以后主要进口巴西、新西兰、美国、澳大利亚、西班牙等国的蜂蜜。

表 6-10 显示，多年来，阿根廷一直是加拿大最大的蜂蜜进口国（按价值计算），近年来其进口产值显著下降，从 2013 年的 4 513.13 万元大幅下降到 2016 年的 202.58 万元。2017 年继续下降至 127.45 万元，下降到进口国中的第十五位。2019 年其进口额仅为 132.70 万元。

表 6-10 2012—2019 年加拿大主要蜂蜜进口国蜂蜜进口额（万元）

国家	2012 年	2013 年	2014 年	2015 年	2016 年	2017 年	2018 年	2019 年
新西兰	1 452.68	1 945.99	2 414.22	3 884.10	3 695.43	4 961.73	6 642.80	9 067.13
巴西	867.75	1 977.74	3 144.84	3 792.38	5 457.41	3 832.53	2 193.59	3 572.08
澳大利亚	1 349.65	1 447.39	1 354.57	2 205.57	1 883.67	1 610.19	1 555.39	1 614.21
美国	751.04	1 590.98	1 950.98	3 198.01	2 183.85	1 408.65	1 716.46	1 317.79
阿根廷	1 989.96	4 513.13	2 892.83	784.49	202.58	127.45	137.56	132.70
西班牙	11.07	22.01	172.26	1 697.55	1 569.56	1 619.64	773.55	1 352.53
希腊	408.74	720.31	455.51	726.30	607.95	636.62	702.42	665.42
乌克兰	0	0.008	748.19	315.43	445.33	557.93	79.05	232.79
印度	200.78	302.15	556.16	537.78	804.60	1 047.31	1 232.50	1 763.23
泰国	0	0.008	270.31	1 342.03	419.71	963.16	2 081.82	1 804.22
墨西哥	1.36	1.68	71.72	15.57	34.98	1 848.57	106.41	23.79
中国	102.6	36.63	630.89	743.68	308.83	19.42	3.96	19.07
缅甸	0	0	7.20	281.02	498.39	504.12	0	0
其他	609.16	944.01	2 049.83	1 866.17	1 642.72	2 313.59	2 107.49	1 994.52
共计	7 744.79	13 502.04	16 719.51	21 390.08	19 755.01	21 450.91	19 333.00	23 559.48

2016 年，巴西成为加拿大最大的蜂蜜进口国，进口额为 5 457.41 万元。新西兰和美国是加拿大第二和第三大进口国，进口额分别为 3 695.43 万元和 2 183.85 万元。2017 年，新西兰成为加拿大最大的蜂蜜进口国，进口额为 4 961.73 万元。此后其进口额不断增加，2019 年进口额达 9 067.13 万元，占加拿大当年蜂蜜进口额的 38.5%。

　　2017 年巴西和墨西哥是加拿大第二和第三大蜂蜜进口国，进口额分别为 3 832.53 万元和 1 848.57 万元。2019 年巴西蜂蜜进口额占比达到 15.2%。从新西兰和巴西进口的蜂蜜大多是加拿大不能生产的，如从新西兰进口的大部分是麦努卡蜂蜜，从巴西进口大量经认证的有机蜂蜜，这些蜂蜜价格很高。

　　2012 年开始，加拿大从泰国和印度进口蜂蜜的数额逐渐增加，2018 年泰国和印度分别成为蜂蜜进口额第三大国和第六大国。2019 年泰国蜂蜜进口额占比为 7.7%，印度占比为 7.5%，成为第四大蜂蜜进口国，澳大利亚占比为 6.9%，成为第五大蜂蜜进口国。其他国家合计占比为 8.5%。

　　2. 加拿大主要进口国进口蜂蜜数量　表 6 - 11 显示，进口蜂蜜数量最多的一年是 2015 年，2012—2015 年进口量逐年增加。2016—2018 年进口量在 6 000 吨左右。2015 年以前，加拿大进口阿根廷蜂蜜最多，其中 2012 年、2013 年和 2014 年占比分别为 38.5%、43.6% 和 20.3%，2015 年及其之后，进口巴西蜂蜜数量超过阿根廷。

表 6 - 11　2012—2019 年加拿大主要进口国进口蜂蜜数量（千克）

国家	2012 年	2013 年	2014 年	2015 年	2016 年	2017 年	2018 年	2019 年
新西兰	375 345	197 320	245 302	292 186	298 498	346 451	349 397	412 172
巴西	494 605	1 039 335	1 429 623	1 528 830	2 134 017	1 279 957	968 574	1 809 262
澳大利亚	366 269	410 171	307 996	506 390	393 654	333 891	323 392	279 490
美国	337 716	706 722	614 813	938 727	652 406	478 512	591 624	574 633

（续）

国家	2012 年	2013 年	2014 年	2015 年	2016 年	2017 年	2018 年	2019 年
阿根廷	1 322 066	2 397 804	1 288 114	444 410	123 170	77 941	71 134	85 417
西班牙	3 542	6 707	75 514	766 116	646 681	734 823	314 974	529 098
希腊	131 563	248 435	139 230	253 231	164 416	177 721	152 907	142 338
乌克兰	0	5	445 421	155 262	325 126	478 754	39 568	137 674
印度	92 508	126 707	285 975	222 511	429 116	505 506	760 527	1 091 658
泰国	0	6	166 640	764 835	230 849	483 515	970 078	891 102
墨西哥	601	1 192	25 905	4 945	10 999	699 713	43 845	13 406
中国	91 079	26 627	468 250	552 864	214 854	9 727	1 643	5 118
缅甸	0	0	58 200	201 002	402 010	272 055	0	0
其他	219 684	333 425	797 522	684 765	534 419	781 819	762 630	539 888
共计	3 434 978	5 494 456	6 338 505	7 316 074	6 560 215	6 660 385	5 350 293	6 511 256

3. 加拿大各省蜂蜜进口额 表 6-12 显示，安大略省一直是蜂蜜进口大省，2016 年和 2017 年其进口额分别占全加拿大进口额的 47.2% 和 59.6%，2019 年蜂蜜进口额占比为 61%。其次是魁北克省（2016 年为 37%，2017 年为 30%，2019 年为 24%）、不列颠哥伦比亚省（2016 年为 12%，2017 年为 10%，2019 年为 13%）。

表 6-12 2012—2019 年加拿大各省蜂蜜进口额（万元）

省份	2012 年	2013 年	2014 年	2015 年	2016 年	2017 年	2018 年	2019 年
新斯科舍省	0.39	1.60	1.46	0.21	1.07	4.39	1.12	38.08
新不伦瑞克省	0.22	0	0	0.059	0.11	3.76	15.63	3.63
魁北克省	2 465.37	3 489.22	5 930.50	7 268.53	7 231.02	6 412.60	5 642.94	5 614.00
安大略省	4 227.26	8 769.96	8 737.80	11 253.87	9 320.63	12 783.23	10 447.43	14 294.68
曼尼托巴省	19.76	151.61	313.13	235.12	158.37	61.55	17.05	23.00
萨斯喀彻温省	6.84	6.79	0.025	27.86	7.19	2.49	10.57	36.04

（续）

省份	2012 年	2013 年	2014 年	2015 年	2016 年	2017 年	2018 年	2019 年
阿尔伯塔省	41.32	5.18	64.24	421.96	604.97	14.30	435.36	382.58
不列颠哥伦比亚省	983.62	1 077.67	1 672.36	2 182.47	2 431.59	2 168.58	2 809.61	3 167.31
共计	7 744.78	13 502.03	16 719.52	21 390.08	19 754.95	21 450.90	19 379.71	23 559.48

4. 加拿大各省蜂蜜进口量 表 6-13 显示，从蜂蜜进口数量看，安大略省一直保持蜂蜜进口大省的首位。其次是魁北克省和不列颠哥伦比亚省，虽然进口数量比例略有变化，但排名维持不变。

表 6-13　2012—2019 年加拿大各省蜂蜜进口量（千克）

省份	2012 年	2013 年	2014 年	2015 年	2016 年	2017 年	2018 年	2019 年
新斯科舍省	56	649	614	60	317	790	420	21 805
新不伦瑞克省	73	0	0	9	51	291	3 193	316
魁北克省	1 397 198	1 760 803	2 848 540	3 219 694	3 417 798	2 633 238	2 501 290	2 964 758
安大略省	1 801 179	3 400 794	3 105 020	3 552 517	2 476 506	3 589 453	2 445 394	3 155 120
曼尼托巴省	8 784	69 323	57 412	53 698	39 739	19 182	4 800	5 224
萨斯喀彻温省	2 231	3 074	4	5 583	936	313	1 359	2 333
阿尔伯塔省	5 155	927	10 558	99 573	223 966	3 407	24 344	24 643
不列颠哥伦比亚省	220 302	258 886	316 357	384 940	400 887	418 136	369 493	409 796
共计	3 434 978	5 494 456	6 338 505	7 316 074	6 560 215	6 660 385	5 350 293	6 584 014

第四节　加拿大蜜蜂及蜂王贸易情况

由于气候寒冷，进口蜜蜂和蜂王也是加拿大蜜蜂养殖业的一个特点，特别是蜂王进口数量和金额较大。

一、加拿大蜜蜂进口国及其进口额

加拿大主要从新西兰和澳大利亚进口蜜蜂，进口额因年份不同差异较大，虽然个别年度加拿大会从智利、美国和丹麦进口蜜蜂，但其主要的蜜蜂进口国一直是新西兰和澳大利亚。2019年加拿大蜜蜂进口额1 770万元，其中从新西兰进口蜜蜂1 031.89万元，从澳大利亚进口蜜蜂651.48万元，从智利进口蜜蜂86.77万元（表6-14）。

2015年阿尔伯塔省养蜂人购买的笼蜂和核心群38群，2016年购买61群（其中98.68%为进口），同比增加了60.5%。2016年阿尔伯塔省99.79%的笼蜂来自新西兰，0.21%的笼蜂来自澳大利亚。与2015年相比，新西兰笼蜂的进口比例有所增加。

2016年，94.94%的核心群来自不列颠哥伦比亚省（与以前年度相比比例有所下降），5.06%来自阿尔伯塔省。阿尔伯塔省核心群的平均价格是1 562元/群，而不列颠哥伦比亚省的价格是1 548元/群。

加拿大蜂王市场每年销量为1.2万～1.6万只。2013年阿尔伯塔省购买蜂王301只，其中69.3%购自美国夏威夷，24.9%购自美国其他州，2.5%购自智利。蜂王价格折算后分别为：新西兰蜂王145.85元/只、智利蜂王152.23元/只、夏威夷蜂王153.25元/只、美国蜂王153.69元/只、萨斯喀彻温省蜂王204.54元/只。

2015年，阿尔伯塔省购买蜂王176只。其中，72%的蜂王来自美国夏威夷，25%来自美国其他州，其余来自不列颠哥伦比亚省。2016年，生产者个人购买蜂王平均为207只，同比增加了17.8%。

依据购买来源不同，2016年蜂王的平均价格在212～317元/只不等。美国其他各州蜂王的价格最低，为212元/只，其次是来自夏威夷和智利的蜂王，分别为223元/只和230元/只。新西兰

表 6 - 14　2012—2019 年加拿大进口蜜蜂情况（元）

国家	2012 年	2013 年	2014 年	2015 年	2016 年	2017 年	2018 年	2019 年
新西兰	1 095 132.56	1 763 306.13	1 969 287.37	1 869 331.61	1 428 761.33	783 881.51	6 634 584.6	10 318 861.8
澳大利亚	214 957.86	775 412.47	819 303.26	661 914.95	290 424.10	171 895.91	4 431 673.53	6 514 846.11
智利	0	0	344.1	0	0	164 038.77	3 383 516.7	867 664.2
美国	0	0	7 270.15	116 225.90	129 549.67	0	0	41.52
丹麦	0	0	0	0	4 893.13	0	0	0
共计	1 310 090.42	2 538 718.60	2 796 204.88	2 647 472.46	1 853 628.23	1 119 816.19	14 449 774.83	17 701 413.63

注：本表不包括蜂王。

资料来源：加拿大统计局。

表 6 - 15　2012—2017 年加拿大蜂王进口国及进口额（万元）

国家	2012 年	2013 年	2014 年	2015 年	2016 年	2017 年	2018 年	2019 年
美国	1 764.27	2 213.43	2 784.10	3 330.30	3 278.05	3 704.74	3 726.74	3 754.42
澳大利亚	137.10	134.20	56.76	29.19	75.61	137.59	110.10	99.20
智利	25.95	87.34	77.38	66.46	47.43	113.11	116.92	261.62
新西兰	77.42	47.12	53.93	56.53	42.45	32.82	458.92	53.47
丹麦	2.33	0	7.13	0	0	1.44	16.77	2.89
其他	0	0	0	0	0	0	14.53	2.92
共计	2 007.07	2 482.09	2 979.30	3 482.48	3 443.54	3 989.70	4 443.98	4 174.52

资料来源：加拿大统计局。加元与人民币汇率以 5.19 计算。

蜂王价格最高，为 317 元/只。2016 年，购买的蜂王死亡率降至 7.09%，比 2015 年的 9.84%略有下降。对于单个蜂王来说，蜂群的接受率从 2015 年的 8.34%小幅上升（9.94%）。

二、加拿大蜂王进口来源及进口额

2012—2018 年，加拿大的蜂王进口额持续增长，2019 年蜂王的进口额略低于 2018 年。其进口的蜂王主要来自美国和澳大利亚，其次有智利、新西兰和丹麦（表 6-15）。

第五节 加拿大蜂业授粉情况

授粉昆虫是加拿大必不可少的自然资源，它们的日常工作对于产值超过 10 亿美元的苹果、梨、黄瓜、甜瓜、浆果和其他农产品至关重要。加拿大授粉昆虫包括蜜蜂、胡蜂、苍蝇、甲虫、蝴蝶、飞蛾、蝙蝠和鸟类。其中蜜蜂是加拿大的主要授粉媒介，占授粉服务的 70%以上。除了驯化的西方蜜蜂外，加拿大还有 855 种本土蜂，包括大黄蜂、泥蜂、独居蜂、切叶蜂、壁蜂等。苜蓿切叶蜂是草原省的重要产业。熊蜂已被广泛应用于温室果蔬授粉。

一、蜜蜂授粉作物的产值

虽然蜂蜜是蜜蜂最明显的产出，但蜂蜜的经济价值并不是最重要的。蜜蜂授粉是许多农产品的重要投入。蜜蜂对包括果树、蔬菜和其他作物在内的许多植物的授粉至关重要，蓝莓、蔓越橘和油菜种子的授粉对蜜蜂提出了大量的需求。授粉也是蜂场的主要收入之一。据估算，2016 年加拿大由于蜜蜂授粉而增加的作物产值为 275 亿～378 亿元。2016 年，772 652 群蜂在 4 871 个农场从事授粉服务，而 2011 年仅有 561 297 群蜂在 3 272 个农场授粉。由此可见，加拿大蜜蜂授粉的作用已经被越来越多的农场主接受。

1. 油菜　加拿大是国际第一大油菜生产国。油菜是最重要的蜜蜂授粉作物，2014 年销售额超过 502 亿元。双低油菜种子的授粉是加拿大蜜蜂业的一项主要活动。每年大约有 30 万群蜂（加拿大的一半蜂群）为低芥酸油菜种子授粉，低芥酸油菜种子产量约为 1 260 万吨。另外，8 万群蜂（约占加拿大蜂群 12%）致力于为高度专业化的杂交油菜授粉。

加拿大种植的油菜大多数为杂交，需要昆虫授粉来制种。大部分草原省蜂群在夏季高峰期会为商品油菜授粉几周。2016 年，菜籽油生产商的农场现金收入总额为 632.84 亿元，50% 的油菜籽生产归功于蜜蜂（贡献价值 316.42 亿元），蜜蜂为其他作物授粉而增加的产值为 62.46 亿元，因此蜜蜂贡献总额估计为378.88 亿元。

2. 大豆　大豆是蜜蜂授粉的第二大经济作物，2014 年产值为 172 亿元。

3. 果树　加拿大蓝莓产量位居世界第二。每年有 35 000 群蜂为蓝莓授粉，蓝莓是第三大蜜蜂授粉作物。近年来蓝莓产业快速增长，2014 年产值为 18.23 亿元，2016 年产值达 18.02 亿元，蜜蜂授粉达 16.16 亿元。其次是苹果，2014 年苹果产值为 14.51亿元，2016 年苹果产值达到 15.34 亿元，其中蜜蜂授粉占 90%，即 13.76 亿元来自蜜蜂授粉。加拿大的苹果产量在世界排名第十六位，15 000 群蜂为苹果授粉。

总体而言，2016 年蜜蜂授粉对水果和蔬菜生产的经济贡献约为 49.53 亿元。2016 年通过蜜蜂授粉获得的直接经济贡献总额估计为 176.78 亿元（表 6 - 16）。此外，蜜蜂对杂交油菜种子创造的产值在 96 亿～316.42 亿元。对油菜生产的贡献，再加上从蜜蜂授粉中受益的其他农业生产，蜜蜂贡献的经济价值在 273亿～378 亿元。

安大略省和不列颠哥伦比亚省的蜂蜜产量还不到 3 个草原省的 1/6，因为这两个省有蜜蜂授粉的需求，所以这两个省养蜂员数量超过全国的一半（2015 年为 57%）。

表 6－16　2016 年蜜蜂授粉所获得的作物产值（万元）

作物	作物产值	其中蜜蜂授粉价值	作物	作物产值	其中蜜蜂授粉价值
果树类	**237 227.79**	**194 030.24**			
苹果	153 068.27	137 761.79	油桃	5 877.85	2 821.64
杏	1 102.66	617.71	桃子	2 4661.52	11 837.55
酸樱桃	3 273.57	2 651.74	梨	6 279.57	3 955.94
甜樱桃	38 337.06	31 053.20	梅子/李子	4 627.30	3 331.35
浆果类	**469 547.63**	**265 622.38**			
蓝莓	179 900.02	161 910.15	蔓越莓	93 100.45	83 790.13
树莓	24 329.27	17 517.30	草莓	68 285.54	1 365.42
葡萄	103 932.34	1 039.37			
瓜类	**84 641.03**	**35 636.48**			
黄瓜	26 471.30	21 441.60	甜瓜	14 221.02	10 238.94
南瓜	17 793.82	1 601.36	西葫芦	26 154.88	2 353.89
油料作物	**8 434 247.16**	**1 266 467.04**			
菜籽油	6 354 770.06	1 143 858.34	向日葵	10 981.84	9 884.00
芥菜籽	84 546.79	13 527.65	黄豆	1 983 948.46	99 197.73
牧草种子	**64 709.31**	**6 470.79**			
苜蓿种子	64 709.31	6 470.79			
共计		**1 768 226.93**			

二、蜜蜂授粉价格及授粉存在的问题

由于有大量的授粉需求，加拿大蜜蜂授粉价格高，授粉蜂群的平均租金为 120 美元/群。如为蓝莓授粉蜂群的价格为 90 美元/群，为蔓越莓授粉为 60 美元/群，油菜授粉价格为 150 美元/群。虽然授粉价格高，但是由于蓝莓授粉时没有花粉，蜂群损失大，目前加拿大的蜂农并不愿意为蓝莓授粉。

实际上，加拿大对蜜蜂授粉作用认识充分，但是相比大范围需要授粉的作物，蜂群数量严重不足。如加拿大油菜面积 600 万公顷，需要 1 800 群蜂来授粉。加拿大的可采集面积将近 600 万千米^2，而实际蜂群数量只有 67.2 万群。

第六节　加拿大养蜂管理

一、政府的作用

1. 政府职责　加拿大农业与农产品部在各省设有专人负责蜂业管理。政府制定蜂业培训及科研项目，提供经费支持、开展培训，在研究者和蜂农间充当协调角色。主管蜂业的人经常去蜂场，掌握全省养蜂情况，一旦发现病害就会上报食品监督部门，并责令蜂农留在发病地区，严禁转地防止病害传播。

加拿大实行养蜂注册制度，哪怕是业余养蜂，只要有 1 群蜂也要注册，注册是免费的。为防止病虫害对养蜂业造成严重影响，加拿大实行蜜蜂检疫，政府会以项目的形式（蜂房检查计划）安排科研机构或管理人员进行病虫抽样检疫，一旦发现传染性病害，特别是幼虫病，立刻销毁。

2. 相关法律　加拿大蜂业相关法律有《蜜蜂法》《食品安全和质量法》。各省有各自的法律。如安大略省制定了《蜜蜂法》（R. S. O. 1990）以及《食品安全法》的 O. Reg. 119/11 部分。其中《蜜蜂法》对蜜蜂的日常管理进行了严格规定，规定养蜂者必须向安大略省农业、食品和农村事务部注册（免费），注册内容包括蜂场的位置、蜂群数量和从事的行业类型（如授粉、采蜜、蜂王出售等）。规定蜂场必须进行检查，明确了蜂场检查员的职责和权利，检查员有权处理或销毁受感染的蜜蜂或养蜂设备。未经许可，任何人不得以任何方式在安大略省内接收或运输来自省外的任何蜜蜂或养蜂设备。未经许可，不允许售卖蜂王。每位出售蜂王或核心群的人均应保存每笔交易的记录，并以书面形式向省政府提供买方的名称和地址，出售的蜜蜂、蜂王或核心群的数量及装运日期等具体信息。这些规定在很大程度上降低了蜂群间病虫害的传播。

《食品质量和安全法》制定于 2001 年，安大略省法规 119/11（O. Reg. 119/11）部分是安大略省制定的关于蜂蜜和枫树糖浆的生产法规，该部分在 2018 年 7 月 1 日进行了修订，规定安大略省蜂蜜分级、包装、标签、运输和销售的法律要求。在安大略省未经联邦注册或许可的机构内包装、运输或出售蜂蜜的任何人，必须确保蜂蜜符合该法规的要求。

二、加拿大的蜂业科研机构及科研计划

1. 蜂业科研机构　加拿大的蜂业科研工作主要集中在大学，其中圭尔夫大学、曼尼托巴大学、达尔豪斯大学和约克大学都有从事蜂业研究的科学家，涉及蜜蜂病虫害研究、免疫研究、授粉研究及杀虫剂的研究等。圭尔夫大学的蜜蜂研究小组主要从事蜜蜂病虫害研究，包括微孢子虫病、病毒病、蜂螨病等。

2. 蜂业科研计划

（1）加拿大国家蜜蜂健康调查。由国家蜜蜂诊断中心、阿尔伯塔技术使用中心承担，执行期限：2014—2018 年。目的是建立加拿大蜜蜂资源的健康基础调查，确定蜜蜂主要病虫害的分布和发生，建立危害养蜂业的已知或潜在外来威胁。75% 的经费来自政府，25% 由阿尔伯塔省、曼尼托巴省的养蜂者联合会与加拿大作物生命等机构。

（2）安大略省抗性蜜蜂选育计划。开始于 1992 年，是早期一个成功的育种计划。由安大略省养蜂者联合技术转移项目执行，安大略省农业、食品和农村事务部资助，其目的是应对北美

小蜂螨的危害。选育计划的成员付年费和检测费用。选育计划的育种者依据寿命、蜂蜜产量、防卫行为、越冬能力、分蜂行为和孵化类型来选育。该技术执行几年后就产生了效果，项目因为没有螨而停止。

（3）安大略省良好试验操作计划。2012年开展的田间试验以确定蜜蜂的操作规程。

（4）加拿大蜜蜂基因调查计划。该计划由约克大学牵头，安大略养蜂学会和加拿大蜂蜜委员会等多个单位参加。目的是进行加拿大蜂群祖先调查。

（5）安大略省养蜂业健康状况项目。自2019年9月以来，加拿大农业与农产品部和安大略省政府已承诺投入超过22.1万美元，支持135个蜂业项目，发展养蜂业。通过项目，支持蜜蜂冬季设备研发、病虫害检测和防控技术、高产技术研发、蜂巢小甲虫的防控技术和设备、销售市场和客户开发等，以加强病虫害防控，推动蜂业发展。

据介绍，加拿大各省每年在蜂业科研工作投入经费的额度不等，一般每年有7.5万加元用于项目研究，最多时科研经费可达20万加元。

三、加拿大的蜂业组织情况

加拿大蜂业组织主要有加拿大蜂蜜委员会、加拿大蜂蜜生产者联合会、中部地区养蜂者联盟、安大略省养蜂者联合会、萨斯喀彻温省养蜂者联合会、阿尔伯塔省养蜂人协会、不列颠哥伦比亚省养蜂业等组织。

加拿大蜂蜜委员会（CHC）是非营利的国家组织，成立于1940年，是代表加拿大养蜂业者的全国协会。目前，CHC成员由省级协会的代表组成，养蜂者总数约为1万人，蜂群数量为75万群。

四、加拿大的蜂业教育和培训

加拿大养蜂者获得培训的途径主要有：政府的蜂业培训计划、协会的培训计划、大学的培训项目及各种研讨会等。

安大略省养蜂者可以通过安大略省农业、食品和农村省部的蜂业培训计划、安大略省养蜂者协会的技术培训项目、圭尔夫大学蜜蜂中心的培训课程、尼加拉瓜学院的蜂业经济课程获得培训。另外，还有很多蜂业技术研讨班和会议可以参加，如在线的技术转移课程、针对基础养蜂者的养蜂入门知识培训、蜜蜂病虫害防控技术、蜂王培育与高级蜂业技术培训等。此外，还可以购买各种养蜂手册和蜂业管理光盘等。

第七节　中国与加拿大蜂业对比及未来展望

在加拿大，蜂业是一个比较受欢迎的行业，从2008年开始，养蜂员数量和蜂群数量均逐年增加。

2008年加拿大养蜂员为7 028人，蜂群数量为592 120群；2012年养蜂员为8 312人，蜂群数量为690 037群；2013年养蜂员为8 483人，蜂群数量为672 094群。加拿大蜂农平均年龄50岁，但是管理者并不担心，因为他们认为未来有年轻人和妇女加入，女性更适合养蜂。

与加拿大同行相比（表6-17、表6-18），我国蜂业从业者担心并一直呼吁的是中国蜂蜜质量、价格及养蜂员的年龄等问题，但这些问题在加拿大不成为问题。由于资源优势，加拿大蜂蜜质量优良，蜂蜜价格较高。对于养蜂员的年龄，因为加拿大主要生产蜂蜜，而且蜂蜜生产中最繁重的工作，如取蜜和转地等都基本实现了机械化，年龄不再成为限制因素。对于中国蜂业生产者，蜂王浆的生产受到年龄限制，蜂蜜生产中转地和取蜜等工作机械化程度低，更多地依赖人工，劳动强度大，年龄大的从业者难以承受，年轻人不愿意加入。因此，中国蜂业需要发展简便实用技术、培育销售市场、吸引年轻人加入。

表 6-17 中国和加拿大蜂业数据比较

项目	中国	加拿大
可利用的陆地面积（千米^2）	830	597
油菜面积（万公顷）	740	600
蜂群数量（万群）	890	63
蜂均资源拥有量（万公顷/群）	0.93	9.47
养蜂员数量（人）	200 000	8 483
养蜂员年龄（岁）	52（2014年）	50
蜂蜜产量（万吨）	46	3.42
蜂蜜年均单产（千克/群）	51	50
人均饲养量（群）	30	79
最大蜂场（群）	3 500	25 000
蜂蜜出口在蜂蜜生产比例（%）	25	3

表 6-18 中国和加拿大蜂业宏观比较

项目	中国	加拿大
蜂业数据统计	不详	精确
蜜源种类	多	多
蜂群分布	分布不均，集中在长江流域	地广蜂稀，资源型
生产方式	单箱体	多箱体，封盖蜜
生产模式	多样化，形成专业化生产蜂蜜、王浆、花粉及蜜浆等类型	主要生产蜂蜜
授粉行业发展	待提高	发达，收费高
授粉在养蜂收入中所占比例	偏低	高
蜂蜜的外贸依存度	较高	较低
蜂蜜国内消费绝对数量	高	低
蜂蜜国内消费相对数量	低	高
注册制度	未建立	建立
政府管理	提升空间较大	提升空间不大

第七章

乌拉圭养蜂业

第一节　乌拉圭蜂业历史

很久以前，查鲁阿印第安人、盖诺人、伊哈罗斯人和基督教人员一直利用蜜蜂和胡蜂。蜂蜜是唯一已知的甜味剂，也是生产宗教饮料最需要的。蜂巢被土著人作为药物使用。他们把水和蜂蜜混合，然后放入水果进行发酵，制成酒精饮料。

在西方蜜蜂到乌拉圭之前，当地人将蜜蜂称为 abipone，蜂蜜称为"Neherek"。达马索·安东尼奥·拉拉尼亚加神父（1771—1849 年）在他的著作中记录了动物和植物目录，1819 年时乌拉圭有几种蜜蜂，但是没有西方蜜蜂。

1834 年 5 月 27 日，西方蜜蜂首次由阿根廷前总统贝纳迪诺里·瓦达维亚带到乌拉圭。1834 年 4 月，瓦达维亚从欧洲返回阿根廷，但当时没有被允许从阿根廷下船，于是在 5 月 27 日来到乌拉圭，从此开启了乌拉圭西方蜜蜂饲养。此后，西方蜜蜂不断发展，2017 年达到了 59 万群蜂，3 100 名养蜂员和 12 000～14 000 吨蜂蜜的年产量。

第二节　乌拉圭蜂业生产情况

乌拉圭土地平缓起伏，平原面积 1 700 万公顷，主要是草地，一年中大部分时间的平均温度为 20℃，是蜜蜂和传粉媒介繁衍生息的理想之地。尽管乌拉圭人口只占世界的 0.04%，但其蜂蜜产量却占世界的 1%。乌拉圭蜂蜜以优良、健康和品质高而著称，主要由多花蜂蜜和桉树蜜组成。60 年来，该国已向世界 40 多个国家出口蜂蜜，主要出口德国、西班牙、美国等。从 2006 年以来实施了蜂蜜的追溯系统，乌拉圭成为拉丁美洲第一个，也是世界上第一个在国际市场上实施追溯系统的国家。

一、2010—2019 年蜂业总体生产情况

表 7 - 1 显示，2010—2016 年全国登记注册的蜂场主超过 3 000 人，其中 2011 年蜂场主最多，达 3 292 人；2016 年开始，蜂场主数量逐年下降，2019 年只有 2 489 人。2010—2019 年乌拉圭蜂群数量始终在 50 万群以上，其中 2015 年蜂群数量最多，达 58.92 万群。人均蜜蜂饲养量总体呈增加趋势，2019 年人均饲养蜜蜂 225 群，比 2010 年增加了 45.2%。2011—2017 年蜂蜜产量在 1 万吨以上，2010 年、2018 年和 2019 年蜂蜜产量不足 1 万吨，2017—2019 年蜂蜜产量逐年下降。从蜂群单产看，年度间有变化，但变化不大，总体为 16～27 千克/群。2011 年蜂蜜单产最高，达到 27 千克/群。2017—2019 年蜂蜜单产逐年下降，2019 年由于干旱，蜂蜜单产为 10 年来的最低点，只有 16 千克/群。

表 7 - 1   2010—2019 年乌拉圭养蜂业情况

项目	2010 年	2011 年	2012 年	2013 年	2014 年	2015 年	2016 年	2017 年	2018 年	2019 年
蜂场主（人）	3 244	3 292	3 165	3 021	3 224	3 165	3 071	2 880	2 644	2 489
蜂群数量（群）	503 179	555 450	568 312	535 613	528 989	589 228	587 512	585 734	556 107	560 983
人均蜂群数量 (群/人)	155	169	180	177	181	186	191	203	210	225
蜂蜜产量（吨）	8 205	15 031	11 509	12 952	12 060	13 193	10 057	11 599	9 565	9 253
蜂群单产（千克/群）	16	27	20	24	21	22	17	20	17	16

二、人均蜂群饲养规模

表 7 - 2 显示，乌拉圭 48.9% 的养蜂员饲养蜂群最多 50 群，20.1% 蜂群数量在 51～100 群，两者合计占比为 69%。500 群以上的生产者占 5.2%，其中 1 000 群以上的生产者只有 1.3%。

表 7 - 2　2010 年乌拉圭蜂群饲养规模

饲养量（群）	养蜂人员占比（%）
1～50	48.9
51～100	20.1
101～200	14.6
201～300	6.0
301～500	5.2
501～700	2.4
701～1 000	1.5
>1 000	1.3

拥有 50 群蜂的养蜂员被认为是业余养蜂员，几乎占乌拉圭养蜂员的一半，包括专业人士、公共雇员和商人，他们将养蜂视为利润丰厚的业务，是生活在城市中并与大自然接触的一种方式。也有小型农业生产者，在自己居住的土地上饲养少量蜜蜂。

拥有 50～300 群蜂的养蜂员被认为是兼职私人养蜂者。乌拉圭的蜂蜜生产主要来自这类生产者。兼职私人养蜂员可分为两类：第一类将养蜂业作为次要活动，没有足够的时间进行技术更新，但蜂蜜产量相对较高。第二类是将养蜂作为未来生计的人。为了发展，该生产者通常在经济上受到限制，养蜂员乐于接受更多技术知识，并寻求新方法来提高养蜂的盈利能力。

拥有 300~1 000 群蜂的养蜂员更稳定，也是产量最高的群体。他们熟悉养蜂工作，养蜂是他们的生计，这迫使他们尽可能追求先进技术。

专业级别的养蜂员蜂群数量超过 1 000 群。通常生产者不再是养蜂员而成为公司的领导者，因此当他们不与蜂群接触并将任务交给雇用人员时，蜂群产量下降，公司的盈利也就会受影响。

三、2010—2019 年各省蜂业生产情况

（一）各省蜂业生产者情况

乌拉圭共分 19 个省。表 7-3 显示，2010—2016 年乌拉圭养蜂员超过 3 000 人。索里亚诺省是全国养蜂员最多的省，2011 年开始蜂场主数量逐年下降，2019 年只有 272 人，占全国总蜂场主的 10.9%。里韦拉省是全国养蜂人数第二大省，2010—2012 年养蜂员比较固定，2014 年开始呈逐年下降趋势。2019 年只有 267 人，占全国总养蜂人数的 10.7%。派桑杜省是养蜂员第三大省，从 2011 年开始养蜂人数逐年下降，2019 年只有 236 人，占全国总养蜂人数的 9.5%。特雷塔伊特雷斯省是全国养蜂员最少的省，2010 年只有 44 人，2019 年只有 35 人。

表 7-3　2010—2019 年乌拉圭各省养蜂员变化情况（人）

省份	2010 年	2011 年	2012 年	2013 年	2014 年	2015 年	2016 年	2017 年	2018 年	2019 年
索里亚诺	398	400	359	342	347	326	321	305	274	272
里韦拉	385	387	385	350	386	354	335	324	302	267
派桑杜	342	358	337	316	320	312	308	280	244	236
内格罗河	268	285	267	262	269	274	277	259	234	226

（续）

省份	2010年	2011年	2012年	2013年	2014年	2015年	2016年	2017年	2018年	2019年
科洛尼亚	291	290	271	263	271	268	249	242	225	206
卡内洛内斯	193	203	206	186	198	208	178	192	177	155
杜拉斯诺	188	195	194	174	181	179	188	157	152	146
塔夸伦博	123	135	127	123	144	143	145	137	124	125
蒙得维的亚	197	180	181	167	187	185	194	140	129	120
圣何塞	164	158	145	146	153	149	145	133	126	119
佛罗里达	136	140	137	138	144	136	133	123	115	109
塞罗拉尔戈	87	92	100	96	116	121	126	117	107	107
马尔多纳多	69	68	76	78	105	114	105	104	97	88
萨尔托	105	90	88	89	93	83	71	81	73	70
弗洛雷斯	89	89	86	86	88	91	84	79	75	69
阿蒂加斯	64	62	59	55	53	56	60	70	60	53
拉瓦耶哈	45	45	41	39	45	47	49	46	44	44
罗恰	56	72	70	75	84	78	61	51	47	42
三十三人	44	43	39	36	40	41	42	40	39	35
合计	3 244	3 292	3 165	3 021	3 224	3 165	3 071	2 880	2 644	2 489

（二）各省的蜂群情况

乌拉圭的河流和溪流的岸边植物区系更丰富，蜂蜜产量稳定，是养蜂的重要地区。天然草原和农业地区对气候变化非常敏感，生产相当不稳定。大多数养蜂者位于乌拉圭的西海岸，该地区的豆科植物较多，全国蜂蜜产量的一半来自索里亚诺、科洛尼亚、内格罗河和派桑杜。

表 7-4 显示，2010—2019 年，乌拉圭蜂群总数超过 50 万

表7-4 2010—2019年乌拉圭各省蜂群数量变化情况（群）

省份	2010年	2011年	2012年	2013年	2014年	2015年	2016年	2017年	2018年	2019年	2019年占比
索里亚诺	72 483	77 791	76 036	75 151	77 501	75 665	76 365	79 204	75 474	74 441	13%
科洛尼亚	62 565	66 042	68 760	63 877	67 502	68 952	66 635	67 143	64 891	67 292	12%
派桑杜	69 737	73 723	73 074	66 597	68 972	68 155	69 727	72 052	67 543	66 805	12%
内格罗河	55 671	64 571	64 858	60 967	67 050	66 947	67 601	66 384	58 969	61 635	11%
圣何塞	39 490	44 000	45 760	46 282	48 485	51 484	50 857	49 169	48 845	50 460	9%
里韦拉	47 412	51 425	52 827	44 791	49 899	45 981	45 146	47 109	42 765	40 501	7%
佛罗里达	26 913	32 634	33 910	35 432	39 503	41 912	39 912	40 012	39 080	37 410	7%
弗洛雷斯	23 450	25 643	25 877	24 470	25 757	26 874	26 356	25 999	25 653	26 604	5%
杜拉斯诺	19 533	23 174	24 832	23 719	27 263	27 625	28 878	24 973	23 306	24 303	4%
卡内洛内斯	20 237	22 139	24 538	22 515	24 235	26 006	24 695	23 382	22 880	21 144	4%
塔夸伦博	11 979	16 317	15 210	11 926	16 496	16 710	17 500	19 418	18 271	19 120	3%
塞罗拉尔戈	7 604	8 443	10 728	10 238	13 150	14 544	15 899	17 082	16 719	18 137	3%
萨尔托	12 920	12 478	14 390	13 803	15 380	15 321	13 612	13 320	12 086	11 388	2%
马尔多纳多	7 412	8 259	8 052	7 664	9 658	10 530	11 101	10 387	10 413	10 170	2%
罗恰	7 728	9 179	9 535	9 182	9 890	9 298	9 283	7 728	8 082	9 453	2%
拉瓦耶哈	5 890	7 030	6 472	6 369	7 762	8 490	9 107	9 035	8 651	8 779	2%
阿蒂加斯	7 718	7 405	8 116	8 080	7 097	7 446	7 598	6 916	6 490	6 751	1%
特雷塔伊特雷斯	2 003	2 893	2 591	2 878	4 391	4 514	4 735	4 099	4 058	4 446	1%
蒙得维的亚	2 434	2 124	2 747	2 944	2 998	2 774	2 505	2 322	1 931	2 144	0
合计	503 179	555 450	568 312	535 613	582 989	589 228	587 512	585 734	556 107	560 983	100%

群，其中 2015 年蜂群数量为 58.9 万群，为 10 年来的最高纪录。此后蜂群数量呈下降趋势。2019 年蜂群数量为 560 983 群。索里亚诺省是全国蜂群最多的省，2010—2019 年，其蜂群数量始终超过 7.2 万群，其中 2017 年蜂群数量为 7.9 万群，达到 10 年来最高；2019 年蜂群数量为 74 441 群，占全国总蜂群数的 13%。科洛尼亚省是全国蜂群数量第二大省，蜂群数量超过 6.2 万群，2015 年蜂群数量为 6.9 万群，为 10 年来最高纪录；2019 年蜂群数量为 67 292 群，占全国蜂群数的 12%。派桑杜省是蜂群数量第三大省，蜂群数量超过 6.6 万群，2011 年蜂群数量为 7.37 万群，为 10 年来最高纪录；2019 年蜂群数量为 66 805 群，占全国总蜂群数的 12%。内格罗河省是全国蜂群数量第四大省，蜂群数量超过 5.5 万群，2016 年蜂群数量达 6.76 万群，为 10 年来的最高纪录；2019 年蜂群数量为 61 635 群，占全国总蜂群数的 11%。除了这 4 个省，其他省蜂群数占比均未超过 10%。蒙得维的亚省是全国蜂群数量最少的省，不足 3 000 群，2019 年蜂群数量只有 2 144 群。

四、蜂蜜的品种

乌拉圭蜂蜜的人均消费量估计为 700 克。蜂蜜生产表现出很高的季节性，85% 的产量集中在 11 月至翌年 4 月。乌拉圭蜂蜜的植物来源分布如下：本土高山植物 40%、豆科植物 30%、桉树 20%、天然农场 7%、果树 3%。乌拉圭蜂蜜的特征是具有温和的香气和细腻的口感。

乌拉圭蜂蜜的主要类型以及特征如下：

（1）草原蜂蜜。来自三叶草和苜蓿的浅色蜂蜜，带略酸和令人愉快的味道，结晶细腻。

（2）橙花蜂蜜。来自橙、柑橘和柠檬的金黄蜂蜜，味道和香气俱佳，结晶非常缓慢。

（3）桉树蜂蜜。蜜蜂在秋天的桉树林采集制成，巧克力味，香气浓郁，深色，是做糕点的理想选择，可快速结晶。

（4）多花蜂蜜。蜜蜂从各种各样的野花中提取的蜂蜜，黄色，近橙色。不同季节和区域，花香和口味各异。

（5）三基数旱地菊蜜。来自本地植物（*Baccharis trimera*）的蜂蜜，微苦，具有植物的特性。赤褐色，是理想的酸奶增甜选择。

（6）有机蜂蜜。使用有机蜂蜡和有机糖自然生产的蜂蜜，使用天然产品治疗疾病，销售必须获得相关部门认可的代理商的认证。

五、特色生产

岛屿蜂蜜"拉塞雷纳"是一项家族传统事业，致力于以蜂蜜"筏子"形式生产高质量 100％ 天然手工蜂蜜。蜜蜂放置在新柏林海岸附近的乌拉圭河上，地理位置优越。蜜蜂在岛上采集花蜜，蜂箱被放到木筏上，以保证它们在河水泛滥时的生存。这一特点使拉塞雷纳养蜂场的蜂蜜生产在乌拉圭埃斯特罗斯·德·法拉波国家公园和里奥岛保护区内，在世界范围内独树一帜。

罗莎·内格拉是乌拉圭的首款优质格拉巴米酒，是由葡萄和蜂蜜在天然葡萄园环境中制成的烈性酒，经过两次蒸馏，延续了意大利保留下来的古老传统食谱。罗莎·内格拉是乌拉圭的代表，是乌拉圭的最佳美食和外国公众的首选免税品。

六、蜂胶的生产和进出口

为推动蜂胶生产，畜牧服务总局于 2011 年 11 月 17 日通过以下决议：监测出口蜂胶中的生物残留，规定建立用于出口的蜂胶中生物残留物的监控。根据每个买方市场的要求，由官方服务部门确定要调查的物质和最大残留限量。由兽医实验室部门（DILAVE）与乌拉圭技术实验室（LATU）协调，负责抽取每批出口的蜂胶样品，并确定有权进行相应分析的实验室。如果发现违禁物质超过最大残留限量，官方服务部门将不会为受影响批次签发出口动植物检疫证书，将根据其健康风险等级确定商品的目的地。委托DILAVE按照国家标准和国际建议，设计一份样本提取手册。

2011年，由于在乌拉圭蜂胶中检测出土霉素，因此欧盟拒绝进口乌拉圭蜂胶。2012年2月27日的部长级会议决议DGSG/N°33/012，对197/2011决议中第一条进行了修订，改为"对出口蜂胶中的化合物进行监测。用于土霉素研究的蜂胶提取物，如果经过热处理会破坏该化合物，则不需监测该化合物。待调查物质和最大残留限量将由官方服务部门根据每个买方市场的要求确定。"

近年来，乌拉圭养蜂业逐渐萎缩，注册养蜂员数量减少了25%～30%，蜂群数量也在逐年下降。自2015年2月以来，乌拉圭蜂蜜价格暴跌，养蜂员为减轻利润损失，转而进行蜂胶生产和销售。乌拉圭蜂胶在国际上有很高的声誉。与蜂蜜一样，乌拉圭生产的蜂胶绝大多数出口到新西兰、德国、意大利等国。2005—2018年，天然蜂胶的出口量减少，加工蜂胶的出口量增加。养蜂员出售的蜂胶价格提高，平均价格从2005年的每千克约14美元逐渐增至27美元。2018年乌拉圭出口蜂胶约28吨，养蜂员的收入约为70万美元。自2012年以来，乌拉圭没有官方检测法规。自2019年开始，乌拉圭天然蜂胶和加工蜂胶的出口一直受阻，2019年仅出口了13吨蜂胶。2019年9月后，蜂胶出口持续恶化，大多数养蜂员因为没有本地公司采购而无法出售蜂胶。2020年，乌拉圭仅出口蜂胶1 203.95千克，全部为加工过的蜂胶（表7-5）。

表 7 - 5　2006—2020 年蜂胶出口量

项目	2006 年	2007 年	2008 年	2009 年	2010 年	2011 年	2012 年	2013 年
出口量 (千克)	16 848.8	7 654.45	15 397.25	10 246.27	14 057.83	11 845.40	13 445.26	13 638.04

项目	2014 年	2015 年	2016 年	2017 年	2018 年	2019 年	2020 年
出口量 (千克)	10 137.00	17 993.30	12 843.40	14 200.60	27 943.95	13 355.83	1 203.95

注：2020 年数据截至 2020 年 12 月 19 日。

七、蜜蜂的病虫害情况

据调查，因环境变化、农药使用、单一种植和健康影响，乌拉圭每年损失 30% 的蜂群。蜜蜂的病虫害主要有大蜂螨、美洲幼虫病、微孢子虫病和病毒病。病毒病病源主要包括慢性麻痹病毒、黑蜂王台病毒、囊状幼虫病毒、残翅病毒、克什米尔病毒和以色列急性麻痹病毒。2011 年检测结果表明，狄斯瓦螨寄生率达 78%，是主要的疾病。慢性麻痹病毒、黑蜂王台病毒、残翅病毒和囊状幼虫病毒的感染率分别为 13%、78%、29% 和 18%。除了黑蜂王台病毒广泛分布和流行外，其余病毒主要分布在西海岸的主要蜜蜂产区。东方蜜蜂微孢子虫感染率 15%。幼虫腐臭病感染率为 2%。

2010 年乌拉圭农业常用杀虫剂对蜂群影响的调查结果显示，在蜜蜂数量减少的蜂群中检出了吡虫啉和氟虫腈，而在蜜蜂活跃的蜂群中发现了硫丹、蝇毒磷、氯氰菊酯、乙硫磷和毒死蜱，蜂胶样品中的蝇毒磷含量最高，约为 1 000 微克/千克。

2012—2013 年乌拉圭 321 个蜂农报告，他们的蜂群损失率为 21.2%。2013—2014 年乌拉圭 78 个蜂群的夏季死亡率为 19.8%，冬季损失率为 18.3%，每年损失率为 28.6%。2015—2016 年乌拉圭 31 个蜂农报告，蜂群的夏季死亡率为 14.2%，冬季损失率为 11.9%，全年损失率为 19.1%。

八、乌拉圭蜂业生产的潜力

乌拉圭至少需要 12 万群蜂来维持水果、蔬菜和油料作物的授粉。苹果种植面积 2 667 公顷，每年需要约 1.6 万群蜂授粉。如果用蜜蜂为油菜授粉，则需要 570 842 群蜂。乌拉圭目前蜜蜂为作物授粉面积不大。

第三节　乌拉圭蜂业进出口情况

乌拉圭主要出口蜂蜜，其次为蜂蜡和蜂胶，没有花粉出口。

一、蜂蜜出口

乌拉圭蜂蜜产量占世界的 1%，1934 年前乌拉圭进口蜂蜜。1963 年乌拉圭开始出口蜂蜜，一般是 300 千克罐装的天然蜂蜜。目前，85% 蜂蜜出口到 40 多个国家，15% 蜂蜜国内消费。

表 7 - 6 显示，2012—2015 年乌拉圭蜂蜜出口量超过 1 万吨，出口额超过 3 000 万美元。2015 年乌拉圭蜂蜜出口额达到了 4 062 万美元，在全球排名第十七位。2016 年乌拉圭蜂蜜中发现了草甘膦残留物，因此蜂蜜出口量不足 1 万吨，出口额不足 1 700 万美元。

2018 年乌拉圭有 14 家出口公司共出口蜂蜜 5 803 吨，出口量创 20 年来最低，与 2009 年相似；比 2017 年下降了 45%，比过去 4 年下降了 69%。乌拉圭从 2015 年的世界排名第十七下降到 2018 年的第三十。西班牙首次成为乌拉圭蜂蜜的第一大出口国，2018 年，乌拉圭出口了 2 132 吨蜂蜜到西班牙，约占总出口量的 37%；美国是第二大出口国，出口量占 24%；其次是德国，出口量为 797 吨，占 14%。出口德国的蜂蜜价格最高，平均离岸价为 2.85 美元/吨。

2019年乌拉圭蜂蜜出口排名第十八，出口量为8 149吨，平均价格2 090美元/吨。西班牙是主要买家（42%），其次是美国（21%）、德国（10%）、奥地利（12%）和波兰（5%）等，意大利、南非、捷克、丹麦、比利时、斯洛伐克、斯洛文尼亚、以色列、英国、法国、瑞士、阿拉伯联合酋长国等也有少量出口。

2020年（截至2020年10月19日），乌拉圭出口蜂蜜12 958 026千克，蜂蜜出口国增至18个，出口商增为16个。西班牙依旧是第一个国际买家，占43%，其次是美国（21%）和德国（16%）。2020年上半年乌拉圭出口蜂蜜约为7 600吨，平均价格为每吨1 900美元；2019年同期出口量为4 200吨，平均价格为2 200～2 900美元/吨。出口商的蜂蜜排名以花蜜（33%）为首，其次是麦加宝（14%）、考伏考（10%）和乌林派克（9%）。2020年，乌拉圭的本地多花蜜首次出口到西班牙，首批出口21吨，本地多花蜜包括桃金娘、白沙兰地、孔雀草、薄荷等。

表7-6 2012—2019年乌拉圭蜂蜜出口情况

项目	2012年	2013年	2014年	2015年	2016年	2017年	2018年	2019年
出口量（吨）	11 654	12 701	10 887	12 100	7 736	9 549	5 802	8 149
出口产值（万美元）	3 128.1	4 014.4	3 912.0	4 061.9	1 690.7	2 646.9	1 414.8	1 683.9
	出口量（吨）							
主要出口国家 西班牙	194	571	1 187	1 010	1 704	1 643	2 132	3 440
美国	612	8 958	5 210	7 328	1 214	4 184	1 383	1 685
德国	10 697	2 599	3 240	2 773	1 827	2 074	797	835
波兰	—	—	—	—	—	—	331	432
其他	152	572	1 250	989	1 891	1 648	1 159	1 757

二、蜂蜜进口

FAO 数据显示，1961—2018 年，乌拉圭只有表 7-7 中的年度有蜂蜜进口，其他年度没有进口。2001 年乌拉圭进口蜂蜜最多，达 13 吨，蜂蜜进口额为 2.6 万美元。

表 7-7　1961—2018 年乌拉圭蜂蜜进口情况

项目	1995年	1996年	1997年	1998年	1999年	2000年	2001年	2005年	2013年	2014年	2015年	2016年	2017年	2018年
进口量（吨）	3	1	3	9	8	11	13	5	0	1	1	1	0	0
进口额（万美元）	0.5	0.3	0.7	2.3	1.6	2.3	2.6	1.0	0.2	1.4	0.9	1.4	0.4	0.4

注：数据来自 FAO。

三、蜂蜡出口

蜂蜡是乌拉圭第二大出口蜂产品，但出口量极不稳定。1961—2018 年，表 7-8 中所记录年度有蜂蜡出口，其中 2003 年出口蜂蜡最多，达 177 吨。2016 年蜂蜡出口额最高，达 11 万美元。天然蜂胶和加工蜂胶也有出口，但出口量很少。

2020 年（截至 2020 年 10 月 19 日），乌拉圭出口蜂蜡 1 100 千克。

表 7-8　1961—2018 年乌拉圭蜂蜡出口情况

年度	出口量（吨）	出口额（万美元）
1981	2	0.9
1982	9	3.5
1983	15	5.4
1984	11	3.8
1985	12	3.7
1986	4	1.1

（续）

年度	出口量（吨）	出口额（万美元）
1987	6	1.8
1988	11	3.3
1990	4	1.0
1991	9	2.8
1992	3	1.4
1999	0	0.1
2001	2	0
2002	160	3.7
2003	177	4.4
2014	2	1.7
2015	2	2.9
2016	13	11.0
2017	0	0.3
2018	2	3.5

注：数据来自 FAO。

四、蜂蜡进口

表 7 - 9 显示，乌拉圭蜂蜡进口比较少，而且年度间差异比较大。1961—2018 年，只有表中所列年度有蜂蜡进口，1998 年和 2004 年进口量最大，达 13 吨。2004 年蜂蜡进口额最高，达 5.7 万美元。

表 7 - 9 1961—2018 年乌拉圭蜂蜡进口情况

年度	出口量（吨）	出口额（万美元）
1979	2	1.3
1980	1	1.0
1981	1	0.8

（续）

年度	出口量（吨）	出口额（万美元）
1982	0	0.3
1983	0	0.1
1984	0	0.2
1985	3	1.0
1986	0	0.2
1987	2	0.8
1988	0	0.4
1989	0	0.2
1990	0	0.3
1991	0	0.1
1992	1	0.4
1993	1	0.3
1994	2	0.8
1995	2	1.1
1996	1	0.5
1998	13	2.4
1999	5	1.6
2000	2	0.6
2001	1	0.1
2004	13	5.7
2006	0	0.2
2008	0	0.1
2009	0	0.1
2012	0	0.1
2014	1	0.1
2017	0	0.1
2018	0	0.1

注：数据来自 FAO。

五、蜜蜂进出口

FAO 数据显示，1961—2018 年乌拉圭只有 2010 年和 2011 年有蜂群的进出口业务，其他年度没有蜂群进出口记录。2010 年进口 13 群蜂，出口 12 群蜂。2011 年进口 2 群蜂，出口 11 群蜂。

第四节　乌拉圭蜂业管理

一、蜂业管理

乌拉圭蜂业生产由农牧渔业部负责。1990 年 1 月 23 日颁布的第 16105 号法律建立了国家农业委员会（JUNAGRA），任务是提供技术服务，以促进在农业下属部门的生产及工业化和商业化发展。在养蜂生产方面，国家农业委员会最重要的作用是管理国家蜂场主登记处。从 1997 年开始，从事蜂业生产的所有蜂场主每年必须进行登记，已登记注册养蜂场主每年必须在规定的时间内通过农牧渔业部（MGAP）网站，进入国家蜂蜜和蜂产品追溯系统（SINATPA）的网站更新数据。2010 年农牧渔业部创建国家养蜂产品可追溯性系统，系统中包括养蜂员和蜂蜜提取室的注册数据、健康控制、存储和产品标识等所有信息。2013 年通过第 371 号法令规定对蜂产品进行监管。法律规定，蜂蜜出口商必须有蜂蜜提取室，蜂蜜提取室均符合第 29/2006 号法令规定，农牧渔业部下属的农场总局（DIGEGRA）实验室和畜牧服务总局（DILAVE）的兽医负责对蜂蜜提取室的登记、卫生授权和控制，畜牧服务总局负责蜂蜜生产和出口的卫生。

根据 2017 年 9 月 25 日第 19535 号法律第 93 条，大学退休人员从事养蜂业免交印花税。

二、养蜂法律

乌拉圭养蜂法律包括国家法律和省法律。涉及的国家法律主要有：

1978 年 10 月 19 日，颁布了第 595/978 号法令：蜂产品国家利益声明，该规定宣布蜂蜜的提取、加工和包装，从蜂巢中获取产品的活动以及相关的活动，包括生产蜂箱、设备和工具的行为，为国家利益。

1991 年 10 月 29 日的第 16226 号法律（预算执行的问责制和平衡）第 201 条，宣布在全国从事养蜂活动符合国家利益。

1997 年 2 月 5 日通过的第 40/997 号法令规定，建立国家蜂群注册处。该登记处归属于农牧渔业部，1 群蜂以上的蜂场持有人必须进行登记注册，获得 1 个代码，代码由与养蜂人确定住所相对应的两位数字和与注册表中注册顺序相对应的另外 4 位数字组成。代码必须放在蜂箱、巢框和蜜脾上。除了代码外，政府还提供一个包括所有者的姓名、身份证明文件、有效性、地址、授予的代码及其编号的证明文件。

农场总局根据 1998 年 5 月 5 日第 40 号法令第 5 条的规定，明确了国家蜂群拥有者登记数据只能用于健康、科学、统计和市场目的。

1999 年 6 月 21 日通过养蜂发展法（第 17115 号法律），成立了养蜂发展荣誉委员会（第 2 条）和国家蜂群拥有者登记处（第 7 条）。养蜂发展荣誉委员会由农牧渔业部两位代表、工业能源和矿业部代表、两位养蜂生产者代表、蜂蜜出口代表组成，共同负责国家蜂业活动。该委员会要求国家农业委员会（JU-NAGRA，后称 DIGEGRA）来管理和执行蜂业注册。国家蜂群拥有者登记规定，1 群蜂以上的蜂场持有人必须进行登记注册。如果违反规定，将受到罚款等处理。

2001 年 8 月 24 日的第 625/969 号和第 215/984 号法令要求

蜂蜜和蜂蜡的出口必须获得乌拉圭技术实验室（LATU）颁发的质量证书。其余蜂产品的认证应出口商的要求进行。

2006年1月30日通过的第29/006号法令规定，农牧渔业部通过农场总局和畜牧服务总局负责蜂蜜提取室的注册、卫生授权和控制，以用于商业目的。

2010年1月27日通过第18719号法律《2010—2014国家预算》，其中第380条规定，建立一个全国蜂蜜可追溯系统，对蜂产品的生产、工业化、中介、收集和商业化进行卫生鉴定、登记和控制。

2012年6月25日农牧渔业部的法令规定，养蜂员自行进口或通过中间进口商进口的食糖通过"非专利用途证明"就可以享受关税为零的待遇。

2013年11月18日通过的第371/2013号法令：建立强制性的国家蜂蜜追溯系统，规定了农场总局负责国家一级蜂产品链可追溯系统的实施、操作、管理、控制和验证。养蜂产品可追溯性程序将通过计算机系统执行。4年内未续签获授权的蜂蜜提取室和储存库将被从相应的注册表中删除，无法销售其产品。

2019年9月30日，运输部发布第2019-10-7-0001194命令，农牧渔业部农场局登记的养蜂员可以购买1辆载重量大于2吨，总毛重等于或小于8.5吨的货物运输车辆，车辆可以享受高达50%的一次性折扣。

三、对蜂业的扶持

除了制定法律外，国家还在多方面扶持蜂业：

1. 启动蜂业项目　1978年，乌拉圭制定了国家生物残留计划，在全国范围内监测兽药和环境污染物，从1998年开始，将蜂蜜纳入计划中，监测其残留情况。

2009年，农场总局支持养蜂员通过人工造林计划来获得蜜蜂栖息地，促进养蜂业可持续发展。2012年，芬欧汇川、农场总局、养蜂发展名誉委员会（CHDA）和乌拉圭养蜂协会（SAU）签署了一项协议，正式成立了行政管理委员会（CAR），创建了养蜂森林基金（FFA），由养蜂员和芬欧汇川提供捐款，加强培训，提高蜂业生产技术，推动养蜂发展。2019年启动了养蜂者综合技术援助试验计划。

2018年，国家发展局批准了"公共产品促进竞争力计划"：通过确保安全和技术整合来加强乌拉圭养蜂业的出口能力，该项目2019年启动，执行期限2年，由蜂蜜出口商协会、养蜂发展荣誉委员会、国家农业研究所、乌拉圭养蜂协会承担，其目标有：①建立蜂蜜中草甘膦残留量快速、低成本的分析方法；②寻找新市场；③开发新的蜂产品。

2019年工业、能源和采矿部（MIEM）"呼吁合作社、农业合作社和农村发展协会"计划确定了3个项目，其中1个项目与蜂业有关。多罗农村发展协会获得274 237美元资金，用于改善设施和蜂蜜包装室。

2019年由于干旱，圣何塞、卡内洛内斯、蒙得维的亚、佛罗里达和马尔多纳多等地区被列入农业紧急情况目录。蜂蜜产量下降，正常情况下蜂蜜单产为19～20千克/群，2019年产量不足10千克/群。如果没有支持，这些蜂农将放弃养蜂。为鼓励养蜂生产，农场总局制定的支持计划中考虑了这些地区的蜂业生产，农牧渔业部为家庭养牛者、奶牛场和蜂农提供了70万美元的贷款，有156个养蜂者获得财政援助，还款期限在2020年11月和2021年11月，利息由国家农业基金资助。

尽管乌拉圭没有城市养蜂的经验，但法国在这一领域取得显著进步。作为城市蜂群项目的一部分，法国驻乌拉圭大使馆决定在其位于蒙得维的亚的使馆和休斯·莫雷大使的官邸中各放两群蜂，由乌拉圭养蜂协会负责管理，开始了城市养蜂业和生物多样性保护。

2. 制定蜂业保险 2011年9月，农牧渔业部和国家保险银行签署了一项协议，使养蜂员获得除了基本保险和责任保险外的养蜂保险。2017 年，养蜂发展名誉委员会开始了一项养蜂指数保险的可行性研究。农牧渔业部和国家保险银行达成协议，养蜂保险涵盖飓风、风暴和临时发生的恶劣天气造成的损害。养蜂员仅需支付保险费的 35%，农牧渔业部补贴其余部分。目前，CHDA 正在对保险范围进行扩大，增加火灾、干旱、洪水和其他超人类破坏因素等，并向该保险中添加了其他保险。

四、蜂业协会

乌拉圭养蜂协会是一个非营利性的民间协会，由全国 1 000 多名养蜂员组成，成立于 1934 年 9 月 22 日，总部设在蒙得维的亚。该协会还是拉丁美洲养蜂业联合会（FILAPI）和养蜂发展荣誉委员会的成员。其目标是捍卫和提高养蜂生产者的利益，提供支持，在其成员之间建立和促进联系，促进蜂产品的生产和配套服务，鼓励蜂产品消费，在全国进行养蜂教学和推广。协会还参与国家养蜂生产和出口，与农牧渔业部、国家农业委员会等机构进行技术和运营协调等。该协会还出版杂志《观察者》。2018年 4 月 10 日，在乌拉圭养蜂协会的建议下，众议院提出了一项法案，保护养蜂生产。内容包括禁止新烟碱类农药的登记和使用，违反者将被罚款。2020 年新冠疫情发生以来，从 3 月 30 日起，乌拉圭养蜂协会发起了"团结蜂蜜"运动，在全国养蜂人中募集 70 罐共 21 吨蜂蜜，捐赠给社会贫困人士。截至 8 月 6 日，已收到 23 吨蜂蜜的捐赠。

蜂蜜出口商协会（ADEXMI）由 3 000 名养蜂员、蜂蜜提取和收集厂及出口公司（ADEXMI）组成，作为蜂蜜的出口商，历史悠久（约有 90% 出口）。

拉丁美洲蜜蜂研究学会（Solatina）是由乌拉圭国家农业研究所（INIA）的研究人员发起的一个非营利性民间组织，于2017 年成立，目标是促进拉丁美洲地区蜜蜂的知识普及和蜜蜂健康、养护，加强蜂业研究，协调国际研究活动。目前，由来自拉丁美洲和美国、法国、西班牙和意大利等 12 个国家的 162 名研究人员组成。从成立之日起，INIA 就参与了 Solatina 所开展活动的研究和传播。工作领域之一是"蜂群损失评估"，从 2016 年开始，包括乌拉圭在内的 17 个拉丁美洲国家的研究人员一起合作，目的是量化蜜蜂和本土蜂的蜂群损失及相关原因，提出减损建议。除乌拉圭外，阿根廷、玻利维亚、巴西、智利、哥伦比亚、哥斯达黎加、古巴、厄瓜多尔、洪都拉斯、墨西哥、巴拿马、巴拉圭、秘鲁、波多黎各、多米尼加共和国和委内瑞拉也参加了研究。

五、蜂业科研机构

乌拉圭从事蜂业研究的单位有国家农业研究所、共和国大学、拉图大学等。国家农业研究所致力于调查与农业部门和养蜂业有关的主题，从而为农业研究和发展提供帮助。INIA 的实验站中，科洛尼亚省埃斯坦苏埃拉实验站与养蜂有关。国家农业研究所讲授蜂业课程。乌拉圭圣何塞省政府和国家农业研究所共同出版杂志《今日养蜂》。共和国大学从事蜂蜜中农药残留研究、蜜蜂病虫害研究。

自 1996 年以来，促进货物服务投资和出口研究所致力于将乌拉圭置于国际经济的新环境中，该研究所有一个专门负责蜂产品出口的部门。

六、蜂业会议

2017 年 6 月 17 日，在乌拉圭农牧渔业部和杜拉兹诺市政府的支持下，举行了首届养蜂博览会，并举办蜂蜜出口商协会（Adexmi）的展览。

国际拉丁美洲养蜂业联合会（FILAPI）于 2018 年 8 月 2—5 日在蒙得维的亚举行第十三届拉丁美洲养蜂大会，由乌拉圭养蜂协会和乌拉圭农村协会共同组织。

第八章

智利养蜂业

第一节　智利蜂业历史

一、智利养蜂历史

1844 年，唐·帕特里西奥·拉兰·甘达里拉斯将 50 群意大利蜜蜂引入智利，最终存活了两群。

1844 年，何塞·帕特里西奥·拉兰·甘达里拉斯在米兰购买了 50 群蜂，他带着其中的 25 群蜂一起乘船到智利，严寒导致他在合恩角停留了 15 天，蜜蜂全部死亡。随后，他在欧洲聘请了一位杰出的养蜂人（唐·卡洛斯·比安奇）负责将剩余的 25 群蜂搬到智利。1844 年秋天，比安奇和 25 群蜂抵达瓦尔帕莱索，但只有两群蜂巢存活。此后蜂群逐渐壮大，逐渐散布在全国。

后来，智利南部的一些定居者进口了其他种类的蜜蜂，但不如意大利蜂。维森特·佩雷斯·罗萨莱斯在 1859 年出版的著作《智利的测试》（曼努埃尔·米格尔译成西班牙文）第四章中写道："自引进以来，外来蜜蜂就成倍增加，而且由于气候和四季开花的结果，为这种昆虫提供了很好的条件，一切都使人们相信，几年之内不仅不需要进口蜂蜡和蜂蜜，而且智利蜂产品将能够与太平洋沿岸的欧洲产品竞争。"

根据农业统计，1919 年智利有 129 466 群蜜蜂，主要生产中心是南部的阿空加瓜、科尔恰瓜、库里科和塔尔卡、兰

基维。应当指出的是，阿劳科省康图尔莫以其蜂蜜的品质而
著称。

二、智利养蜂发表作品

智利最早的养蜂业出版物可能是 1857 年ＪＢ·德博沃斯和胡
里奥·贝林编写的《养蜂人指南》，译自德博沃斯著作的第四版，
并由胡里奥·贝林根据智利的情况进行了改编。在圣地亚哥出
版，共 196 页。这本书不在智利国家图书馆中，而是在米特尔博
物馆中。

第二本书是 1867 年罗布斯蒂亚诺·维拉在圣地亚哥出版的
《小养蜂人或养蜂人指南》，这可能是智利印刷的第一批养蜂
作品。

第三本书是由杜兰德·萨瓦亚特兄弟 1867 年在圣地亚哥
出版的《养蜂者手册》，现存于智利圣地亚哥的迪巴姆国家图
书馆。

第四个作品的标题为《包括蜂箱、机械、人造蜂框等的当前
价格总目录：与 1900 年至 1901 年的新季节相对应》，由国家养
蜂机构（智利）1900 年出版。

第二节　智利蜂业生产情况

智利是一个地形非常狭长的国家，东部是雄伟的安第斯山
脉，西部是太平洋，四周是火山和山脉（上面覆盖着冰川），拥
有全世界 24 种气候中的 16 种，有 1 360 万公顷的天然森林。生
物多样性使智利蜜蜂可采集上千种蜜源植物，能够生产森林蜂
蜜、山地蜂蜜、雨林蜂蜜等。中部和中北部地区特有蜜源植物，
如科隆蒂罗、特沃和奎拉，南部本土蜜源植物，如乌尔摩、提阿
卡和蒂奈奥等。

蜂蜜通过养蜂人的直接销售或通过中介销售。免费的博

览会（美食、传统和其他）、仓库、超级市场等都可以销售蜂蜜。

一、各区蜂业生产情况

表 8－1 显示，奥伊金斯将军解放者大区是智利蜂群数量最多的地区，2017 年 15.6％的养蜂员、21.9％的蜂群集中在这个地区，平均每个养蜂员有 2.13 个蜂场。

2016 年智利注册蜂场中平均每个蜂场饲养 96.21 群，2017 年平均饲养 96.97 群。2016 年马乌莱大区是人均拥有蜂场最多的地区，人均拥有 2.66 个蜂场；2017 年湖大区是人均拥有蜂场最多的区，人均拥有 2.64 个蜂场。湖大区是蜂场规模最大的地区，2016 年每个蜂场平均饲养 198.89 群蜂，2017 年平均饲养 166.49 群蜂。

2016 年智利平均每个养蜂员饲养 202.24 群蜂，2017 年平均饲养 206.19 群蜂。湖大区是人均饲养蜜蜂数量最大的区，2017 年人均饲养 439.29 群蜜蜂。截至 2017 年 3 月，3 223 名养蜂员、6 853 个蜂场在 SIPEC 中登记，蜂群数量为 664 555 群。

从蜂群转地情况看，2016 年智利 51.34％的蜂群转地生产，2017 年转地比例增为 59.46％。2016 年奥伊金斯将军解放者大区是转地蜂群最多的地区，41 028 群蜂转地生产；科金博大区是转地放蜂比例最高的地区，85％的蜂群转地生产。2017 年马乌莱大区转地蜂群依旧最多，95 136 群蜂转地生产，科金博大区转地比例最高，81.8％的蜂群转地生产。而塔拉帕卡大区、安托法加斯塔地区、伊瓦涅斯将军的艾森大区、麦哲伦和智利南极地区、阿里卡和帕里纳科塔区则没有蜂群转地生产。

表 8 - 1 2016—2017 年智利蜂场主及蜂群数

地区	2016 年				2017 年			
	养蜂员数量（人）	蜂场数	蜂群数（群）	转地放蜂蜂群数（群）	养蜂员数量（人）	蜂场数	蜂群数（群）	转地放蜂蜂群数（群）
塔拉帕卡大区	1	1	2	0	4	4	9	0
安托法加斯塔地区	0	0	0	0	19	22	122	0
阿塔卡马大区	34	57	915	608	42	67	998	618
科金博大区	47	73	6 490	5 515	72	118	9 454	7 676
瓦尔帕莱索大区	217	487	55 678	40 384	323	689	69 743	46 551
大都会区	0	0	0	0	216	435	59 826	32 658
奥伊金斯将军解放者大区	382	864	98 499	41 028	503	1 212	145 406	75 986
马乌莱大区	259	688	52 613	34 727	606	1 434	132 743	95 136
比奥比奥大区	530	1 051	66 365	35 394	712	1 446	92 966	52 330
阿劳卡尼亚大区	248	397	26 941	19 339	363	629	42 054	31 744
湖大区	144	346	68 816	18 294	202	533	88 737	36 202
伊瓦涅斯将军的艾森大区	1	1	13	0	8	12	252	0
麦哲伦和智利南极地区	0	0	0	0	1	1	10	0
阿里卡和帕里纳科塔	128	280	35 684	13 392	3	3	13	0
河大区	128	209	16 523	11 348	149	248	22 222	16 274
合计	2 119	4 454	428 539	220 029	3 223	6 853	664 555	395 175

表 8-2 显示，2018 年智利共有 6 260 个养蜂员和 985 466 群蜂，人均饲养 157.42 群；全国有 12 013 个蜂场，平均每个养

蜂员有 1.92 个蜂场。2019 年，智利有 7 812 个养蜂员和 920 142 群蜂，人均饲养 117.79 群蜂；全国有 12 521 个蜂场，平均每个养蜂员有 1.60 个蜂场。马乌莱大区是养蜂员最集中的地区，2018 年全国 19.0% 的养蜂员，2019 年 18.4% 的养蜂员集中在这个地区。奥伊金斯将军解放者大区是全国蜂群数量最多的地区，2018 年 20.4% 的蜂群、2019 年 17.2% 的蜂群集中在这个地区。

综合表 8-1 和表 8-2，2016—2019 年智利养蜂员和蜂场数量均不断增加，蜂群数量也不断增加。相比 2016 年，2019 年养蜂员数量、蜂场数量和蜂群数量分别增加了 2.69 倍、1.81 倍和 1.15 倍。

2018 年智利注册蜂场中平均每个蜂场饲养 82.03 群，2019 年平均饲养量为 73.49 群，略有下降。2018 年瓦尔帕莱索大区和奥伊金斯将军解放者大区是人均拥有蜂场最多的地区，人均拥有 2.25 个蜂场；2019 年湖大区是人均拥有蜂场最多的区，人均拥有 2.32 个蜂场。2018 年湖大区是蜂场规模最大的地区，每个蜂场平均饲养 116.30 群蜂，2019 年大都会区是蜂场规模最大的地区，平均每个蜂场饲养 111.30 群蜜蜂。

2018 年平均每个养蜂员饲养 157.42 群蜂，2019 年平均饲养 117.79 群蜂。2018 年奥伊金斯将军解放者大区是人均饲养蜜蜂数量最大的区，人均饲养 233.50 群蜜蜂。2019 年湖大区是人均饲养蜜蜂数量最大的区，人均饲养 233.15 群蜜蜂。

从蜂群转地情况看，2018 年智利 59.67% 的蜂群转地生产，2019 年转地比例增加为 60.23%。2018 年马乌莱大区是转地蜂群最多的地区，有 136 973 群蜂转地生产。马乌莱大区是转地放蜂比例较高的地区，2018 年有 69.64%、2019 年有 64.25% 的蜂群转地生产。2018 年大都会区是蜂群转地比例最高的省，蜂群全部转地。2019 年科金博大区是转地比例最高的省，该省 76.3% 的蜂群转地生产。

表 8-2 2018—2019 年智利蜂场主及蜂群数

地区	2018 年				2019 年			
	养蜂员数量（人）	蜂场数	蜂群数（群）	转地放蜂蜂群数（群）	养蜂员数量（人）	蜂场数	蜂群数（群）	转地放蜂蜂群数（群）
阿里卡和帕里纳科塔	9	9	70	0	11	12	79	3
塔拉帕卡大区	10	11	57	42	13	18	73	48
安托法加斯塔地区	23	27	141	0	26	31	152	0
阿塔卡马大区	56	103	2 241	970	75	132	1 795	450
科金博大区	355	538	27 912	19 639	501	779	36 899	28 159
瓦尔帕莱索大区	452	1 018	99 301	66 023	530	1 101	94 314	60 263
大都会区	511	949	108 894	108 894	609	1 006	111 972	64 650
奥伊金斯将军解放者大区	863	1 938	201 509	102 101	980	1 592	158 336	85 301
马乌莱大区	1 190	2 469	196 697	136 973	1 440	1 995	139 684	89 744
比奥比奥大区	713	1 272	66 743	38 717	922	1 444	71 745	44 068
阿劳卡尼亚大区	910	1 303	67 645	44 888	1 256	1 762	84 011	55 273
湖大区	409	951	110 606	51 459	466	1 079	108 649	47 842
纽伯莱	446	868	72 258	46 889	537	914	73 779	51 018
麦哲伦省	2	2	13	0	2	2	13	—
河大区	254	467	30 013	20 149	355	542	37 072	27 138
艾森省	57	88	1 366	1	89	112	1 569	254
合计	6 260	12 013	985 466	587 996	7 812	12 521	920 142	554 211

二、养蜂员情况

表 8-3 显示，2017—2019 年，智利养蜂员的数量逐年增

加，其中女性增加比例大于男性。养蜂员中性别比例（女性：男性）从 2017 年的 1∶2.68 变更为 2019 年的 1∶2.07。

表 8 - 3　2017—2019 年智利各省养蜂员的性别情况

地区	2017 年		2018 年			2019 年		
	女性	男性	女性	男性	法人	女性	男性	法人
塔拉帕卡大区	1	3	3	7	0	3	10	0
安托法加斯塔地区	6	13	8	15	0	10	16	0
阿塔卡马大区	19	23	24	32	0	28	44	3
科金博大区	33	38	157	192	6	207	286	8
瓦尔帕莱索大区	86	212	124	288	40	154	329	47
阿里卡和帕里纳科塔	0	3	2	7	0	2	8	1
大都会区	49	145	163	300	48	194	359	56
奥伊金斯将军解放者大区	108	361	223	592	48	257	662	61
马乌莱大区	114	462	268	881	41	353	1 034	53
比奥比奥大区	187	508	211	486	16	296	603	23
阿劳卡尼亚大区	114	239	303	584	23	452	777	27
湖大区	64	125	122	267	20	136	207	12
艾森大区	3	5	15	37	5	29	53	7
麦哲伦	0	1	0	2	0	0	2	0
河大区	49	97	95	152	7	142	301	23
纽伯莱区	—	—	131	304	11	171	354	12
合计	833	2 235	1 849	4 146	265	2 434	5 045	333

2017 年 3 068 位养蜂员中，有 833 位女性、2 235 位男性，女性占 27.2%。比奥比奥大区是养蜂员数量最多的地区，也是女性和男性养蜂员数量最多的地区，女性占 26.9%，略低于全国平均水平。科金博大区是女性养蜂员占比最高的省，46.48%

的养蜂员为女性。其次是阿塔卡马大区，45.24％的养蜂员为女性。

2018年5 995位养蜂员中，有1 849位女性、4 146位男性，女性占30.8％，比2017年有所提高。阿劳卡尼亚大区的女性养蜂员数量最多，占34.2％。马乌莱大区是男性养蜂员数量最多的地区，占76.7％。2018年科金博大区和阿塔卡马大区仍旧是女性养蜂员占比最高的两大省，但女性养蜂员占比略有下降，分别为44.99％和42.86％。

2019年7 479位养蜂员中，有2 434位女性、5 045位男性，女性占比为32.54％，比2018年有所提高。阿劳卡尼亚大区的女性养蜂员数量最多，占比为36.78％。马乌莱大区是男性养蜂员数量最多的地区，占比为74.55％。科金博大区仍旧是女性养蜂员占比最高的省，占比为41.99％。

三、蜂业活动情况分类

表8-4显示，2016—2019年养蜂员从事的主要工作是蜂蜜生产，比例占97％以上。其次是授粉，占25％以上。蜜蜂繁育居第三，占16％以上。蜂胶生产、蜂蜡生产、花粉生产、蜂王浆生产和蜂疗等的从事率依次递减。

表8-4　2016—2019年养蜂员所从事的蜂业活动情况

活动类型	2016		2017		2018		2019	
	数量（人）	占比（％）	数量（人）	占比（％）	数量（人）	占比（％）	数量（人）	占比（％）
蜂蜜生产	2 081	98.21	3 151	97.77	6 140	98.08	7 661	98.07
授粉	660	31.15	983	30.50	1 669	26.66	2 115	27.07
蜜蜂繁育	419	19.77	557	17.28	1 002	16.01	1 269	16.24
花粉生产	117	5.52	161	5.00	344	5.50	453	5.80

（续）

活动类型	2016		2017		2018		2019	
	数量（人）	占比（％）	数量（人）	占比（％）	数量（人）	占比（％）	数量（人）	占比（％）
蜂胶生产	134	6.32	196	6.08	388	6.20	511	6.54
蜂蜡生产	122	5.76	167	5.18	337	5.38	423	5.41
蜂王浆生产	53	2.50	69	2.14	155	2.48	211	2.70
蜂疗	34	1.60	46	1.43	96	1.53	136	1.74

注：数据来自畜牧信息系统（SIPECWEB）。

四、各区蜂业活动情况

表 8-5 显示，马乌莱大区的养蜂员主要从事蜂蜜生产和蜜蜂授粉，有 99.0％的养蜂员从事蜂蜜生产、42.2％的养蜂员从事授粉。比奥比奥大区是从事蜜蜂繁育人数最多的区，22.0％的养蜂员从事蜜蜂繁育工作。马乌莱大区是从事蜂胶生产人数最多的区，有 7.84％的养蜂员从事蜂胶生产。奥伊金斯将军解放者大区是从事花粉生产、蜂蜡生产、蜂王浆生产和蜂疗人数最多的区，8.37％的养蜂员从事花粉生产，7.65％的养蜂员从事蜂蜡生产，5.71％的养蜂员从事蜂王浆生产，3.47％的养蜂员从事蜂疗。

表 8-5 2019 年各地区养蜂员从事蜂业生产情况（人）

地区	蜂蜜生产	授粉	蜜蜂繁育	蜂胶生产	花粉生产	蜂蜡生产	蜂王浆生产	蜂疗
阿里卡和帕里纳科塔	10	6	—	1	1	1	—	—
安托法加斯塔地区	24	—	—	—	—	—	—	2
阿塔卡马大区	62	29	2	5	4	1	1	3
艾森大区	86	22	14	1	1	2	1	3

（续）

地区	蜂蜜生产	授粉	蜜蜂繁育	蜂胶生产	花粉生产	蜂蜡生产	蜂王浆生产	蜂疗
科金博大区	484	143	84	36	46	41	12	11
阿劳卡尼亚大区	968	450	117	39	45	48	17	9
湖大区	465	37	69	19	17	25	15	11
河大区	355	32	40	11	3	19	4	1
塔拉帕卡大区	9	8	1	—	—	—	—	—
瓦尔帕莱索大区	506	207	154	63	80	48	21	16
比奥比奥大区	903	112	203	31	23	29	12	7
奥伊金斯将军解放者大区	1 253	105	166	101	82	75	56	34
马乌莱大区	1 425	607	168	113	65	62	28	11
纽伯莱区	533	118	102	32	33	28	16	10
大都市区	577	239	149	59	53	44	28	17
麦哲伦省	1	—	—	—	—	—	—	1
合计	7 661	2 115	1 269	511	453	423	211	136

五、蜂蜜出口系统中的养蜂人

表 8-6 显示，2016 年在蜂蜜出口养蜂人登记系统（RAMEX）中登记的养蜂员有 1 268 人，在农业发展研究所登记的人员有 1 509 人，从事有机蜂业生产的养蜂员有 117 人。

2018 年 8 月至 2019 年 3 月，蜂蜜出口养蜂人登记系统（RAMEX）中登记的养蜂员数量比 2016 年有所增加，共 1 606 人，占全部养蜂员数量的 25.9%。

表 8-6 2016 年和 2018 年各区在畜牧信息系统中登记的蜂场主人数

地区	2016 年			2018 年 8 月至 2019 年 3 月
	蜂蜜出口养蜂人注册登记人数	农业发展研究所登记人数	有机蜂业从事人数	蜂蜜出口养蜂人注册登记人数
阿里卡和帕里纳科塔	—	—	—	1
安托法加斯塔地区	—	—	—	1
塔拉帕卡大区	0	0	0	—
阿塔卡马大区	0	13	0	1
科金博大区	9	41	12	1
瓦尔帕莱索大区	125	155	7	41
奥伊金斯将军解放者大区	348	299	11	509
马乌莱大区	173	188	12	489
比奥比奥大区	350	394	23	166
阿劳卡尼亚大区	61	166	28	52
湖大区	29	71	15	40
伊瓦涅斯将军的艾森大区	0	1	0	—
大都市区	78	80	4	88
河大区	95	101	5	76
纽伯莱区	—	—	—	141
合计	1 268	1 509	117	1 606

注：数据来自 SIPEC。

六、蜂蜜提取设施登记情况

2019 年 3 月，智利共授权 368 个蜂蜜经营场所，其中 89.95% 为初级提取室，8.15% 为社区提取室。表 8-7 显示，在通过 SIPEC 养蜂业要求养蜂场所的授权请求中，共有 27 个场所处于淘汰状态，这可能是由于它们在通过系统提出请求时未遵守授权要求或错误；还有 39 个场所正在等待授权。

表 8 - 7　2018 年 8 月至 2019 年 3 月智利的蜂蜜加工和提取设施情况

地区	项目	库存库	摇蜜	初级提取室	社区提取室	合计
阿塔卡马大区	有效	0	0	1	0	1
	合计	0	0	1	0	1
瓦尔帕莱索大区	待接受	0	0	2	0	2
	有效	0	0	7	0	7
	合计	0	0	9	0	9
大都会区	取消	0	1	1	0	2
	待接受	0	0	4	0	4
	有效	0	0	22	2	24
	合计	0	1	27	2	30
奥伊金斯将军解放者大区	取消	1	0	4	1	6
	待接受	0	1	6	0	7
	有效	2	1	64	13	80
	合计	3	2	74	14	93
马乌莱大区	取消	0	0	6	0	6
	待接受	0	0	10	1	11
	有效	0	0	90	7	97
	合计	0	0	106	8	114
纽伯莱区	取消	0	0	8	0	8
	待接受	0	0	2	0	2
	有效	0	0	48	2	50
	合计	0	0	58	2	60
比奥比奥大区	取消	0	0	3	0	3
	待接受	0	0	4	3	7
	有效	1	1	64	3	69
	合计	1	1	71	6	79

（续）

地区	项目	库存库	摇蜜	初级提取室	社区提取室	合计
阿劳卡尼亚大区	待接受	0	0	2	0	2
	有效	0	0	5	0	5
	合计	0	0	7	0	7
河大区	取消	0	0	0	2	2
	待接受	0	0	3	0	3
	有效	1	1	15	2	19
	合计	1	1	18	4	24
湖大区	待接受	0	0	1		1
	有效	0	0	15	1	16
	合计	0	0	16	1	17
总计		5	5	387	37	434

七、特有蜂蜜和蜂资源情况

智利消费者喜欢多花种蜂蜜。雨林蜂蜜是在安第斯山脉南部和智利巴塔哥尼亚的始发地之间的森林中收获的。蜂群位于多雨山区，周围环绕着森林和河流，生长着乌乐莫等特有植物，生产的蜂蜜是智利南部特有的，有强烈的花香，外观乳白色或浅琥珀色，2—4月收获。

乌乐莫（*Eucryphia cordifolia*）是一种常绿乔木，树高超过20米。这种珍贵的本地树木生长在智利南部至南美大陆最南端的有限区域，主要在奇洛埃岛上。其特征是上部树枝会开大量花蜜丰富的白色花朵。乌乐莫蜂蜜的颜色从浅琥珀色到亮黄琥珀色不等，是一种精细结晶的产品，香，滑腻，富含维生素。一些历史学家指出，智利原住民用它涂抹伤口。生物医学中心实验室的一项调查表明，这种蜂蜜具有很强的抗菌活性。

油菜蜜，象牙色，易结晶，有非常柔和的香气，甜味转瞬即逝，在到达味蕾后逐渐消失，具有明显的黄油质地，在口中很快融化。一般 11 月中旬收获。

奎莱（*Quillaja saponaria*）是一个智利中心区的地方树种，又名皂皮树，是原产于智利中部温暖地带的皂皮树科的一种常绿树，生长在南纬 32°～40°。从瓦尔帕莱索地区到毛勒地区北部的智利山脉山区，都发现了这种本地树，甚至在海拔 2 000 米处也发现该树。有浓密的深色树皮，树高可以达到 15～20 米，花白绿色，生活在干燥的环境和贫瘠的土壤中。其树皮的提取物被称为奎拉亚，用作疫苗、化妆品的佐剂，飞蛾的杀虫剂，饮料的起泡剂和摄影胶片的添加剂等。奎莱蜂蜜来自智利中北部的半沙漠地区，蜂蜜颜色类似于咖啡的深琥珀色，其结晶水平取决于果糖与葡萄糖比，始终高于 1.2。收获时间从 11 月底至翌年 2 月初。母后牌奎莱蜂蜜网上售价为 7 500 比索/千克。天主教大学进行的研究表明，这种蜂蜜具有很高的抗菌特性，可以延缓和防止细胞衰老，帮助抵抗由紫外线和污染引起的自由基，可以提供快速能量，预防感冒，增强免疫力。

智利大约有 424 种本地蜜蜂，70% 为智利特有种（Montalva et al，2010）。许多本土物种如智利大黄蜂等都面临灭绝。目前饲养的蜜蜂 *Apis mellifera* 是由西班牙人在 17、18 世纪引入的。后来又引入了其他蜂种，智利没有纯种蜜蜂。

八、蜜蜂病虫害情况

2007 年以后，智利实施官方的国家疾病控制计划，2009 年开始实施欧洲幼虫腐臭病监控计划。病虫害调查结果显示，智利有武氏蜂盾螨、美洲幼虫腐臭病、欧洲幼虫腐臭病和瓦螨，没有小蜂螨和蜂巢小甲虫。瓦螨遍布智利全国，是智利蜜蜂的主要害虫，感染率较高，2015—2019 年相对感染力均在 55.57%。其次是武氏蜂盾螨，相对感染率在 4.98%。美洲幼虫腐臭病和欧洲幼虫腐臭病为偶发和局部发生，发病率相对较低，分别为2.47%和0.19%。智利的复活节岛没有美洲幼虫腐臭病、欧洲幼虫腐臭病、盾螨和瓦螨，为无病区。艾森地区没有美洲幼虫腐臭病。2020年智利发现了东方大黄蜂变种，目前正在努力进行控制。

表8-8显示，2012—2016年监控蜂场246个、蜂群15 110群，其中5 988群蜂死亡，死亡率为39.63%，而衰减蜂群2 423群，占16.04%。2015年和2016年，监控蜂群的死亡率已大大降低。

表 8-8　2012—2016 年死亡和衰弱蜂群情况

年度	监控蜂场数	涉及蜂群数（群）	死亡蜂群（群）	死亡率（%）	衰弱的蜂群数（群）	衰弱的蜂群比例（%）
2012	53	2 877	1 322	45.95	400	13.9
2013	46	3 499	1 855	53.02	102	2.92
2014	38	2 427	1 413	58.22	192	7.91
2015	77	3 991	1 069	26.79	793	19.87
2016	32	2 316	329	14.21	936	40.41
合计	246	15 110	5 988	39.63	2 423	16.04

表8-9列出了蜜蜂的死亡原因。智利蜂群死亡的最大原因是蜂螨和微孢子虫等病害，死亡率48.11%。其次是管理不当，因管理不善而死亡的蜂群占44.66%。然后是农药中毒，死亡率为7.23%。

表 8-9　2012—2016 年蜜蜂死亡原因

年度	中毒蜂群数（群）	中毒蜂群占比（%）	病死蜂群数（群）	病死率（%）	管理不当死亡的蜂群数（群）	管理不当死亡的蜂群占比（%）
2012	28	2.12	510	38.58	784	59.3
2013	200	10.78	615	33.15	1 040	56.06
2014	36	2.55	989	69.99	388	27.46

（续）

年度	中毒蜂群数（群）	中毒蜂群占比（%）	病死蜂群数（群）	病死率（%）	管理不当死亡的蜂群数（群）	管理不当死亡的蜂群占比（%）
2015	169	15.81	522	48.83	378	35.36
2016	0	0	245	74.47	84	25.53
合计	433	7.23	2 881	48.11	2 674	44.66

表8-10列出了蜂群的衰竭原因。智利蜂群衰竭的最大原因是蜂螨和微孢子虫等病害，损失率为42.26%。其次是农药中毒，死亡率为37.76%。然后是管理不当，因管理不善而衰弱的蜂群占19.98%。

表8-10 2012—2016年蜂群衰竭原因

年度	中毒蜂群数（群）	中毒蜂群占比（%）	病死蜂群数（群）	病死率（%）	管理不当死亡的蜂群数（群）	管理不当死亡的蜂群占比（%）
2012	164	41	191	47.75	45	11.25
2013	20	19.61	63	61.76	19	18.63
2014	50	26.04	86	44.79	56	29.17
2015	208	26.13	461	58.13	124	15.64
2016	473	50.53	223	23.82	240	25.64
合计	915	37.76	1 024	42.26	484	19.98

九、智利蜜蜂授粉

智利需要授粉的农作物主要有果树、蔬菜、油菜等（表8-11），有10种需要授粉的果树，主要为樱桃、梨、苹果、李、杏、猕猴桃、核桃、橄榄和欧榛等，需要授粉的面积约为17.7万公顷。绝大多数的动物传粉者是野生的，包括超过20 000种蜜蜂，以及苍蝇、蝴蝶、飞蛾、黄蜂、甲虫、象鼻虫、蓟马、蚂蚁、蚊子、蝙蝠、鸟类、灵长类动物、有袋动物、啮齿动物和爬行动物，授粉昆虫有 203 种。

表 8-11　智利授粉作物及其需要的蜂群数量情况

作物	2018 年种植面积 （公顷）	每公顷需要蜂群 （群）	需要的总蜂群数 （群）
杏	8 863	12	106 356
樱桃	30 179	10	301 790
日本李	4 800	10	48 000
欧洲李	12 932	10	129 320
苹果	34 427	6	206 562
梨	8 217	10	82 170
鳄梨	29 166	10	291 660
猕猴桃	9 193	15	137 895
蓝莓	15 815	6	94 890
树莓	4 809	6	28 854
油菜	43 852	6	263 112
十字花科	1 618	10	16 180
葫芦科	1 159	10	11 590
胡萝卜	914	10	9 140
葱	565	10	5 650
加拿大油菜	4 314	10	43 140
其他	964	10	9 640

　　智利中北部地区，蓝莓等农作物于 6 月开始开花，根据不同种类可延长至翌年 3 月甚至更晚。智利中北部至中南部地区大部分开花时间在 8—11 月，因此授粉需求发生在这个时间段。

　　果树的授粉需求最大。果树大多 10 月开花，这是全年最大和最关键的授粉时间，这时蜂群数量通常是不够的。

2015 年第 8196 号豁免决议规定养蜂员及其养蜂场注册的义务，2019 年第 851 号决议对该决议进行了修改，规定进行授粉服务的养蜂员必须保留以下记录：蜂箱所有移动，蜂群占用的一个或多个养蜂场的标识服务、地区、公社、地区，授粉的开始日期和结束日期。该记录在服务需要时必须有效并且具有至少一年的信息。

第三节　智利蜂蜜及蜂王进出口情况

一、蜂蜜进口情况

表 8-12 显示，2012—2020 年智利天然蜂蜜进口在 2015 年达到最高，进口量为 9 660.5 吨，进口额为 3 830.5 万美元。2018—2020 年进口量和进口额都逐年下降，2020 年只进口 1 796.9 吨，进口额只有 536.6 万美元。从进口单价看，2015 年的进口单价最高，达 3.97 美元/千克。其次是 2014 年，进口单价为 3.91 美元/千克。

表 8-12　2012—2020 年智利天然蜂蜜的进口

项目	2012 年	2013 年	2014 年	2015 年	2016 年	2017 年	2018 年	2019 年	2020 年
进口额（万美元）	1 637.3	2 395.8	2 733.3	3 830.5	2 048.2	1 485.5	2 611.6	1 191.2	536.6
进口量（吨）	5 462.9	7 266.8	6 991.4	9 660.5	6 962.6	4 823.5	7 769.4	4 075.8	1 796.9

注：数据来自农业耕种政策与研究办公室 ODEPA。

表 8-13 显示了 2012—2020 年有机蜂蜜的进口情况。2014—2018 年智利进口了有机蜂蜜，其中 2015 年进口量最高，达 844.0 千克。2014 年进口额最高，达 4 663.6 美元。从进口单价看，2018 年的进口单价为 18.64 美元/千克。

表 8 - 13　2012—2020 年智利有机蜂蜜的进口

项目	2012 年	2013 年	2014 年	2015 年	2016 年	2017 年	2018 年	2019 年	2020 年
进口额（美元）	0	0	4 663.6	4 486.3	56.1	4 643.7	1 218.9	0	0
进口量（千克）	0	0	343.2	844.0	0.1	653.0	65.4	0	0

注：数据来自农业耕种政策与研究办公室 ODEPA。

二、蜂蜜出口情况

智利蜂蜜产量的 85% 用于出口，大部分销往欧盟。出口到欧盟的养蜂员必须在由 SAG 管理的出口蜂蜜养蜂人注册表（RAMEX）。表 8 - 14 显示，2012—2015 年天然蜂蜜出口额呈增加趋势，2015—2017 年天然蜂蜜出口额呈下降趋势，2018 年出口额略有增加，此后又呈下降趋势。2015 年天然蜂蜜出口额为 3 931.7 万美元，出口量为 9 888 吨，为 9 年的最高峰。2020 年天然蜂蜜出口额只有 536.6 万美元，出口量只有 1 797 吨，为 9 年来的最低点。从出口单价看，2015 年天然蜂蜜的出口单价为 3.98 美元/千克，为 9 年的最高峰；2020 年出口单价为 2.99 美元/千克。

表 8 - 14　2012—2020 年智利天然蜂蜜的出口

项目	2012 年	2013 年	2014 年	2015 年	2016 年	2017 年	2018 年	2019 年	2020 年
出口额（万美元）	2 512.9	2 717.5	2 748.8	3 931.7	2 113.2	1 643.4	2 611.6	1 191.2	536.6
出口量（吨）	8 295	8 195	7 034	9 888	7 136	5 212	7 769	4 076	1 797

表 8 - 15 显示，2012—2020 年有机蜂蜜出口总体呈下降趋势。2012 年有机蜂蜜出口额为 875.59 万美元，出口量为 2 832.29 吨。2020 年有机蜂蜜出口额为 80 万美元，出口量为 218.08 吨。从出口单价看，2015 年有机蜂蜜的出口单价最高，为

4.45 美元/千克。其次是 2018 年，出口单价为 4.42 美元/千克。

表 8 - 15　2012—2020 年智利有机蜂蜜的出口

项目	2012 年	2013 年	2014 年	2015 年	2016 年	2017 年	2018 年	2019 年	2020 年
出口额（万美元）	875.59	321.67	15.47	101.20	64.98	157.86	292.91	60.42	80.00
出口量（吨）	2 832.29	928.49	42.68	227.34	173.46	388.03	662.32	174.09	218.08

注：数据来自农业耕种政策与研究办公室 ODEPA。

2005—2015 年，智利蜂蜜出口量最高的国家依次是德国（66%）、法国（10.4%）、卢森堡（4.3%）、英国（3.8%）、美国（3.7%）和瑞士（3.1%）（ODEPA，2015）。

智利蜂蜜约 90% 出口到欧盟和美国。表 8 - 16 显示，2014 年德国是智利第一大蜂蜜出口国，出口了 3 613 吨蜂蜜，占比为 51.7%。其次是法国，进口了 1 950 吨智利蜂蜜，占出口额的 27.0%。德国和法国占智利蜂蜜出口的 78.7%。

表 8 - 16　2014 年智利蜂蜜出口情况

国家	出口量（吨）	出口额（万美元）	出口额占比（%）
德国	3 613	1 414.1	51.74
法国	1 950	738.0	27.00
卢森堡	354	146.6	5.36
意大利	396	146.5	5.36
瑞士	207	79.4	2.90
比利时	127	48.4	1.77
英国	64	42.6	1.56
西班牙	104	42.4	1.55
中国	73	29.7	1.09
葡萄牙	63	25.2	0.92
其他	40	20.4	0.75
合计	6 991	2 733.3	100

三、蜂蜜国内消费情况

智利大多数消费者不但知道蜂蜜成分，而且知道蜂蜜的药用特性，在扁桃体炎、喉咙痛或感冒发生时经常使用蜂蜜治疗。但是，即使如此，智利的蜂蜜消费量相对较低，2014 年蜂蜜人均年消费量为 100 克（Sotomayor，2014），蜂蜜市场刚刚发展。

可涂抹的蜂蜜是最常见的形式，也是社会上最广为人知的蜂蜜。其他产品（例如酸奶、谷物、啤酒、糖果、糕点等）中也都有蜂蜜成分。蜂蜜也可以作为蜂蜜酒、蜂蜜粉、蜂蜜糖粉等副产品存在。除食品外，蜂蜜也被广泛添加进肥皂、洗发水、面霜等中。

大多数养蜂者生产多花蜜，通常售价不高。

四、蜂王和笼蜂出口情况

2018 年前，加拿大、墨西哥和欧盟的蜂王和笼蜂市场对智利开放，2018 年秘鲁的蜂王和笼蜂市场也对智利开放。2015—2017 年智利共出口笼蜂 2 487 群、蜂王 44 378 只。其中 2017 年出口笼蜂 2 237 群、蜂王 22 112 只，特别是蜂王数量比 2015 年和 2016 年均增加了一倍，笼蜂的数量更是比 2015 年增加了 7.9 倍。2017 年，加拿大是智利出口笼蜂和蜂王最多的国家，出口了 15 312 只蜂王和 2 237 群笼蜂。对法国和意大利而言，智利只出口蜂王，出口量分别为 6 200 只和 600 只（表 8-17）。

表 8-17 2015—2017 年蜂王和笼蜂出口情况

年度	法国		意大利		加拿大		墨西哥		合计	
	笼蜂（群）	蜂王（只）	笼蜂（群）	蜂王（只）	笼蜂（群）	蜂王（只）	笼蜂（群）	蜂王（只）	笼蜂（群）	蜂王（只）
2015	0	5 100	0	0	0	5 495	250	120	250	10 715
2016	0	5 250	0	250	0	4 371	0	1 680	0	11 551

（续）

年度	法国		意大利		加拿大		墨西哥		合计	
	笼蜂（群）	蜂王（只）	笼蜂（群）	蜂王（只）	笼蜂（群）	蜂王（只）	笼蜂（群）	蜂王（只）	笼蜂（群）	蜂王（只）
2017	0	6 200	0	600	2 237	15 312	0	0	2 237	22 112
合计	0	16 550	0	850	2 237	25 178	250	1 800	2 487	44 378

第四节 智利蜂业管理及法律法规情况

一、蜂业管理

智利农业部下属的农牧服务局负责蜂业事务。自 2005 年 1 月 1 日起，SAG 实施了官方动物溯源计划，对牛、马、绵羊、蜜蜂及兔实行追溯。2015 年开始，法律规定养蜂必须在国家畜牧信息系统（SIPEC）中进行注册。养蜂者必须保证自己没有使用硝基呋喃、硝基咪唑及 SAG 规定的违禁药物，没有强制报告性蜜蜂疾病（美洲幼虫腐臭病、欧洲幼虫腐臭病、蜂巢小甲虫和小蜂螨）。出口蜂蜜的养蜂员必须在出口蜂蜜养蜂员登记册（RAMEX）中进行注册，以获取必要的文件，证明该注册表中注册的养蜂员在智利生产了出口的蜂蜜，并且满足目的地国家/地区的要求。要成为永久的 RAMEX 会员，必须保留至少两年的蜂蜜生产记录，在每年 11 月的最后一个工作日进行蜂场登记，包括兽药的使用登记、收获日期、蜂蜜桶编号、蜂箱的移动、蜂蜜的离心与运输等记录，进行蜂蜜的原产地注册等。

蜂蜜出口商必须在国家畜产品出口企业名单（LEEP）中注册，遵守蜂蜜出口企业的要求，达到产品的原产地要求。对要认证的出口蜂蜜进行抗生素分析。出口商必须通过蜂蜜原产地注册处登记其蜂蜜供应商的所有蜂蜜来源，并保留所有供应者记录。

未在 RAMEX 中注册的养蜂人的蜂蜜不会被认证。

SAG 有一个"国家养蜂业咨询地理系统（Beekeeping SIG)"程序，养蜂员可以根据其养蜂场的位置了解自己周边授权的转基因作物种类、种植地点和距离等信息。通常认为，距离转基因作物 10 千米以外为不受影响区域，5～10 千米为生物预防区，5 千米以内为生物影响区。系统会对 10 千米左右的转基因作物影响区域中的养蜂场位置进行分类。此外，智利有一个由农业部通过土地政策办公室协调的国家养蜂委员会，含政府、学术界和农民工会代表，SAG 和其他相关参与者也参加。

根据《食品卫生条例》第三部分第 93 条，"蜂蜜"定义为"蜜蜂带有花蜜和芳香植物分泌物制成的天然产品"。蜂蜜必须是经过认证的，符合《食品卫生条例》第 394 条所定义特征的蜂蜜（卫生部，2015）。

二、蜂业标准

智利有一系列与养蜂有关的官方标准和非强制标准。

标准 INN NCh2981（2005）"蜜蜂蜂蜜：通过蜜粉测试确定植物的原产地"。目标：根据植物来源区分蜂蜜。

标准 INN NCh3142（2008）"蜜蜂蜂蜜：重金属含量的测定：电感耦合等离子体（ICP）方法"。目标：制定蜂蜜污染指标。

标准 INN NCh3255（2012）"蜂花粉：根据植物来源区分花粉以及为授粉蜂群的质量"。目标：根据植物来源区分花粉。

智利国家标准化研究院（NCH 3255－2011）制定了一个标准，该标准定义了什么是适合授粉服务的蜂巢，以便获得质量参考。该标准规定授粉蜂群最少 8 群，有 3.5 框子脾（1.5 框未封盖子脾、2 框封盖子脾），没有病虫害，每分钟进入巢门的蜜蜂不少于 50 只。

三、智利蜂业相关法律和法规

（一）与养蜂业直接或间接相关的现行法规

1968 年第 15 号法令（DFL 15），修改了农业部适用的控制规范，确定了养蜂活动规范，并对非法采伐木材进行了处罚。

2013 年 9 月 3 日第 54 号最高法令，建立了国家养蜂委员会。

考虑到养蜂生产环节都有具体动态，决议 2015 年第 8196 规定建立养蜂人和养蜂场的注册义务。

（二）与农业生产中的卫生控制有关的规范

第 18755 号法令建立了关于农业和畜牧业的规定。

1963 年第 16 号 RRA 法令，关于动物健康和保护。

圣地亚哥第 3/92 号豁免令：宣布蜜蜂大蜂螨具有传染性。

第 228/04 号豁免法令：宣布强制性报告，并将蜂巢小甲虫和亚洲小蜂螨纳入 1996 年第 249 号农业法令。

豁免决议 N°321/06：宣布武氏蜂盾螨的强制报告。

第 3329/07 号豁免决议：提供卫生措施以控制美洲幼虫腐臭病，废除第 1603 号决议。

2010 年第 5 号法令，批准空中施药的实施细则。

2015 年第 158 号法令，批准农药使用中的卫生安全法规。

（三）与出口有关的具体规定

豁免 SAG 第 4783/04 号决议及其后续修改，即 SAG 第 520/05 号决议：出口蜂蜜养蜂人注册表中的输入和维护程序手册。

SAG 第 2561/03 号决议的豁免权，建立了畜产品出口商的国家注册系统，规定注册条件，并进行授权表明。

SAG 第 4784/04 号豁免决议，批准了蜂蜜出口企业的要求。

SAG 第 361/06 号豁免决议，规定了在将蜂蜜出口到欧盟之前对蜂蜜中化学残留物进行分析的要求。

SAG 第 3673/98 号豁免决议，创建用于控制出口牲畜产品中残留物的项目。

2006 年 1 月 20 日第 361 号决议规定，要认证的每个生产批次的抗菌物质（硝基呋喃、氯霉素、链霉素和磺胺）的分析是蜂蜜出口的前提条件。

2006 年 11 月 6 日国家养蜂委员会的（EC）第 1664/06 号法规，对第 2074/2005 号法规（EC）进行了修订。该法规涉及关于某些供人类食用的动物源性产品的执法措施，并废除了一些执法措施。

2011 年 9 月 26 日第 6426 号决议规定，更新了出口蜂蜜养蜂人注册表（RAMEX/MP）中的进入和维护程序。

根据第 1722/2017 号决议，蜂蜜出口厂必须在国家畜产品出口场所清单（LEEP）中进行注册。

第 1526/2020 号决议规定，建立可追溯程序，参与出口蜂产品供人类使用或消费的人员或公司，必须满足服务部门建立的将其纳入养蜂产品出口链的要求，例如：收获室、加工厂、仓库，出口公司的蜂蜜出口仓库。

（四）间接法规

1996 年第 977 号最高法令为食品卫生条例。

2002 年第 239 号法令批准国家化妆品控制体系实施细则。

第 20089 号法律建立了有机农产品的国家认证体系。

第 20596 号法律加强偷盗的预防控制。

第 20656 号法律规范农产品的商业交易。

第 20606 号法律规范了食品的成分及其广告。

国会有 3 项关于养蜂的议案，分别是旨在规范养蜂的综合公告 9479 - 01 和 10144 - 01，以及确立养蜂规则并修改法律机构的公告 9961 - 01。

公告 9479 - 017 于 2014 年 8 月 6 日获得通过，旨在系统性规范养蜂活动。

2015 年 5 月 7 日，智利农业委员会发布了第一份报告，并于 2015 年 9 月 2 日将该法案与第 10144 – 01 号公告合并，以保护蜜蜂的健康和栖息地，促进国家和地方养蜂业的发展，特别是小型生产者的发展。

四、蜂业保险

智利有养蜂保险，属于农业部农业保险的一种。养蜂保险是一种风险转移工具，养蜂业可针对由损失风险引起的生产、蜂群和蜂巢损失进行保险，从而使养蜂人能够恢复其遗产。

保险考虑了签订基本保险或附加保险的替代方案。基本保险范围包括：雪、暴雨、强风、地震/海啸、火灾、烟雾、农药中毒、疾病和中暑。附加保险范围包括：干旱、火山爆发、盗窃、运输等。成本取决于养蜂场的位置（地区和公社）、被保险蜂箱的数量、蜂巢的状态以及养蜂人雇用的范围。在雇用时，生产者仅支付未补贴的部分。补贴以保单成本的 40% 为基数开始，每个保单加 1 个开发单位（UF）。此外，如果是集体合同或通过订约人则需要增加 10% 的费用。在初次保险的前 24 个月内需要增加 10%。如果是极端区域，需要再增加 5%。最高补贴总额：每份保单费用的 65% ＋1 UF。

第五节　智利蜂业科研及协会机构情况

一、科研机构及科研项目

智利有多个大学研究蜜蜂及蜂产品，如智利大学、弗龙特拉大学、智利天主教大学等。智利大学有多名从事蜂业研究的教授，包括蜂蜜研究、花粉研究、蜜蜂病虫害研究等。智利天主教大学农学和森林工程学院的应用植物学小组一直从事蜂产品研究，包括蜂蜜和蜂花粉。

智利大学开设蜜蜂生产的培训课程，造林与自然保护系教师教授森林养蜂课程。智利南方大学等教授蜂业课程。智利天主教大学在 2016 年获得了智利地方性蜂蜜的植物和地理起源生物指示剂（Fondecyt 1110808，FICR ID 30126395－0），从事智利地方性蜜源植物研究。

智利的蜂业项目既有国家支持的，也有各协会支持的。智利南方大学获得了农业部项目"通过确定卫生状况及其与蜂蜜和蜡质的关系，为智利四个地理区域养蜂业的可持续发展做出贡献"（2007—2010），项目经费 45 万比索，执行期限 4 年。

"2020 年养蜂业健康"项目在智利弗劳恩霍夫基金会、拜耳养蜂基金会的支持下，由研究人员和蜂农共同参加，希望通过一系列良好养蜂实践来预防或恢复蜂巢的健康。

二、蜂业协会

国家养蜂网络联合会成立于 1999 年，由大都会养蜂员网络等 8 个区域养蜂业协会、2 300 多名生产者组成，拥有蜜蜂 22 万群，占智利蜂蜜产量的 35%。其愿景是成为促进国家养蜂链和谐、包容和可持续发展的领先组织。国家养蜂网络联合会已经建立了蜂农在线注册平台，以便能够为用户提供有用和友好的工具。在此平台上，可以注册与生产者及其养蜂场关联的数据，以便获取有序的信息，并可以根据特定信息做出决策。第六区养蜂人协会（Apiunisexta）成立于 2010 年 5 月 7 日，是一个致力于养蜂业发展的非营利组织。

三、蜂业公司及合作社

智利大多数蜂蜜生产商的特点是规模小、员工少。

阿皮科拉德尔·阿尔巴公司的创始人：鲁兹·索托马约尔曾是养蜂员，由于 2017 年的智利森林大火而无法养蜂，转而从事蜂产品研发工作，最终研发并销售了 50 多种化妆品和功能性食品。

Copelec 合作社位于纽伯莱区，约有 50 000 名成员，其中很大一部分是农民。目前，Copelec 拥有社区取蜜室。这个地方不仅可以提供服务，还可以充当营销中介，它们为养蜂员提供了聚会和最佳价格。这个合作社除收购蜂产品外，还提供技术援助和信贷。

农业养蜂业是一家致力于蜂产品生产和销售的家族企业，位于智利瓦尔帕莱索地区的阿来曼山谷，创建于 20 世纪 70 年代初，后来发展成为一家大型养蜂公司，从 1996 年开始向西班牙出口蜜蜂和蜂王。目前，销售各种养蜂产品和服务，向全国和加拿大、法国、意大利和德国等销售蜂王和蜂蜜。每年生产超过 2 万只蜂王，是智利最大的蜂王出口者。

JPM 出口公司 20 世纪 90 年代开始进入养蜂领域，与全国 800 多名养蜂员合作，每年出口超过 2 000 吨的智利蜂蜜。除出口蜂蜜外，还销售蜂药、蜂机具等。2020 年，该公司首次将智利蜂蜜出口到中国。

第九章
CHAPTER 9

古巴养蜂业

第一节　古巴蜂业生产情况

一、蜂业起源及资源

1763 年在英国人占领哈瓦那期间，从哈瓦那逃脱的定居者从佛罗里达州返回带来西方蜜蜂前，古巴蜜蜂主要是本土蜜蜂。古巴本土蜜蜂始于 4 000 万年前的安的列斯群岛。目前有 89 种，分布在 29 个属和 4 个科中，其中分舌花蜂科 3 个属，随蜂科 8 个属，切叶蜂科 4 个属和蜜蜂科 14 个属。按生物地理类型分类，古巴本土蜜蜂分为 4 个明确的类别：古巴的特有物种（43.8%），安的列斯群岛的特有物种（33.1%），包括安的列斯群岛在内的大陆性物种（16.8%）和人类活动引入的物种（6.3%）。对古巴物种分布的分析表明，地方特有度最高的地区与东部、中部和西部的主要山区重合，分别是塞拉·梅斯特拉 25 种、尼佩·萨瓜 15 种、科迪勒拉·德瓜尼瓜尼科 14 种和马西佐·瓜瓜亚 14 种。栖息地的生态条件、植物的多样性以及种间竞争造成了古巴群岛蜜蜂的分布不均匀。尽管蜜蜂是高度流动的群体，但安的列斯群岛的蜜蜂物种特有度很高（Genaro，2008）。

二、蜂业生产情况

FAO 数据（图 9-1）显示，1961—1985 年古巴蜂群数量呈增加趋势，1985 年古巴蜂群达到最高点，为 20.82 万群。

1985—2005 年蜂群总体呈下降趋势，2005 年蜂群数量最低，只有 8.86 万群。此后，蜂群数量呈缓慢增加趋势，2019 年古巴蜂群为 184 994 群。

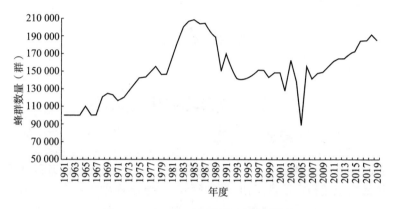

图 9 - 1　1961—2019 年古巴蜂群情况

图 9 - 2 显示，1962—1983 年古巴蜂蜜产量总体呈增加趋势，1983 年蜂蜜产量为 1.02 万吨，达到历史最高纪录。1983—1993 年，虽然 1985 年、1988 年、1989 年和 1991 蜂蜜产量接近 1 万吨，但蜂蜜产量总体呈下降趋势。1993 年蜂蜜产量只有 4 500 吨，达到历史第二低纪录。1993—2013 年蜂蜜产量一直未超过 7 000 吨。2005 年蜂蜜产量只有 3 900 吨，为历史最低纪录。2013 年后蜂蜜产量又有所增加，但没有超过 9 100 吨。

古巴养蜂公司的数据显示，2014 年古巴蜂群数量达到 17.2 万群，蜂蜜产量为 7 800 吨。2016 年古巴蜂群为 17.88 万群，生产了 9 120 吨蜂蜜，比 2015 年增加了 1 100 吨，蜂蜜单产平均为每群 51 千克。2017 年，古巴有 18 万群蜂和 2 800 名蜂农，蜂王产量超过 15.5 万只，蜂蜜产量约 8 000 吨。2018 年，古巴有 1 668 名养蜂员和 18.5 万群蜂，生产了 8 834 吨蜂蜜，蜂蜜单产为 47.8 千克群。2019 年，古巴蜂群数量为 20.4 万群，蜂蜜产

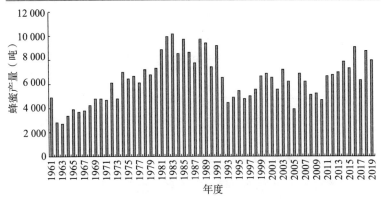

图 9-2　1961—2019 年古巴蜂蜜生产情况

量为 9 996 吨，单产为 49 千克/群。

联合国粮食及农业组织网站显示，古巴没有上报蜂蜡生产情况。

三、病虫害及蜂种

古巴强调自然养蜂技术，一些养蜂员喜欢"树干养蜂"。法律规定，养蜂员在处理蜂箱时不得使用任何化学品（农药或抗生素）。1996 年瓦螨被引入古巴。唯一允许的处理方法是用雄蜂脾诱捕来减少螨的种群数量。所有养蜂人都接受过培训，并练习这种控螨技术。2012 年在古巴的西方蜜蜂群中发现了蜂巢小甲虫，但没有造成严重危害。此后在无刺蜂群中也发现了蜂巢小甲虫。古巴在全国范围内对蜜蜂卫生行为进行了遗传选择，因此蜜蜂幼虫病发生率极低。

古巴有蜂王饲养中心，据古巴养蜂公司报告，2014 年古巴有 66 个育王场。古巴蜜蜂是"克里奥尔"，是德国蜜蜂（*Apis mellifera mellifera*）、意大利蜜蜂（*A. m. ligustica*）和伊比利亚蜂（*A. m. iberica*）与高加索蜂（*A. m. caucasica*）的杂交种。

与其他拉丁美洲不同的是，古巴无刺蜂只有一种，即原产于墨西哥的玛雅无刺蜂（*Melipona beecheii*），具体如何到达古巴尚不清楚。古巴无刺蜂蜂蜜单产为 4～6 升/群。

第二节　古巴蜂蜜进出口及有机蜂蜜生产

蜂蜜对大多数古巴人来说是奢侈品，一瓶 340 克的蜂蜜售价 1.80 美元，相当于普通人两天的工资。

一、蜂蜜进出口

养蜂业是古巴经济的强项，养蜂、烟草是古巴农业的 3 个重要出口项目。古巴蜂蜜具有热带岛屿野生植物花蜜的独特个性，包括红树林等多种植物，蜂蜜品质好而深受国际市场的喜爱。每年蜂蜜出口额约为 2 000 万美元。根据国家养蜂公司 ApiCuba 的数据，90% 的古巴蜂蜜出口到欧洲，主要是德国、荷兰、西班牙和瑞士，只有 5% 的蜂蜜在国内消费。

联合国粮食及农业组织数据库显示，1961—1998 年古巴蜂蜜进口数据不可用，1999—2019 年的蜂蜜进出口数据见图 9 - 3。2007 年古巴进口蜂蜜最多，达 17 吨，其他年度蜂蜜进口量很低。

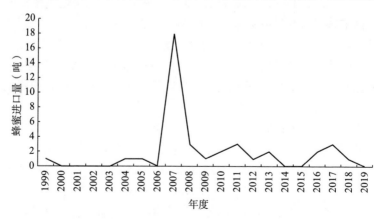

图 9 - 3　1999—2019 年古巴进口蜂蜜情况

2019 年古巴的蜂蜜出口占全球蜂蜜总出口的 0.9%（表 9 - 1），出口额为 1 701.5 万美元。主要出口国家为德国（66%）、葡萄牙（9.5%）、法国（7.7%）、瑞士（6.3%）、西班牙（5.0%）、比利时（3.4%）、意大利（1.3%）、加拿大（0.3%）、斯洛文尼亚（0.3%）。

表 9 - 1　2019 年古巴蜂蜜出口情况

国家	2019			2015—2019 年出口额年度增长率（%）	2015—2019 年出口量年度增长率（%）	2018—2019 年出口额年度增长率（%）
	出口额（万美元）	出口量（吨）	单价（美元/吨）			
德国	1 122.0	4 537	2 473	2	6	—3
葡萄牙	161.9	871	1 859	0	39	480
法国	131.1	456	2 875	—1	—1	—34
瑞士	106.8	434	2 461	—6	—1	—24
西班牙	85.6	439	1 950	—18	—6	372
比利时	58.5	24.8	2 359	34	44	—52
库拉索	2.4	13	7	6	0	0
意大利	22.9	103	2 223	0	0	0
加拿大	5.5	22	2 500	—31	—27	11
斯洛文尼亚	4.8	20	2 400	0	0	0
合计	1 701.5	6 969.8	2 459	—4	5	—3

注：数据来自国际贸易中心网站。

二、蜂蜡进出口

古巴只在 2014 年进口了 7 吨蜂蜡，进口额为 12.1 万美元，其他年度没有蜂蜡进口。2014—2019 年，古巴有蜂蜡出口，其他年度没有出口。表 9 - 2 显示，2016 年古巴蜂蜡出口最多，出口量达到 118 吨，出口额为 63.6 万美元。

表 9 - 2　2014—2019 年古巴蜂蜡出口情况

年度	出口量（吨）	出口额（万美元）
2014	0	8.0
2015	0	17.0
2016	118	63.6
2017	51	49.2
2018	21	14.6
2019	4	3.6

三、有机蜂蜜生产

有机蜂蜜是古巴的第四大出口产品。古巴属于温暖的热带或季节性潮湿的热带类型，气候类型广泛而多样化。国家有环境保护的政策，古巴强调自然和有机（较便宜的）养蜂技术，开始开发生物肥料和生物农药，将农用化学品的使用量降到非常低的水平，因此具备生产有机蜂蜜的条件。虽然目前仅在古巴东部关塔那摩、奥尔金、圣地亚哥和格兰玛等 4 个省生产有机蜂蜜，但有机蜂蜜产量激增，2001 年古巴有机蜂蜜产量仅为 16.3 吨，2006 年达到了创纪录的数量1 200.9 吨（Alexander，2013）。2018 年经过认证的有机蜂蜜产量达到 1 900 吨，占蜂蜜总产量的 22%。

表 9 - 3　2001—2012 年古巴有机蜂蜜生产情况

项目	2001年	2002年	2003年	2004年	2005年	2006年	2007年	2008年	2009年	2010年	2011年	2012年
产量（吨）	16.3	281.0	673.4	844.6	584.4	1 200.9	880.3	516.3	570.0	564.4	905.5	863.8

第三节 古巴蜂业管理与法律

一、蜂业管理

在古巴，养蜂归属于农业部。养蜂业是外汇收入的主要来源。法律规定，任何拥有超过 25 群蜂的私人养蜂者必须加入一家合作社，合作社将蜂蜜销售给国家。生产者不会在市场上出售蜂蜜。根据法令，所有拥有 5 群蜂以上的古巴养蜂员都有义务将蜂蜜出售给古巴蜂业公司，作为交换，生产者可换得燃料、设备和用品。取蜜时，巢框被直接提取到标有古巴蜂业公司名称的桶中，经过来源认证（每个养蜂场都标有 GPS 坐标、生产者名称等信息）的蜂蜜被快速运输到装瓶厂。古巴蜂业公司将原料分配给仅有的两家蜂蜜工厂。蜂蜜经过加工后，被运到负责其出口的古巴出口公司。该公司垄断了 98.5％ 的蜂蜜出口。

古巴蜂业公司是根据 2008 年 12 月 18 日第 1007/2008 号决议创建的，隶属于农业部农业林业集团（GEAM），是一家致力于以优质、高效的方式生产和将蜂产品商业化的组织。该公司拥有 1 600 个生产者、45 个合作生产单位、2 个信贷服务合作社以及 14 个业务单位，还包括 1 个物流公司、1 个包装厂、7 个用于制造蜂箱元件的层压厂和 8 个木工。除蜂蜜外，该集团还致力于开发蜂毒衍生物，如蜂毒、蜂胶、蜡烛、化妆品及蜂胶衍生物。

二、政府在蜂业生产方面采取的措施

古巴政府制定了 2030 年计划，包括谷物、水果、肉和蔬菜等 24 个计划，蜂蜜是其中之一，可见政府对养蜂业的重视。

农业部计划在 2030 年投资 3 000 万美元用于发展养蜂业，在玛丽埃尔特别开发区新建 4 个蜂蜜企业，将蜂胶加工后转让给国家科学研究中心，与古巴罗恩公司合作将蜂产品应用于索罗阿葡萄酒的生产中。

在古巴的哈瓦那、玛雅比克、西恩富戈斯、西戈德阿维拉、卡马圭、拉斯图纳斯、格兰玛和奥尔金省开展的古巴可持续农业支持项目（PAAS）旨在为改善 12 个省的居民生活质量，以可持续地增加健康食品的供应和有机农业价值链的收入。

古巴正在启动一项"蜜蜂选择和改良计划"，通过认证和分发优良蜂群和种王，以提高蜜蜂对病虫害的抵抗力，希望通过该计划使每群蜂的蜂蜜产量达到 60 千克。在荷兰非政府组织 HIVOS 和瑞士发展与合作署的资助下，该计划在罗德实施。

三、古巴蜂业法律及法规

1987 年 8 月 23 日公共卫生部部长第 215/87 号决议"国家卫生检查条例"规定，卫生许可证由省级与市级卫生和流行病学中心颁发。

1992 年 10 月 22 日第 176 号法令"关于保护养蜂业和蜂蜜资源及其违法行为"旨在建立保护、促进、增加养蜂业及养蜂科学技术发展的政策。

1993 年 4 月 16 日"关于兽医的第 137 号法令"涵盖了旨在确保国家领土内动物健康的一系列活动，预防护理和卫生兽医措施。

1997 年 4 月 28 日第 64/97 号决议的公共卫生规定，在注册管理机构中注册产品必须授予卫生证书，以确保其在本国领土上的流通和商业化。

2011 年 7 月 29 日兽医研究所和古巴养蜂公司董事签署第 2011/1 号联合决议，制定了养蜂业的动物技术卫生法规。

2013 年第 44 号公报，规定了蜜蜂处理及蜂蜜和其他蜂产品的生产、收集、储存、运输和商业化的卫生要求等内容。

2018 年，古巴养蜂业有 33 项规范，主要规范如下：

NRAG　18：09 号是关于"蜂业：蜂蜜、原料、质量规格"。

NRAG　1578：10 号是关于"蜂业：巢础、规格"。

NRAG 215：11 号是关于"蜂业：蜂王浆、原料"。

NRAG 16：07 号是关于"蜂业：蜂胶、原材料、质量规格"。

NRAG 17：07 号是关于"蜂业：蜂箱、规格"。

NRAG 19：07 号是关于"蜂业：核心群、质量规格"。

NRAG 20：11 号是关于"蜂业：古巴蜂王、质量规格"。

NRAG 88：09 号是关于"蜂业：蜂花粉、原材料、规格"。

NRAG 216：11 号是关于"蜂业：蜜浆、规格"。

NRAG 52：07 号是关于"蜂业：蜂胶的提取、分析方法"。

技术标准如下：

IT 2009 是关于"蜂业：巢框的接线与压线"。

IT 2009 是关于"蜂业：蜂场组织"。

IT 2009 是关于"蜂业：蜂群饲喂"。

IT 2009 是关于"蜂业：蜂蜜的采收"。

IT 2009 是关于"蜂业：转场、蜂群管理"。

IT 2009 是关于"蜂业：蜂蜡采收技术"。

NRAG 225：11 号是关于"蜂业：蜂花粉的分析方法"。

手册 BPPA 2012 蜂业良好生产操作手册。

手册 BPM 2012 良好生产规范手册。

NC 372：12 是关于"蜂业：蜂蜜质量规格"。

NC 74－09：86 是关于"蜂业：蜂蜡规格"。

NC 730：2012 是关于"蜂业：蜂蜜的分析方法"。

NC 781：2010 是关于"蜂业：术语和定义"。

NC 960：2013 是关于"蜂业：蜂螨实验室诊断方法"。

NC 1028：2020 是关于"蜂业：蜂蜜湿度检测方法"。

四、蜂业科研机构

古巴有多所大学都从事蜂业研究，如古巴卡马圭大学从事蜜蜂病虫害研究，古巴热带地理研究所从事蜜蜂的分类和起源研究，马坦萨斯卡米洛西恩富戈斯大学从事蜂产品研究，皮纳尔河大学从事无刺蜂研究，哈瓦那农业大学从事蜜蜂遗传研究。

古巴养蜂研究中心（CIAPI）成立于 1982 年，当时是一个实验养蜂站，2007 年后获得现名，是古巴养蜂科学技术部门，主要研究领域是选择和改善蜜蜂，以培育实现高产、耐病虫害的蜜蜂。其中有一个色谱实验室，用于研究蜂产品的成分和质量证明，还有专门研究蜂胶和蜂蜜的抗生素活性及卫生质量的实验室。它可以根据现行法规的要求对出口蜂蜜的质量进行认证，向农业部和其他政府部门提供建议。该机构开发出 Propomiel、Apiasmine 等蜂产品。此外，还出版养蜂科学杂志《蜂业科学》。

第十章
CHAPTER 10

哥伦比亚养蜂业

第一节　哥伦比亚蜂业历史

哥伦比亚是世界第二大生物多样性国家，有 27 种大陆龟、大约 3 万种昆虫、144 种珊瑚、275 种候鸟，拥有世界上约 50％的美洲驼和其他数百个物种。

在欧洲蜜蜂引入之前，哥伦比亚的蜜蜂饲养已经是一项农业活动。一些历史参考资料表明，穆伊斯卡斯人在东部高地饲养无刺蜂，设法培育了无刺蜂属 *Trigona* 和梅利波纳属（*Melipona*）的各种蜂，其中玛雅无刺蜂尤为重要。当地人用蜂蜜来增甜饮料和食物，金匠工作时会使用蜂蜡。位于内华达山脉圣玛尔塔的泰罗纳斯人是非常著名的养蜂人，他们用蜂蜜做饭，用蜂蜡冶金。

1775 年，胡安·德·圣·格特鲁迪斯提到了各种各样的蜜蜂，当地人用这些蜜蜂生产大量的蜂蜡甚至更多的蜂蜜。在接下来的几个世纪中，养蜂继续以原始的方式在几个地区孤立发展，增长非常缓慢。

里扎尔迪被认为是国家养蜂业的先驱者，在哥伦比亚成立了第一家意大利蜂场，开始养蜂。1910 年，时任经济大臣的安东尼奥·桑佩尔·巴什出版了《养蜂手册》，用于学校教师指导中等经济条件下的农村地区儿童养蜂，并创建一家公司来增加农村地区的家庭收入。1912 年，里扎尔迪去世后，没有人继续养蜂。

1927年，养蜂成为神职人员的专门活动。佩德罗·帕勃罗·佩雷斯·查帕罗是一位出色的教师，在博亚卡、卡萨纳雷和桑坦德地区传播养蜂知识，并在拉萨尔高等学校进修，62岁时创立了哥伦比亚阿皮库图拉·佩雷斯蜂场。

里扎尔迪死前数年，编写了一本书《理性养蜂业》，目的是在哥伦比亚农村传播养蜂知识。1933年，《理性养蜂业》出版。

20世纪30年代后，哥伦比亚开始现代养蜂，农业部开始定期进口蜂王。经济部与一些公司和实体合作，通过定期的蜜蜂出口计划，进口意大利、德国、荷兰、高加索、卡尼鄂拉和其他品种的蜜蜂，推动了养蜂业的发展，这些引进蜂与野外自然蜂杂交，诞生了克里奥尔蜜蜂。现代养蜂业的兴起，使诸如昆迪纳马卡丰提蓬市的迪亚兹·格拉纳多斯家族开始制造蜂箱、核架、压蜡板等蜂机具，在很大程度上满足了全国养蜂员的需求。

20世纪50年代，农业部下属的农业局创建了拉比高达实验农场，开始养蜂，后来在动物产业局成立了养蜂司。1953年开展了全国养蜂运动，在全国培训了相当数量的养蜂员团体，并制定了新的养蜂生产项目。

1956年，在培训和宣传下，哥伦比亚的养蜂业得到了加强。加布里埃尔·特里亚斯利用他的养蜂经验，通过课程、研讨会、广播和新闻节目等开始培训，后来利用国家电视台进行宣传。加布里埃尔·特里亚斯成为哥伦比亚最早将养蜂商业化的养蜂员之一，后来编写的《蜜蜂的生命》一书被称为养蜂业的技术性著作。1959年，他组织成立了哥伦比亚全国养蜂员协会。

1967年，作为养蜂活动的发起人，唐·米格尔·戈麦斯为表示对里扎尔迪工作的感谢，在卡雷拉5号和波哥大街18号为里扎尔迪立了一块纪念牌匾，牌匾这样写："哥伦比亚的养蜂人，出身于意大利的著名牧师雷米吉奥·里扎尔迪居住在这个前修道院中，于1912年8月14日去世。他编写了并出版了哥伦比亚的

第一篇养蜂论文，是国家养蜂业的先驱，并在此处的花园里建立了哥伦比亚第一家意大利蜜蜂的科学养蜂场"。1956 年 4 月 26日，第一次全国养蜂大会在马尼萨莱斯市举行。从此，4 月 26日作为哥伦比亚养蜂人的纪念日。1971 年，在曼努埃尔·蒙塔尼斯帮助下，米格尔·戈麦斯和他的同事在圣塔菲·德波哥大第五和第八大街的卡门教堂内竖立了"蜜蜂的基督"雕像。

雷米吉奥·里扎尔迪 1910 年出版《合理养蜂》。

第二节　哥伦比亚养蜂情况

非洲化蜜蜂进入哥伦比亚后，哥伦比亚养蜂业分为两个阶段：第一个阶段是指现代养蜂业的建立和转型，直到 20 世纪 70年代结束；第二阶段为非洲化蜜蜂入侵后到现在。1978 年非洲化蜜蜂引入后，由于缺乏管理经验，大多数小养蜂者不得不放弃养蜂。这种情况一直持续到 1983 年养蜂促进计划的制定，该计划加强养蜂，以使农作物多样化，提高农村经济的生产率，以及进一步参与国内和国际市场（表 10 - 1）。哥伦比亚的养蜂业逐渐繁荣，蜂群数量持续增加。

表 10 - 1　哥伦比亚蜜蜂授粉作物及其增加的产值

作物	增产比例（%）	实际产量（吨）	预期产量（吨）	每吨产值（比索）	增加的产量（吨）	增加的产值（比索）
咖啡	22	26 578	32 425	2 444 000	5 847	14 290 068 000
芸豆	30	71 972	93 564	273 000	21 592	5 894 616 000
可可	89	9 641	18 221	1 365 649	8 580	11 711 700 000
鳄梨	70	25 926	44 074	266 000	18 148	4 827 368 000
芒果	30	25 800	33 540	358 900	7 740	2 777 886 000
柠檬	30	21 300	27 691	292 966	6 390	1 872 052 740

（续）

作物	增产比例（%）	实际产量（吨）	预期产量（吨）	每吨产值（比索）	增加的产量（吨）	增加的产值（比索）
番茄	15	14 105	16 221	67 422	2 428	142 664 952
番石榴	20	12 139	14 567	100 328	3 299	243 596 384
葡萄柚	30	10 998	14 297	121 850	2 116	401 983 150
西瓜	100	5 487	10 974	109 896	5 487	602 999 352
黑莓	40	1 577	2 208	698 000	631	440 298 400
奎东茄	40	1 069	1 497	866 000	428	370 648 000
甜瓜	100	707	1 414	142 800	707	100 959 600
库鲁巴果	80	2 097	3 775	306 189	1 678	513 758 142
合计		229 396	314 468		85 071	44 160 606 542

一、蜜蜂种类

哥伦比亚是世界上生物种类较多的国家之一。在 95 万种昆虫中，大约 2.5 万种是蜜蜂（Hammond，1992）。在新热带区，近 6 000 种蜂（3 000 种长舌蜂和 3 000 种短舌蜂）是全职授粉者（Roubik，1995）。据估计，哥伦比亚蜜蜂种类可能有 1 445 种，至少登记有 550 种蜜蜂，60% 的物种仍待了解。哥伦比亚代表性的蜂种是 *Tetragonisca angustula* Latreille，被当地人称为"小天使蜂"，是一种在哥伦比亚广泛分布的物种，蜂蜜可以药用。已被登记注册的无刺蜂大约有 120 种，其中至少有 35 种可以生产蜂蜜。

安第斯山脉是世界上生物多样性最丰富的地区之一。哥伦比亚蜜蜂的动物区系几乎有 12% 在安第斯山脉中发现，大多数物种（70%）是地方性的，在世界上其他任何地方都没有发现。

哥伦比亚的西方蜜蜂种类包括欧洲蜜蜂（*Apis mellifera mellifera linlifeeus* Linnaeus）、意大利蜜蜂（*Apis mellifera*

ligustica Spinola)、1879 年喀蜂（*Apis mellifera carnica* Poll-
mann）、高加索蜂（*Apis mellifera caucasica* Gorbachev）、非洲
化蜜蜂（*Apis mellifera scutellata* Lepeletier）。其中，非洲化蜜
蜂在 1978 年到达哥伦比亚。

二、生产情况

（一）总体生产情况

哥伦比亚加勒比地区、奥里诺科大区主要生产蜂蜜，安第斯
大区以生产蜜蜂和花粉为主。表 10-2 显示，2010—2018 年蜂
群数量不断增加，蜂蜜产量总体呈增加趋势。2017 年蜂蜜产量
达到 3 542 吨，2018 年虽然蜂群数量增加，但蜂蜜产量却减少了
170 吨，这是因为在科尔多瓦省、考卡山谷省和梅塔省的 2 500
群蜂死亡。

表 10-2 2010—2018 年哥伦比亚蜂群数量及蜂蜜产量

项目	2010 年	2011 年	2012 年	2013 年	2014 年	2015 年	2016 年	2017 年	2018 年
蜂群数量（群）	89 200	87 000	88 111	92 793	95 419	97 219	100 881	110 689	120 437
蜂蜜产量（吨）	2 630	2 350	2 379	2 691	2 958	3 111	3 228	3 542	3 372
蜂蜜单产量（千克/群）	29.48	27.01	27.00	29.00	31.00	32.00	32.00	32.00	28.00

哥伦比亚花粉的产量在 120～140 吨，博亚卡省是主要的花
粉产区，最好的花粉产于坎迪博阿克桑塞高原，富含丰富的蛋白
质和维生素。养蜂业的直接收入在 220 亿比索，授粉带来的收
益是养蜂业直接收入的 15 倍。

（二）主要蜂蜜生产省

哥伦比亚共有 32 个省。安蒂奥基亚省是全国生产蜂蜜最多
的省，产量为 388 吨，东部地区蜂群数量增加（表 10-3），科

尔多瓦省是全国蜂蜜产量第二大省，但在 2018 年丢失了大约
1 200 群蜂，原因不明。2018 年前，科尔多瓦省一直是蜂蜜生产
的领导者，但自安蒂奥基亚省下考卡安蒂奥基亚开展了新养蜂项
目后，安蒂奥基亚省超越科尔多瓦省。乌伊拉省是蜂蜜产量第三
大省，2018 年生产了 287 吨蜂蜜。由于东部平原栽种了金合欢
（*Acasia mangium*），蜂群数量有所增加。金合欢树一年中半年
以上时间会产生花蜜，适合养蜂，同时东部平原较少使用农用化
学品，为养蜂提供了非常有利的生产条件。梅塔省的蜂群数量增
加，其蜂蜜产量一直攀升。

表 10 - 3　2018 年蜂蜜生产前十大省的蜂蜜产量（吨）

项目	安蒂奥基亚省	科尔多瓦省	乌伊拉省	玻利瓦尔省	苏克雷省	梅塔省	考卡省	考卡山谷省	博亚卡省	昆迪纳马卡省	合计
蜂蜜产量（吨）	388	323	287	272	256	235	136	131	119	118	2 265
产量占比（%）	11.5	9.6	8.5	8.1	7.6	7.0	4.0	3.9	3.5	3.5	67.2

（三）蜂群的饲养管理及生产成本

　　哥伦比亚 90% 的养蜂者是小型养蜂人，平均每个养蜂者管
理的蜂群不超过 20 个。哥伦比亚有 3 000～3 500 名养蜂员，
3 000 个固定养蜂员和 6 000 个临时养蜂员。临时养蜂员主要在
取蜜季节取蜜和包装蜂蜜时出现。

　　2018 年调查显示，32% 的养蜂员饲喂糖浆；26% 的养蜂员
不饲喂糖浆；12% 的养蜂员饲喂糖浆，补充饲喂维生素；12% 的
养蜂员饲喂糖浆和蛋白质饼；8% 的养蜂员饲喂糖浆和蛋白质饼，
补充饲喂维生素；6% 的养蜂员饲喂蛋白质饼。在调查的养蜂员
中，64% 的养蜂员换王，其余不换王。在换王的 200 名养蜂员
中，23 人选择商业用王，23 人既用商业王也用自育王，154 人

自己育王。

生产成本因生产系统的面积和现代化程度的不同而有很大差异，一般而言，养蜂生产成本非常低，对投入品的依赖性不高，其资源来自周围的环境，大部分成本是人工成本（表10-4）。

表10-4 2013—2017年哥伦比亚生产蜂蜜和蜂花粉资金投入（比索）

产品	2013年	2014年	2015年	2016年	2017年
蜂蜜	4 258	4 267	4 267	4 800	5 100
花粉	7 200	7 800	8 100	8 200	8 200

注：蜂蜜依据托利马省、乌伊拉省、苏克雷省、桑坦德省、考卡山谷省和考卡省等6个省的平均值。花粉是昆迪纳马卡省的数据。

（四）蜂蜜的销售渠道、价格和消费情况

蜂蜜是哥伦比亚养蜂业的主要产品。由于资源比较好，哥伦比亚有150种特殊的蜂蜜。养蜂者通常住在养蜂场附近，大部分蜂蜜被出售给营销商，或以低于市场的价格出售给商业公司或中介机构，也以零售的形式包装在玻璃罐里出售。蜂蜜的营销者可分为两种类型：中介和商业公司。中介直接在产地或生产地区购买产品，供应大型市场或行业。商业销售者购买不同数量（取决于市场）的产品自己销售。哥伦比亚蜂蜜消费量不高，2017年人均消费蜂蜜81克（表10-5）。

表10-5 2017年哥伦比亚蜂蜜消费情况

项目	总人口 （万人）	蜂蜜产量 （吨）	蜂蜜进口量 （吨）	人均消费量 （克/人）
数量	4 550	3 542	140	81

2017年蜂蜜和花粉价格因地区不同而不同。在苏克雷省、科尔多瓦省、乌伊拉省和安蒂奥基亚省等产蜜量高的地区，每千克价格在9 000～12 000比索；而昆迪纳马卡省和博亚卡省，蜂蜜的价格则在每千克1.5万～3万比索，干燥后花粉每千克

价格为 2 万～2.5 万比索。在其他地区，花粉价格则达到 2.8 万比索/千克。

三、病虫害情况

（一）总体情况

哥伦比亚蜜蜂的病虫害主要有蜂螨病、巢虫病、病毒病和细菌病。哥伦比亚国立大学研究人员曾进行流行病学研究，发现大蜂螨的感染率不超过 10%，微孢子虫的感染率很低，有 1 例蜂盾螨，没有小蜂螨。感染率低的原因可能是哥伦比亚养蜂人选择不使用化学物质（杀螨剂或抗生素）来处理蜜蜂。2018 年调查显示，312 个蜂场中 146 个蜂场有病虫害（其中 89 个有蜂螨，6 个有巢虫，4 个有白垩病，4 个有蚂蚁，2 个有白蚁，2 个有欧洲幼虫腐臭病，1 个有微孢子虫，57 个蜂场病害不明）。蜂群损失调查结果显示，63 个蜂场没有蜂群损失，77 个蜂场损失小于 5%，59 个蜂场损失了 5%～10%，44 个蜂场损失了 10%～20%，28 个蜂场损失了 20%～30%，18 个蜂场损失了 30%～50%，11 个蜂场损失超过 50%，12 个蜂场损失情况不清楚。

2017 年哥伦比亚活蜂收集组织报告，全国损失了 1.6 万群蜂。损失的原因主要有农药中毒、气候、害虫、捕食者、病害及其他原因。

2017 年，拉丁美洲蜜蜂损失情况的首次调查结果表明，哥伦比亚蜂群损失达 45%。2014—2017 年，34% 的蜜蜂因农药中毒而死亡，造成的直接经济损失约为 210 亿比索。

（二）农药中毒

哥伦比亚没有保护蜜蜂的法律，蜜蜂农药中毒事件发生较多。由于农药中毒事件是非正式统计，很难确定真实情况。哥伦比亚的蜜蜂中毒事件多发生在 2—4 月（鳄梨种植者会施药防治钻蛀害虫）、8—9 月（柑橘类植物和水稻用药）。

2018 年约 2 500 群蜂死亡，科尔多瓦省、瓦莱德尔考卡省和梅塔省蜜蜂农药中毒较多。2018 年 1 月底，塞维利亚的花园蜂场中 150 万只蜜蜂因农药中毒死亡。

2019 年，大约 2 000 群蜂中毒死亡。2019 年 9 月，科尔多瓦省南部的蒂拉尔塔市，22 个蜂场 280 群蜜蜂因水稻喷洒农药死亡。在昆迪纳马卡和昆迪欧等地也报告了蜜蜂的大规模死亡。

2020 年，全国 200 多群蜂箱中毒。昆迪奥省、梅塔省梅塔港、洛佩斯港和盖坦港之间的埃尔托罗村（5 月）、博亚卡省新科隆市（10 月）都发生了由蜂场的附近农作物喷洒农药引起蜜蜂死亡事件。

据报道，哥伦比亚博亚卡省、昆迪纳马卡省、马格达莱纳省和桑坦德省的蜂蜜中有农药残留，主要是有机磷农药（47.5%）和有机氯农药（9.8%），在 36.1% 的蜂蜜中发现了毒死蜱的残留（Rodríguez，2011）。目前，哥伦比亚尚未采取措施禁止使用农药来保护蜜蜂。

（三）非洲化蜜蜂

1978 年底，非洲化蜜蜂从委内瑞拉通过东部平原进入哥伦比亚（Mantilla，1997；Vásquez et al.，1995）。1979 年，这些蜜蜂已经通过了比查达、阿劳卡和卡萨纳雷等地继续扩散。根据非洲化蜜蜂在委内瑞拉的扩散速度（300~400 千米/年）计算，1983 年非洲化蜜蜂已经遍布全国。另一个可能是非洲化蜜蜂通过瓜瓜拉省进入哥伦比亚，瓜瓜拉省允许蜜蜂通过塞萨尔河谷进入哥伦比亚北部和中部。尽管人们认为非洲化蜜蜂只能在海拔1 500 米以下进行繁殖，但这些蜜蜂完全适应了哥伦比亚的气候和地理条件，可以在寒冷地区（如波哥大草原和安第斯森林）生存。

四、养蜂业存在的问题

蜂蜜的掺假伪造是哥伦比亚养蜂业存在的主要问题。当前，养蜂业没有控制掺假和伪造现象的必要手段，没有法律对从事掺假活动的人员进行制裁，对养蜂业缺乏培训和指导。哥伦比亚消费的蜂蜜中80%没有健康记录，对行业造成了打击。

哥伦比亚蜂蜜是零出口，没有关于蜂产品出口的管理规定。近年来国际蜂蜜多通过与委内瑞拉的边界非法进入哥伦比亚，进口蜂蜜的价格低，对本国蜂蜜生产造成冲击，再加上生产成本高昂，很难与低价进口蜂蜜竞争。哥伦比亚蜂蜜的进口量有所增加。

第三节　哥伦比亚蜂业管理情况

一、养蜂管理情况

哥伦比亚有一个养蜂业与蜜蜂生产链组织（CADENA）及一个全国养蜂业委员会。

2003年第811号法律建立了农林业水产养殖和渔业部门的连锁组织，以提高产品的竞争力和生产力。2006年，哥伦比亚在判断养蜂业发展情况时，启动了"养蜂业与蜜蜂生产链组织"。2009年下半年，成立了全国连锁理事会，并于2011年3月24日使其制度化，签署了《连锁组织内部规则》等。2012年8月13日农业和农村发展部第282号决议，成立"国家蜜蜂和养蜂生产链委员会（CPAA）"。CPAA由协会、公司、合作社、公共机构和私人组成，涉及蜂产品的投入和服务、生产、转化或工业化、包装、分销和/或营销或支持实体等部门。其任务是促进交流、参与和决策的空间，为国家机构的资源分配和政策咨询提供便利和项目。其目标包括9个方面：提高生产力和竞争力，发展商品市场及其相关因素，减少生产链中不同代理商之间的交易成本，发展各种战略联盟，改善连锁代理商之间的信息，将小生产者和企业家链接到产业链，加强自然资源和环境管理，开展人力资源培训以及研究与技术发展等。2018年，CPAA的工作是收集养蜂业的信息，包括原始库存量、生产情况、价格、病虫害及蜂产品信息等。此外，还制定蜜蜂蜂蜜的技术规范、良好养蜂实践（哥伦比亚农牧业研究所）、蜂农的登记等。

全国养蜂业委员会由生产者和营销商代表组成。安蒂奥基亚省、高考卡省、科尔多瓦省、昆迪纳马卡、博亚卡省、乌伊拉省、马格达莱纳省和苏克雷省是养蜂重要省，蜂蜜产量占全国总产量的52%，因此这些省委员会合并组成区域委员会。

国家药品和食品监控研究所（Invima）是国家监管机构，是具有科学技术性质的监控实体，通过制定并应用与食品、饮料、药品、生物制品、化妆品、农药、家庭卫生用品及医疗设备的消费和使用有关的卫生法规，以保护哥伦比亚人的健康。

二、保护蜜蜂的措施

哥伦比亚没有全国性的专门规范养蜂活动的养蜂法，没有具体措施来管理和控制蜜蜂及其产品。但有一般规则，这些规则与生产过程的不同阶段有关。在哥伦比亚，蜜蜂被归类为家畜，养蜂不需要获得环境主管部门的授权，野生动植物的立法也不适用于蜜蜂。

与养蜂业相关的监管框架分为两部分：涉及环境利益规范的一般法律框架，养蜂业的特定法律框架。

（一）一般法律

①《哥伦比亚宪法》，涉及内容为环境管理和保护。

②1974年第2811号法令的《国家可再生自然资源和环境保护法典》，目的是预防、控制和改善环境污染，保护和恢复可再生自然资源，以捍卫国家领土上所有居民的健康和福祉。

③1979年第9号法律确定的国家卫生法。

④1984年第1594号法令关于水和液体废物的使用。

⑤1989年第84号法令的国家动物保护法。

⑥1993年第99号法，宣布成立环境部，重组负责环境和可再生自然资源管理与保护的公共部门，组织国家环境系统。

⑦1994 年第 101 号法令的农业发展法。

⑧1994 年第 139 号法令《森林激励》。

⑨1994 年第 165 号法令《生物多样性法》。

⑩1997 年第 373 号法令《节约和有效利用水》。

⑪1997 年第 388 号法令《领土管理法》。

⑫1999 年第 491 号法令《生态保险》。

⑬ 2002 年第 0074 号决议制定了生态农产品的初级生产、加工、包装、标签、储存、认证、进口和商业化规定。

⑭2004 年第 0148 号决议创建有机食品封条，规范其授予及使用。

⑮2005 年第 1220 号法令为关于环境许可的规范。

⑯2005 年第 1023 号决议，环境准则被用作自我管理和自我调节的工具。2011 年第 4107 号法令的第 2 条和 2012 年第 019 号法令的第 126 条都规定，生产、包装或进口用于商业化的食品，需要健康声明。2013 年第 2674 号决议确定国家食品和药品监督局作为国家卫生当局发布健康记录以及发布许可证的要求和条件，规定不经过任何转化过程的天然食品，例如谷物、新鲜水果和蔬菜，蜂蜜和其他蜂产品可以不用获得上市许可。

为保护蜜蜂，哥伦比亚分别于 2017 年、2019 年、2020 年多次讨论鼓励和促进蜜蜂与其他授粉媒介的法律和法规的制定。

（二）特定法律

①1971 年第 2020 号法令，以合法的方式将养蜂业与农业活动联系起来。

②1971 年第 1799 号法令，第 1 条把那些主要活动是将农产品商业化的公司归为农业公司。法令具体列出了哥伦比亚在不同领域的养蜂业立法：卫生、民用、农业、技术和税收。

③1997 年第 3075 号法令规定直接销售给消费者的食品必须获得健康登记，但未经任何转化过程的天然食品，如谷物、水果、蔬菜、蜂蜜和蜂产品除外。

1887 年第 57 号法令：哥伦比亚民法典中第 695 条规定，被饲养的动物（包括蜜蜂）获得自由后，任何人可以据为己有，一旦既成事实，原主人不能再追回。第 696 条规定：蜜蜂逃离蜂巢，栖息在不属于蜂巢的树上，任何人都可以抓住它们和用巢框收取它们。未经主人许可，所有者禁止在他人土地上抓蜜蜂，但不得禁止蜂巢的拥有者在既没有围栏也没有耕种的土地上追捕逃亡蜂。

④1971 年第 383 号决议，对农产品以及销售农产品的公司进行分类。第 11 部分第 141 号将蜂蜜归为农产品。

⑤1974 年第 2373 号法令规定，经济活动是农业、林业、畜牧业、渔业、家禽业或养蜂业的雇主，必须通过农业信贷基金支付家庭补贴。

⑥1976 年农业部第 473 号决议第 21 条规定，建立了进口蜜蜂及其产品的卫生要求，并将其作为一种保护农业生产的机制。

⑦1977 年第 1080 号法令，成立了国家养蜂发展和促进委员会，确定农业生产是经济的基本支柱，而蜜蜂通过授粉有助于大幅提高农作物产量，促进农村地区的经济发展。

⑧1977 年农业部第 665 号决议规定，任何自然人或法人全部或部分地献身于养蜂业、进口蜂王、蜜蜂。蜂产品或养蜂副产品必须向 ICA 注册，ICA 负责监控养蜂业卫生。

⑨1979 年第 3189 号法令，把养蜂业与农业、畜牧业、林业、狩猎和捕鱼等作为第一产业。

⑩1979 年第 20 号法令指出，出于税收目的，畜牧业被理解为旨在育种、饲养或发展牛、山羊、绵羊、猪和小动物的经济活动。养蜂与兔子养殖一起被列为次要活动之一。

⑪1979 年 11 月 12 日 ICA 第 23 号和 25 号同意函，ICA 董事会同意检验和检疫服务的费率，以及发放牲畜运输指南或许可证的费率，将蜜蜂包括在内。

⑫1982 年第 2333 号法令指出，1979 年第 9 号法律条例第

84 条规定的农业部向所管辖的养蜂场实际发放登记，根据本法令取代他们必须拥有的《卫生操作许可证》。

⑬1991 年第 663 号决议，确定了养蜂人必须获得养蜂场注册和其他蜜蜂的健康措施要求。

⑭1992 年第 758 号决议规定，授权给养蜂场的决议应附有部长和生产总干事的签名。

⑮2006 年 273 号决议，规范了哥伦比亚养蜂业。

⑯2010 年第 1057 号决议，规定了食用蜂蜜必须符合卫生要求的技术法规。

⑰2017 年众议院第 167 号提案，通过机制来保护传粉媒介，促进蜜蜂繁殖和发展哥伦比亚养蜂业。

⑱2017 年众议院第 145 号提案，通过对蜜蜂的保护规范，促进和发展哥伦比亚养蜂业。

⑲2018 年众议院第 55 号提案，通过对蜜蜂的保护规范，促进和发展哥伦比亚养蜂业。

⑳2018 年众议院第 251 号提案，通过机制来保护传粉媒介，促进蜜蜂繁殖和发展哥伦比亚养蜂业。

（三）技术规定

①哥伦比亚技术规则研究所（ICONTEC）发布的 NTC1273 号，既适用于工蜂生产的所有蜂蜜的直接消费规范，也适用于非零售包装的蜂蜜和重新包装零售的蜂蜜。

②哥伦比亚技术规则研究所（ICONTEC）发布的 NTC1466 号，给出了蜂蜡的定义、要求、取样、接受或拒绝以及测试，也包括作为化妆品生产中的投入物或原材料。

③2003 年第 863 号法令将天然蜂蜜关税代码修改为 04.09.00.00.00.00。

哥伦比亚农业和农村发展部已对 2002 年第 0074 号决议进行调整，该决议确立了"有机农产品的初级生产、加工、包装、标签、存储、认证、进出口、销售、内部控制系统的规定"，对有机养蜂生产的要求进行了规范，适用于蜂蜜、花粉、蜂王浆、蜂胶和蜂蜡，包括标准范围、术语转换期、养蜂场的位置、使用的材料、食物、预防措施和兽医处理、动物技术操作、收获和加工及最低限度的控制记录。2004 年农业农村发展部的 00148 号决议建立了有机食品的印章，以规范其授权和使用条件。

虽然没有全国性的蜜蜂保护法律，但个别地方有保护蜜蜂的法律。2019 年纳里尼奥省议会批准了政府提出的一项法令，制定了一项动物保护和护理的公共政策，旨在保障生命权利。该政策制定了一系列措施，以确保保护生态系统和包括蜜蜂在内的动物。纳里尼奥省成为哥伦比亚第一个认识到蜜蜂重要性的省。

2020 年昆迪奥省第 030 号法令获得批准，宣布昆迪奥蜜蜂为具有社会、经济和生态价值的动物，用法律保护蜜蜂免受农药中毒。卡尔达斯省、里萨拉尔达省和托利马省也着手建立法令以保护蜜蜂。

在哥伦比亚，有几种促进蜜蜂保护的策略，其中包括：2018 年由环境与可持续发展部 MADS 牵头的哥伦比亚授粉计划，昆迪纳马卡区域自治公司（CAR）和亚历山大·冯·洪堡研究所参与。该倡议旨在加强对本地蜜蜂的了解和对授粉生态系统服务的综合评估，将授粉列为一项战略性的生态系统服务，保护生物多样性，维持生态系统的结构和功能。但该倡议仍然停留在纸面上，而不是保护蜜蜂和授粉媒介的具体行动。

农业和农村发展部已经制定了养蜂法案，旨在为哥伦比亚的蜜蜂和养蜂活动建立防御机制。

其他组织，例如活蜂集体等在哥伦比亚促进了对蜜蜂和养蜂的保护。2018 年 11 月 26 日，哥伦比亚的律师华金·托雷斯提起诉讼，要求环境和可持续发展部、农业和农村发展部以及负责环境的机构行使其健康环境和健康饮食的权利，保护蜜蜂。2018 年 11 月卡塔赫纳法院下令政府机构采取措施，制止该国蜜蜂的灭绝，并确保其生存。但该裁决在 2019 年被卡塔赫纳高级法院推翻。

为保护独居蜂，哥伦比亚在大都市区的 10 个城市中建立了蜜蜂酒店，为独居蜂提供保护。房子为六角形结构，是用木头精心打造的，带有丙烯酸屋顶，可以防止雨淋，六角形结构内塞满了各种竹棍，可以使各种形状和大小的独居蜂入住。

三、科研机构

哥伦比亚国立大学位于哥伦比亚首都波哥大，是哥伦比亚的第一座国立大学，成立于 1867 年 9 月 22 日，最初只有 6 个系，1903—1940 年新增了 20 个系。1967 年开始授予硕士学位，1986年开始授予博士学位。蜜蜂研究实验室（LABUN）成立于 1976年 8 月，其研究内容涉及蜜蜂种类、授粉、生物学、饲养管理、生态学、植物学等。目前有 29 人从事蜜蜂研究工作，开设硕士课程和博士课程。

哥伦比亚农业研究所（ICA）隶属于农业和农村发展部，依据 1962 年 6 月 15 日 1562 号法令成立，旨在协调和加强农业科学的研究、教学和推广。目前，ICA 负责卫生和植物检疫。

四、蜜蜂科研和推广项目

（一）国内项目

2010—2018 年，哥伦比亚政府的各类养蜂项目及资金情况见表 10 - 6。

表 10 - 6　2010—2018 年蜂业的支持计划

支持类型	资金（比索）
农村机会（Oportunidades Rurales）	447 820 000
联盟（ALIANZAS）	1 580 152 000
农村公平发展（LEC）	8 243 590
农村公平发展	1 064 563 609
金融信贷（Crédito Finagro）	1 642 799 088

（续）

支持类型	资金（比索）
派莱斯（PARES）	1 027 068 000
DCPAP	100 000 000
其他计划	750 762 051
总计	6 621 408 258

2016 年，哥伦比亚环境与可持续发展部在内布拉斯加州内格罗河畔纳科罗和纳雷市管辖范围内推广的可持续生产项目是蜂蜜银行Ⅱ，如今有 100 个养蜂家庭，分别来自圣维森特、康塞普西翁、亚历杭德里亚、埃尔佩诺尔、圣多明各等市，有 1 000 个生产群，平均蜂蜜单产 30 千克/群。

2020 年哥伦比亚批准了支付 1 047.77 亿比索，用于资助 69 个保护项目和可持续生产实践，其中包括蜂蜜生产。

（二）国际项目

土著居民在哥伦布时代之前进行的一项祖传活动就是无刺蜂饲养。2017 年国际自然保护组织、大提拉能源公司、国家自然公园、科帕马祖马尼亚、科图阿索奥·奥托诺马地区德尔科卡和环境部组成的联盟创建并在哥伦比亚推广无刺蜂养殖项目。截止 2020 年 9 月，该计划已在普陀马约、卡奎塔和考卡等 20 个城市的 400 名无刺蜂饲养户中实施，这些养殖户接受为期 3 天的培训，创建品牌来推销无刺蜂蜂蜜。

2018 年开始，西班牙外换银行、桑坦德工业大学和位于索科罗的北美乔治·梅森大学合作开发以提高妇女和农民社区能力的养蜂项目，这项为期三年的项目旨在增强索科罗地区妇女和农民的养蜂能力。2018 年 8 月，受益家庭获得蜂箱资助和相应的培训后，开始饲养无刺蜂。开展的城市数量从 3 个增至 9 个：巴里查拉、埃尔哈托、奥伊巴、苏艾塔、阿拉托卡、西马科塔、索科罗、帕尔马斯德索科罗和贡非奈斯市，受益家庭从 20 个增至

120 个，参加妇女超过 70 名。

为鼓励绿色生产，在欧盟支持下，哥伦比亚环境与可持续发展部设立了绿色商业生产计划，将包括唐安海尔蜂业公司等 12家从事绿色生产的蜂蜜企业纳入其中，并在网站上予以公布，号召消费者购买其产品。同时，环境部设立了奖项进行奖励，如从事蜂蜜生产的拉萨巴纳蜂场获得 2019 年度的绿色创业和可持续商业奖。该企业位于苏克雷锡雷霍，已拥有 200 群蜂，主要销售蜂蜜，并以蜂蜜为原料制作天然果酱。

2020 年，欧盟向哥伦比亚赫伦西亚计划提供 600 万美元，以恢复圣玛尔塔大城，内容之一是通过可持续的地方经济发展来恢复生态系统，以特色咖啡、蜂蜜、香蕉、林业、渔业和旅游业等产品加强地方价值链。

五、协会

哥伦比亚共有哥伦比亚养蜂者联盟（Fedeabejas）等 27 个协会。哥伦比亚养蜂者联盟成立于 2008 年 8 月 28 日，是非营利性组织。该联盟由不同省养蜂者联盟组成，最初由苏克雷省养蜂生产者协会（ARPA）、博亚卡养蜂人和蜜蜂饲养协会（Asoapiboy）、哥伦比亚考卡省养蜂者联合会（COOAPICA）等 12 个养蜂协会联合创立，后来昆迪纳马卡养蜂人协会等 13 个协会加入。2020 年哥伦比亚养蜂者联盟制定了一项计划，计划 5 年内使哥伦比亚拥有 100 万群蜂。

博亚卡养蜂人和蜜蜂饲养协会（Asoapiboy）是一个由博亚卡省中小型养蜂人组成的协会，拥有 18 名会员，成立于 1992年，专注于蜂蜜、花粉、蜂胶、蜂王的生产和销售。协会拥有注册商标和有效条形码。

昆迪纳马卡养蜂人协会（ASOAPICUN）成立于 1997 年，是一个非营利性组织，其目标是促进养蜂业的综合发展，通过出版物、课程讲习班、研讨会和代表大会等改善养蜂技术培训，通过培训传播蜜蜂作为传粉昆虫的优势。该协会有 320 名养蜂人，蜂群数量约 8 000 群。

哥伦比亚蜜蜂保护者和生产者协会（Asoproabejas）是致力于保护蜜蜂的协会。

南方无刺蜂联盟成立于 2019 年 2 月，是一个致力于保护无刺蜂的组织。

活蜂集体组织由哥伦比亚蜜蜂和其他授粉媒介保护者组成的组织，成立于 2017 年 2 月 4 日。成立原因是昆迪约、苏克雷和昆迪纳马卡等地的蜜蜂因农药大量使用而中毒死亡。2017 年世界蜜蜂日期间，该组织在昆迪纳马卡省等多个地方组织了保护蜜蜂的宣传活动、游行活动及蜂蜜展销活动等。

太平洋生物博览会是拉丁美洲最重要的绿色产品博览会，2019 年该会议在哥伦比亚的云宝召开，包括咖啡、可可、水果、蔬菜和蜂蜜在内的有机和生态生产企业参加了本次会议。

六、企业

阿皮赛拉公司成立于 2002 年，是一家从事蜂产品和食品销售的企业，产品主要有柑橘蜜、迷迭香蜂蜜、薰衣草蜂蜜、百花蜜、桉树蜜、百里香蜜。此外，还生产蜂胶、蜂花粉、蜂王浆和巧克力、酒、果冻、糖果等。

蜂花公司成立于 2008 年，是哥伦比亚蜂胶化妆品的先驱者之一，自成立以来，已向韩国出口产品。目前，该公司已成功进入俄罗斯、西班牙和美国市场。

第十一章
CHAPTER 11

危地马拉养蜂业

第一节　危地马拉蜂业生产情况

一、养蜂历史

公元前 18000 至公元前 11000 年，人类在危地马拉定居。公元前 6500 年，中美洲的人们从事狩猎和采集。公元前 2000 年至公元前 250 年，玛雅文明在中美洲的危地马拉占主导。1524 年西班牙人来到危地马拉，摧毁了当地的玛雅文化并占领危地马拉。在前哥伦布时期，危地马拉人饲养无刺蜂。现存比较早的养蜂书籍主要有两本，第一本是格雷戈里奥·罗萨莱斯于 1853 年出版的《蜂箱的使用说明，供那些致力于耕种或农村经济的人使用》，第二本是恩里克·迪亚兹·杜兰于 1899 年出版的《香草：其栽培、好处以及作为养蜂养分的经济辅助剂的一些注意事项》。

二、蜂种资源

根据危地马拉"本地蜜蜂收藏"中的数据，危地马拉至少有 20 000 个已记录的蜜蜂品种，分属于 5 个科、78 个属和 376 个种。危地马拉大约 47％的蜜蜂物种来自 Apidae 家族，29％属于集蜂科（Halictidae），16％属于切叶蜂科（Megachilidae），5％属于分舌花蜂科，3％属于地蜂科。蜜蜂科包括 3 个亚科 16 个族 33 个种。麦蜂族包括无刺蜂，这是危地马拉研究最多的蜜蜂之一，因为它们可以授粉，生产蜂蜜、蜂蜡和蜂胶。无刺蜂 *Meli-*

pona beecheii 仍存在于危地马拉，主要饲养在圣罗莎省和奇基穆拉省，其蜂蜜具有药用特性。

兰花蜂（Euglossini）有 14 个种，是重要的授粉媒介，尤其是雨林中的兰花。

熊蜂（Bombini）有 9 个种，主要在温室中为番茄、茄子和辣椒授粉。Xylocopini 有 9 种蜂。在 Apidae 家族中，还有其他种的蜂从事本地植物的传粉，但研究很少。Eucerini 和 Exomalopsini 至少包含 25 种蜂，Centridini、Ceratinini、Epeolini 和 Emphorini 有 9 种以上。

集蜂科（Halictidae）许多种具有明亮的金属绿色，常见于热带植物的花朵上，危地马拉集蜂科分属于两个族：Halictini 和 Augochlorini。这两个族的蜜蜂占危地马拉蜜蜂种类的 29%，超过 100 种。

切叶蜂科占危地马拉蜜蜂种类的 15%，是野生植物的重要传粉者，其中一些种为苜蓿和向日葵授粉（Frankie et al.，2005）。

分舌蜂科和地蜂科是数量最少的两个科，在中美洲新热带区的植物群落中很少见。分舌蜂科占蜜蜂种类的 5.32%，地蜂科占 3.19%。

三、养蜂生产

危地马拉拥有丰富的植物区系，跻身于世界前 20 生物多样性国家之列。森林覆盖率为 40%，全国各地均可养蜂，蜂群承载量为 80 万群。2021 年，危地马拉有 3 500～4 000 名养蜂人，全国有 3 506 个养蜂场和 15 万群蜂，25 000 人从事与蜂蜜和其他蜂产品有关的产业。大多数养蜂员饲养蜂群数量少，不足 30 群。

（一）蜂群、蜂蜜和蜂蜡生产情况

图 11-1 显示，1964—1986 年危地马拉蜂群数量呈增加趋

势，1986 年蜂群数量达到 24 万群，为 59 年来的最高点。
1986—2003 年蜂群数量呈下降趋势，2000 年蜂群数量只有 4.9
万群，为 59 年来的最低点。2003—2009 年蜂群数量又有所增
加，但没有超过 20 世纪。2015—2019 年蜂群再度下降。2019 年
蜂群数量为 82 248 群。

图 11-1 1961—2019 年危地马拉蜂群数量变化（FAO）

图 11-2 显示，1964—1981 年危地马拉蜂蜜产量呈增加趋
势，1981—2000 年蜂蜜产量呈下降趋势，2000 年蜂蜜产量只有
1 445 吨，为 59 年来的最低点。2000—2019 年蜂蜜产量快速增
加，在 2019 年达到 59 年来的最高点（5 981 吨）。

图 11-3 显示，1964—1988 年危地马拉蜂蜡的产量呈增加
趋势，大多在 300 吨以上（1964 年和 1965 年除外）。1986 年蜂
蜡产量为 480 吨，为 59 年来的最高点。1989 年蜂蜡产量陡降至
47 吨，此后一直未超过 75 吨。2000 年蜂蜡产量只有 30 吨，为
59 年来的最低点。2019 年蜂蜡产量为 64 吨。

（二）各州蜂业生产情况

危地马拉蜂业主要分布在以下地区：

①拉博卡西南海岸地区：包括苏奇特佩克斯省、雷塔卢莱乌

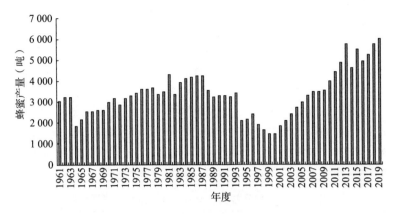

图 11-2 1961—2019 年危地马拉蜂蜜产量变化情况（FAO）

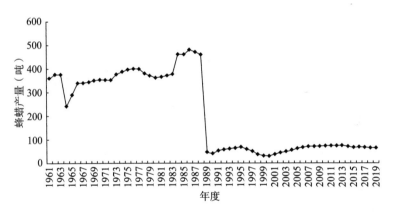

图 11-3 1961—2019 年危地马拉蜂蜡产量变化情况（FAO）

省、韦韦特南戈省和圣马科斯省。

②东南地区：包括胡蒂亚帕省、圣罗莎省和贾拉帕省。

③波洛克河流域地区：包括上维拉帕斯省、下维拉帕斯省和伊萨瓦尔省。

④西北地区：包括克萨尔特南戈省和基切省。

⑤佩腾地区：仅包括佩腾省。

蜂蜜生产主要集中在西南部，分别位于埃斯昆特拉、苏奇特佩克斯、雷塔卢莱乌、克萨尔特南戈、圣马科斯、韦韦特南戈和基切（MAGA，2013）。据估计，该区域蜂蜜产量约占全国产量的65%。另一个重要省是佩腾省，蜂蜜产量大约占全国产量的7%。蜂蜜产量最高的月份是12月至翌年4月。

根据第四次全国农业普查2003年报告，危地马拉共有4 664个蜂场饲养60 297群蜂（表11-1），其中4 608个蜂场饲养60 039群蜂，占总蜂群数的99%，每个农场约饲养13群蜂。56个家庭有蜂，饲养了258群蜂，每个家庭饲养5群蜂。

表11-1 危地马拉农业普查的蜂场数量和蜂群数量

年度	蜂场数（个）	蜂群数（群）
1950	5 343	120 846
1964	6 732	143 097
1979	9 317	154 681
2003	4 664	60 297

表11-2显示2003年各省的蜂场数及其蜂群数量情况。蜂场饲养60 039群蜂中无刺蜂为3 548群，占蜂群总数的5.9%。圣罗莎省是蜂场数量最多的省，占17.9%；其次是圣马科斯，蜂场数量为509个，占11.0%；韦韦特南戈居第三，蜂场占9.6%。蜂群数量最多的省是圣马科斯，蜂群数量占全国总数量的14.5%；其次是雷塔卢莱乌，蜂群占全国总量的12.9%；圣罗莎居第三，蜂群占比为9.4%；韦韦特南戈和萨卡帕分别为第四和第五大省，分别占9.1%和8.6%。伊萨瓦尔和萨卡特佩克斯是注册蜂群数量最少的省。圣马科斯、雷塔卢莱乌和韦韦特南戈是蜜蜂数量最多的3个省，蜜蜂群数量占比分别为14.8%、13.0%和9.0%。无刺蜂数量最多的3个省分别是圣罗莎、雷塔卢莱乌和韦韦特南戈，蜂群占比分别为22.4%、10.8%和10.1%。

表 11 - 2   2003 年各省的蜂场数及其蜂群数量

省份	蜂场数（个）	蜂群数（群）	蜜蜂数量（群）	无刺蜂数量（群）	蜂蜜产量（升）	花粉数量（磅）	蜂蜡（磅）
危地马拉	124	995	969	26	12 691	9	522
普罗格雷索	131	598	504	94	4 898	15	682
萨卡特佩克斯	25	173	140	33	1 535	—	58
奇马尔特南戈	124	1 190	1 079	111	18 864	6	605
埃斯昆特拉	126	2 393	2 347	46	33 248	110	4 524
圣罗莎	823	5 657	4 862	795	63 752	338	3 955
索洛拉	115	1 801	1 764	37	48 017	5 328	882
托托尼卡潘	48	664	621	43	8 892	6	196
克萨尔特南戈	168	4 806	4 743	63	60 819	180	4 269
苏奇特佩克斯	139	4 861	4 693	168	95 914	266	4 426
雷塔卢莱乌	218	7 754	7 372	382	117 006	87	3 454
圣马科斯	509	8 711	8 360	351	149 831	1 140	8 436
韦韦特南戈	444	5 452	5 093	359	81 266	1 495	3 763
基切	276	1 269	1 183	86	13 862	386	858
下维拉帕斯	202	714	609	105	4 994	355	695
上维拉帕斯	173	1 461	1 370	91	15 889	104	586
佩腾	108	2 078	1 962	116	30 043	7	828
伊萨瓦尔	23	96	80	16	608	2	1
萨卡帕	102	5 171	5 095	76	9 840	1	107
奇基穆拉	273	1 493	1 309	184	11 705	136	836
哈拉帕	205	944	762	182	6 480	70	290
胡蒂亚帕	252	1 758	1 574	184	17 753	311	1 414
合计	4 608	60 039	56 491	3 548	807 907	10 352	41 387

注：数据来自 2003 年农业普查。

蜂蜜产量最高的 3 个省分别为圣马科斯、雷塔卢莱乌和苏奇特佩克斯，产量占比分别为18.5%、14.5%和11.9%。伊萨瓦尔是蜂蜜生产最少的省，只有0.1%。花粉产量最高的3个省份分别为索洛拉、韦韦特南戈和圣马科斯，产量占比分别为51.5%、14.4%和11.0%。蜂蜡产量最高的3个省分别为圣马科斯、埃斯昆特拉和苏奇特佩克斯，产量占比分别为20.4%、10.9%和10.7%。

（三）前十大蜂业生产市蜂业生产情况

表11-3显示了2003年危地马拉蜂场和蜂群数量最多的前十大市。卡西亚是蜂场数量和无刺蜂数量最多的市，蜂场数量和无刺蜂数量分别占全国的4.6%和7.7%。阿辛塔尔是总蜂群数量和蜜蜂数量最多的市，占比分别为7.2%和7.6%。

表11-3 2003年各市的蜂业生产情况

排序	项目	蜂场数（个）	总蜂群数（群）	蜜蜂数量（群）	无刺蜂数量（群）
1	名称	卡西亚	阿辛塔尔	阿辛塔尔	卡西亚
1	数量	212	4 329	4 284	272
2	名称	阿辛塔尔	埃斯坦苏埃拉	埃斯坦苏埃拉	巴里利亚斯
2	数量	103	4 246	4 246	176
3	名称	巴里利亚斯	努埃尔普罗格莱索	努埃尔普罗格莱索	库约特南戈
3	数量	95	1 865	1 846	113
4	名称	新圣罗莎	科特佩克	科特佩克	圣罗莎·德利马
4	数量	91	1 685	1 682	107
5	名称	圣罗莎·德利马	马拉卡坦	奇卡考	圣克鲁斯穆鲁阿
5	数量	90	1 322	1 295	100
6	名称	朱蒂亚帕	奇卡考	马拉卡坦	新圣罗莎
6	数量	89	1 301	1 291	98

（续）

排序	项目	蜂场数（个）	总蜂群数（群）	蜜蜂数量（群）	无刺蜂数量（群）
7	名称	圣克鲁斯·纳兰霍	圣保罗	圣保罗	雷塔胡留
	数量	87	1 158	1 146	75
8	名称	内巴吉	圣佩德罗·内塔	哈卡来特南戈	新圣卡洛斯
	数量	78	1 051	1 042	72
9	名称	圣佩德罗·内塔	哈卡来特南戈	弗洛莱哥斯达黎加库卡	塔朱穆尔科
	数量	76	1 043	1 029	64
10	名称	圣玛利亚伊克斯乌阿坦/哈拉帕	弗洛莱哥斯达黎加库卡	圣佩德罗·内塔	圣杰罗尼莫
	数量	70	1 042	1 009	60

表 11-4 显示了 2003 年危地马拉蜂产品产量最多的前十大市。阿辛塔尔、努埃尔普罗格莱索和马拉卡坦是蜂蜜产量最高的前三大市，蜂蜜产量分别占 7.9%、4.5% 和 4.0%。韦韦特南戈、哈卡来特南戈和塔朱穆尔科是蜂花粉数量最多的前三大市，占比分别为 5.8%、5.4% 和 3.4%。圣雷蒙德、圣卢西亚·米尔帕斯·阿尔塔斯和内巴吉是蜂蜡产量最多的前三大市，占比分别为 4.9%、3.0% 和 1.7%。

表 11-4　2003 年蜂蜜、蜂花粉和蜂蜡前十大生产市

排序	项目	蜂蜜产量（升）	蜂花粉数量（磅）	蜂蜡产量（磅）
1	名称	阿辛塔尔	韦韦特南戈	圣雷蒙德
	数量	63 979	600	2 042

（续）

排序	项目	蜂蜜产量 （升）	蜂花粉数量 （磅）	蜂蜡产量（磅）
2	名称	努埃尔普罗格莱索	哈卡来特南戈	圣卢西亚·米尔帕斯· 阿尔塔斯
	数量	36 235	560	1 225
3	名称	马拉卡坦	塔朱穆尔科	内巴吉
	数量	32 694	356	720
4	名称	奇卡考	内巴吉	圣马丁·吉洛特佩克
	数量	24 210	341	646
5	名称	圣保罗	拉比纳尔	圣安德鲁
	数量	20 460	337	484
6	名称	哈卡来特南戈	拉莱弗马	帕萨科
	数量	19 300	330	445
7	名称	圣安德鲁	圣安娜·休斯塔	帕伦西亚
	数量	16 052	120	396
8	名称	拉德莫克来西亚	亚松森米塔	朱蒂亚帕
	数量	13 115	144	345
9	名称	圣佩德罗·内塔	伊巴拉	伊帕拉
	数量	11 851	102	301
10	名称	雷塔胡留	圣何塞阿卡坦帕	拉比纳尔
	数量	11 703	100	297

四、养蜂员情况

苏奇特佩克斯省有 139 个养蜂场、4 861 群蜂，养蜂员全部

为男性。根据 Molina（2010）的研究，在韦韦特南戈省的
MANSOHUE 社区中，发现只有 5％的女性致力于养蜂。苏奇
特佩克斯省养蜂员全部是男性。

五、蜂业生产方式和病虫害情况

在危地马拉，养蜂通常被作为农民的临时和次要活动，尤其
是在收获季节。由于地理条件和基础设施限制，危地马拉大多数
定地养蜂，采用原始的饲养方式，技术性不强。蜂业生产以蜂蜜
出口为主，除蜂蜜外，花粉、蜂胶、蜂王浆和蜂蜡没有实现商
业化。

全国 40％的农业依靠蜜蜂授粉，如甜瓜、葫芦、咖啡、杏、
澳洲坚果、草莓和柑橘类水果，而大黄蜂用于为番茄、辣椒等
授粉。

目前，养蜂活动受到诸如非洲化蜜蜂的发展、病虫害、森林
砍伐和喷洒农药等不利因素的影响，养蜂场减少，不少养蜂员放
弃养蜂。

六、蜂业发展中存在的问题

危地马拉养蜂面临的问题包括气候变化、病虫害，如瓦螨等
威胁。

生产者的组织水平侧重于生产阶段和库存，在营销方面还有
很长的路要走。大多数生产者更喜欢将蜂蜜在国内市场零卖，没
有产品促销计划。国内市场开发不足，快餐店和超市中使用蜂蜜
的替代产品。在蜂蜜行业中，没有消费者认可的 100％纯蜂蜜品
牌。此外，缺乏现代化养蜂技术、生产设备标准化和融资不足对
生产也有不良影响。

官方实验室对蜂蜜中残留物的分析能力有限，出口检验必须
使用国外的分析实验室。

七、蜂蜜的消费和价格

危地马拉的蜂蜜大多数出口。联合国粮食及农业组织数据显示，危地马拉的人均蜂蜜消费量不到 0.1 千克，平均 0.019～0.05 千克/（人·年）。

2013—2014 年生产者收获的价格平均在每磅 1.00～1.70 美元（MAGA，2013）。危地马拉一瓶蜂蜜的平均价格为 30 格查尔/千克，受购买量的影响，出口价格为 18 格查尔/千克，在欧洲以每千克 3 美元的价格出售。

第二节　危地马拉蜂蜜进出口情况

危地马拉 80％的蜂蜜出口国外，主要出口德国、沙特阿拉伯、法国、瑞士和哥斯达黎加。2009 年蜂蜜出口额为 520 万美元（离岸价）。2010 年离岸价为 610 万美元，蜂蜜出口量占欧洲蜂蜜进口量的 0.8％。2011 年离岸价为 560 万美元。2012 年危地马拉出口欧盟 1 413 吨蜂蜜，继续成为厄瓜多尔（出口量为 1 493吨）之后的第二大欧盟蜂蜜提供商。2012 年离岸价为 611 万美元，2013 年离岸价为 816 万美元。2014 年危地马拉蜂蜜出口量为 1 964 吨，出口额为 640 万美元。2015 年出口额为 923 万美元，比 2014 年出口额高 44％，出口量为 2 579 吨。根据危地马拉出口商协会（Agexport）养蜂委员会的数据，德国是主要购买国，约占进口的 60％。

一、蜂蜜出口情况

表 11 - 5 显示，2015—2019 年危地马拉蜂蜜出口呈下降趋势，出口量和出口额均下降，出口单价总体也呈下降趋势。2019 年危地马拉出口了 1 435 吨蜂蜜，出口额为 353.1 万美元，出口单价为 2.461 美元/千克，分别仅为 2015 年的 56％、

38％和69％。

表 11-5 2015—2019 年危地马拉蜂蜜出口情况

年度	出口量（吨）	出口额（万美元）	出口单价（美元/千克）
2015	2 579	923.2	3.580
2016	2 066	546.4	2.645
2017	1 728	453.1	2.622
2018	1 565	465.2	2.973
2019	1 435	353.1	2.461

注：数据来自 Trademap。

表 11-6 显示，2018—2019 年德国和哥斯达黎加是危地马拉第一大和第二大蜂蜜出口目的国，其中德国进口量分别占当年危地马拉出口量的 54％和 57％，哥斯达黎加进口量分别占当年危地马拉出口量的 7％和 11％。从蜂蜜出口单价看，危地马拉出口到瑞士的蜂蜜价格最高，2018 年和 2019 年出口到瑞士的蜂蜜单价分别比平均价格高 17％和 39％。

表 11-6 2018—2019 年危地马拉蜂蜜出口情况

国家/地区	2018 年			2019 年		
	出口额（万美元）	出口量（吨）	出口单价（美元/千克）	出口额（万美元）	出口量（吨）	出口单价（美元/千克）
德国	254.3	847	3.002	181.0	821	2.205
哥斯达黎加	37.3	125	2.984	48.3	167	2.892
洪都拉斯	19.2	84	2.286	33.4	130	2.569
瑞士	56.4	161	3.503	32.9	96	3.427
意大利	29.4	89	3.303	29.4	90	3.267
波兰	0	0	0	9.1	39	2.333
日本	10.0	38	2.632	5.5	22	2.500
美国	1.8	6	3.000	4.4	15	2.933

（续）

国家/地区	2018 年			2019 年		
	出口额 （万美元）	出口量 （吨）	出口单价 （美元/千克）	出口额 （万美元）	出口量 （吨）	出口单价 （美元/千克）
西班牙	8.0	42	1.905	3.7	21	1.762
约旦	0	0	0	3.0	24	1.250
尼加拉瓜	3.8	17	2.235	1.7	8	2.125
中国台湾	0.1	0	0	0.8	4	2.000
比利时	12.9	43	3.000	0	0	0
荷兰	32.0	111	2.883	0	0	0
合计	465.2	1 565	2.973	353.1	1 435	2.461

注：数据来自 Trademap。

二、蜂蜜进口情况

表 11-7 显示，2015—2019 年危地马拉蜂蜜进口量少，2017 年和 2018 进口最多，达 7 吨，2019 年进口了 6 吨蜂蜜。蜂蜜进口额呈增加趋势，2019 年蜂蜜进口额达 3.4 万美元。

表 11-7　2015—2019 年危地马拉蜂蜜进口情况

国家	2015 年		2016 年		2017 年		2018 年		2019 年	
	进口额 （万美元）	进口量 （吨）	进口额 （万美元）	进口量 （吨）	进口额 （万美元）	进口量 （吨）	进口额 （万美元）	进口量 （吨）	进口额 （万美元）	进口量 （吨）
美国	0	0	0	0	2.3	4	3.0	5	3.1	6
意大利	0	0	0	0	0	0	0	0	0.3	0
韩国	0.1	1	0	0	0	0	0	0	0	0
西班牙	0	0	0.5	1	0.8	1	0.1	0	0	0
合计	0.1	1	0.6	1	3.1	7	3.2	7	3.4	6

注：数据来自 Trademap。

表 11-8 显示，美国是 2018—2019 年危地马拉蜂蜜的主要进口国，2018 年危地马拉从美国进口了 5 吨蜂蜜，占其总进口量的 83%；2019 年进口的 6 吨蜂蜜全部来自美国。

表 11-8 2018—2019 年危地马拉蜂蜜进口国来源情况

国家	2018 年			2019 年		
	进口额（万美元）	进口量（吨）	进口单价（美元/千克）	进口额（万美元）	进口量（吨）	进口单价（美元/千克）
美国	3.0	5	6.000	3.1	6	5.167
意大利	0	0	0	0.3	0	—
西班牙	0.1	0	0	0	0	0
合计	3.2	6	5.333	3.4	6	5.667

注：数据来自 Trademap。

第三节 危地马拉蜂业管理、科研及协会情况

一、蜂业管理及法律法规

根据农牧食品部（MAGA）的资料，2007 年制定了第 139-2007 号和第 164-2007 号部长级协议，并通过该协议成立了农业生产理事会——CONPRODA，其职能是保证磋商机制和手段有效，产生制定运营政策、计划、方案和项目；旨在促进组成该生产链的生产和商业发展，并作为 MAGA 与该组织私营部门之间沟通和协调机构农业生产。

危地马拉蜂蜜生产受到农牧食品部和公共卫生与社会援助部的监管，农牧食品部负责蜜蜂的健康和安全问题。2012 年农牧食品部第 169-2012 号部长级协议"适用于全国范围内从事养蜂产品生产、收集、转化、包装、储存和商业化的所有规定"，规定建立危地马拉养蜂注册处（REGAPI），负责建立蜂蜜可追溯系统。同时，制定了蜂蜜的良好生产规范和蜂蜜加工厂的生产规

范、官方残留监控和最大残留限量。

危地马拉养蜂登记处——REGAPI是养蜂农业食品链参与者的注册和识别系统，构成了养蜂管理主管部门的相关实用数据库，有助于建立和形成产品可追溯系统。对于希望销售食用蜂产品的蜂农及农业食品链上的任何人，必须在REGAPI中进行注册。养蜂员的登记制度仍然薄弱，仅有3名专业人员负责养蜂事务。

政府协议969-99"食品安全法规"在欧洲司法部门决定限制带有转基因花粉残留的蜂蜜商业化后，农牧食品部宣布从2012年1月开始了一项监测计划。

危地马拉蜜蜂健康受到《植物和动物健康法》第36-98号法令的约束。官方的蜜蜂保健计划几乎不存在。官方实验室力量相当薄弱。与蜜蜂健康和蜂蜜安全有关的机构非常少，农牧粮食部拥有3位专业人士负责蜂业安全与发展事务，没有流行病学家专门从事养蜂工作。动物健康实验室有3名技术人员，接受了有关蜜蜂疾病诊断的培训，但检测仅限于蜂螨、微孢子虫、气管螨和蜂巢小甲虫。此外，拥有一个配备了最先进设备的官方实验室，但没有足够的人力和财力来支付维护费用、购置试剂或进行残留分析测试。对于蜜蜂健康而言，生产者没有官方的实验室来诊断疾病，国内也没有足够的分析检测能力，因此出口商不得不求助于国外的实验室。有一些私人实验室提供质量参数分析和残留物扫描测试，但这些测试不能满足国外市场的需求。

危地马拉有一项关于蜂蜜的自愿性标准。《健康法典》确定卫生登记和货架上出售的产品均受公共卫生和社会援助部（MSPAS）的控制。在国内和国际市场上出售的一些蜂蜜加工企业得到公共卫生与社会援助部和农牧食品部的许可。

危地马拉银行贷款的担保要求必须为房地产，因此出口企业不容易获得金融服务。农牧食品部还通过相关机构为农业生产提供信贷。银行支持生产者获得针对农业、畜牧业、旅游业或工业生产项目的融资计划或银行信贷。银行提供的收益包括：担保资金（最高为金额的 80%）、保险费补贴（最高为金额的 30%，保险费的 70%）、技术援助（最高费用的 90%），以及用于准备投资前研究的补贴（最高为费用的 90%）。

二、科研机构

危地马拉的大多数科学技术研究活动都是由私营农业部门与一些研究机构协调发起的。目前活动很少，由于缺乏研究和扩展，许多公司（主要是小型公司）的技术水平较低。危地马拉圣卡洛斯大学农学系、农业科学学院，拉斐尔·兰迪瓦大学和危地马拉山谷大学等都从事蜜蜂研究。圣卡洛斯大学一直从事危地马拉的本地蜜蜂收集和整理工作。

1986 年，为使得养蜂业从非洲化蜜蜂的影响中恢复，政府推广了一项非农业化项目，以促进西南部的养蜂业发展，并支持少数以非洲化蜜蜂为生的养蜂人。

为保护蜜蜂，农牧食品部通过农业卫生与法规部（VISAR）实施国家蜜蜂健康计划（PROSAPI）。计划在 2020—2021 年实施，分为 3 个子计划，分别是蜜蜂流行病学监测、传播健康信息以及对流行病学家、蜜蜂技术人员和生产者的培训。通过计划的实施，达到诊断、预防、控制、监视和根除影响国家养蜂的疾病，保护和防止外来或跨境病虫害进入。

为了支持蜂蜜生产者，2018 年危地马拉农牧食品部完成了"蜜蜂可追溯性系统项目"，该项目允许对符合生产该产品及其衍生物市场要求的蜂蜜生产者和企业进行注册和认证。在此期间，农业部确定了 2 673 位养蜂人并对他们进行蜂巢和蜂场的控制与注册培训，此外还举办了生产提高和产品包装研讨会。为了增加佩腾省的蜂蜜产量，农牧食品部向 180 位养蜂人运送了 360 个木箱和 1 100 磅加盖蜡。

三、协会、合作社和企业

危地马拉的养蜂生产遍布全国，大约有 2 500 家蜂蜜生产商集中在 30 个协会中，这种情况一直持续到 70 年代非洲化蜜蜂入侵，导致养蜂人放弃了养蜂场，许多养蜂场消失，危地马拉的养蜂业遭受了沉重打击。

2000 年，危地马拉西南部养蜂人协会通过改变蜂王将意大利蜂和卡尼奥拉蜂杂交来控制养蜂场的非洲化进程。2002 年，他们的平均蜂巢产量达到 94 磅（42.72 千克）（Guzmán，2010）。

目前，7 个活跃的养蜂组织已在农牧食品部注册，拥有 30个蜂蜜收集中心，其中 18 个被授权出口。佩滕、韦韦特南戈、圣马科斯和埃斯昆特拉省共有 5 个养蜂业合作社出口蜂蜜，以及超过 15 个养蜂人协会。

危地马拉出口协会（AGEXPORT）是一家私人非营利机构，拥有 30 多年的历史，一直从事危地马拉商品出口工作，分为 6 个部门和 26 个工作委员会，其中差异化产品委员会包括蜂蜜业务。

西南养蜂人综合生产合作社（COPIASURO RL）是位于危地马拉圣马科斯和高原地区的蜂业合作社，由来自中美洲、南美洲和南欧 8 个国家的 30 个有机和公平贸易生产者合作社或协会组成。现有成员 235 名，其中女性 41 名，男性 194 名，平均年龄超过 50 岁，主要生产蜂蜜。

COMVENSER 是一家家族企业，位于圣罗莎省，始于 2006年，最初是养蜂场，生产蜂蜜和蜂蜡，并为危地马拉南部地区提供技术培训和技术援助，2014 年开始在圣胡安、萨卡特佩克斯生产蜂王。

第四节　危地马拉本土蜜蜂及无刺蜂

无刺蜂分布在所有大陆的热带和亚热带地区，已知约有

400 种（50 个属），其中美洲有 300 多种。自哥伦布时代以来，拉丁美洲的各种无刺蜂已经被驯化，目前在墨西哥和巴西无刺蜂饲养较多。拉丁美洲饲养较多、比较重要的是玛雅无刺蜂（*Melipona beecheii*）、天使蜂（*Fetrayonisca anyustula*）、黄蜂（*M. Scutellaris*）等。在美洲大陆上，农民传统饲养管理的有 14 种麦蜂和 21 种无刺蜂。热带地区的 1 000 种食物、香料和药品中，约有一半被蜜蜂授粉。约有 250 种适合无刺蜂的授粉，如澳洲坚果、椰子、葱、番石榴、桃椰子、罗望子果、鳄梨和柑橘等（Marroquín，2002）。

一、危地马拉的无刺蜂种类

危地马拉有各种各样的本地蜂，它们在大部分植物和农作物的授粉过程中发挥作用，提高产量。这些蜜蜂的蜂蜜还具有药用价值，用于许多疾病的治疗。无刺蜂蜂蜜具有重要的商业和文化意义。马德里法典中用 10 页记录了无刺蜂养殖，是针对与无刺蜂养殖不同活动的年鉴。在整个中美洲，无刺蜂的饲养很普遍。无刺蜂在土著文化的药典中起着重要作用。但危地马拉的纳瓦人没有关于无刺蜂在其文化中重要性的书面记录。

表 11 - 9 危地马拉的无刺蜂种类

属	名称
Melipona	*Melipona beecheii* Bennett、*M. fasciata* Latreille、*M. solani* Ckll.
Scaptotrigona	*S. mexicana* Guerin、*S. pectoralis* Dalla Torre
Cephalotrigona	*C. zexmeniae* Ckll
Paratrigona	*P. guatemalensis* Schwarz
Partamona	*P. bilineata* Say

（续）

属	无刺蜂名称
Tetragonisca	*Trigona fulviventris* Serrín、*T. silvestriana* Vachal、*T. nigerrima* Cresson、*T. fuscipennis* Friese、*T. corvine* Ckll.、*T. dorsalis* Mit.、*T. nigra nigra* Lapeletier
Plebeia	*P. (Scaura) latitarsis* Fr、*P. parkeri* sp. Nov、*P. jatiformis* Ckll、*P. llorentei* sp. Nov、*P. frontalis* Friese、*P. pulcra* sp. Nov、*Plebeia* sp
Trigonisca	*T. maya* sp. Nov
Nannotrigona	*N. perilampoides* Cr.
Oxitrigona	*O. mediorufa* Ckll.

二、无刺蜂蜂蜜

危地马拉本土无刺蜂有小天使、少女、平民、小夜曲、黑刚果和栗色刚果等。研究发现，4 种无刺蜂的蜂蜜具有药用和治愈特性，如少女蜂蜜有助于治愈白内障等眼部疾病、胃痛和溃疡等；塞雷尼塔蜂蜜可以治愈白内障、翼状胬肉和其他眼部疾病；克里奥尔语蜂蜜可帮助治疗骨折、伤口、疮、眼疾、腹泻和面部斑点等；塔内特蜂蜜可用于清洁肾，治疗骨折、眼部疾病、内伤、咳嗽和发炎等。

三、危地马拉在无刺蜂方面开展的工作

自 2000 年以来，圣卡洛斯-危地马拉大学保护主义研究中心（CECON）开始从事危地马拉的本地蜜蜂收集和整理工作。研究涉及危地马拉传统无刺蜂的认识和饲养（Enríquez et al.，2000；Enríquez et al.，2004；Enríquez et al.，2005）、无刺蜂生物多样性（Yurrita，2004；Yurrita et al.，2013），蜂产品主要是蜂蜜的特征研究（Dardón et al.，2013；Dardón et al.，2008；

Enríquez et al.，2006；Guttiérrez et al.，2008；Maldonado，2009；Maldonado，2012；Maldonado，2014；Rodas et al.，2007；Rodas et al.，2009；Bit et al.，2004；Vit et al.，2008），相关植物和野生植物的恢复（Vásquez，2007），*Melipona* 的遗传变异（Monroy et al.，2008）以及奇基穆拉省（Enríquez et al.，2004）、埃尔普罗格雷索（Rodríguez，2008）、上韦拉帕斯省（Enríquez et al.，2007）、伊萨瓦尔省（Armas et al.，2009）和下韦拉帕斯省（Enríquez et al.，2009）等地方蜜蜂的研究，危地马拉熊蜂属的分类、分布、摄食习性和繁殖（Vásquez et al.，2010；Dardón et al.，2014；Escobedo，2012；Martínez，2014；Martínez，2011）等。

2015 年，玛雅公民社会协会（COMAL）开展了本土蜜蜂拯救项目，为生产者提供了有关恢复本土蜂种的重要性信息。2016 年初，COMAL 向 EntreMundos 小型项目资助计划提出了"拯救本地蜜蜂"的建议。此项目已获批准并在推进，在未未特南戈省的 6 个城市中放置了 36 箱无刺蜂。

第十二章
CHAPTER 12

委内瑞拉养蜂业

第一节　委内瑞拉蜂业生产情况

一、养蜂历史

1565 年以前，委内瑞拉饲养的蜜蜂主要是无刺蜂，1565 年费尔南多·博莱特从加那利群岛将意大利蜂（*Apis Ligústic*）引入委内瑞拉，后来这些蜂传到了哥伦比亚。1940 年，委内瑞拉有 150 群现代蜂群和 100 多群野生蜂群，由于竞争少，因而蜂蜜单产很高。自 20 世纪中叶起，非洲化蜜蜂到达，大多数蜂群被非洲化。

二、养蜂区域及资源

委内瑞拉的养蜂地区可以分为以下几种类型：草原和平原、雨林和潮湿的森林、干燥地带、山前潮湿的森林。

草原和平原占国土面积的 30%，年降水量在 1 500 毫米，植被是低矮植物和灌木丛，花期从 9 月至 10 月开始，到翌年 2、3 月结束。

雨林和潮湿的森林占国土面积的 45%，年降水量大于 1 500 毫米，植物花期从 12 月至翌年 1 月开始，到 4、5 月结束。

干燥地带占国土面积的 10%，属干旱气候，年降水量少于 400 毫米，植被多是多肉植物，花期从 5、6 月开始至 9、10 月结束。

委内瑞拉可以利用的农作物主要有玉米、高粱、水稻、豆类、园艺作物、水果（芒果、柑橘、鳄梨）、森林作物。委内瑞拉蜂蜜品种大约有 15 种。在草原和丘陵地带也有多花蜜。最常见的是来自东部的马斯特兰托省的蜂蜜，金色、明亮，相对较黏。

三、蜂业总体生产情况

委内瑞拉全国划分为 23 个州、1 个首都区和 1 个联邦属地（由 72 个岛屿组成）。委内瑞拉最大的养蜂区域集中在中西部地区热带干旱森林中，分别是安索阿特吉州、瓜里科州、亚拉奎州、波图格萨州、拉腊州和玻利瓦尔州的北部。蜂蜜单产较低，只有 14~15 千克群。通常雨季过后，从 11 月至翌年 3 月，委内瑞拉中部地区和平原进入蜂蜜生产季节；在干旱或半干旱的地区，收获从 6—8 月开始。玻利瓦尔州某些地方全年都会取蜜。

1975 年全国有蜂群 9.4 万群，产蜜 1 425 吨（表 12 - 1），1976 年由于非洲化蜜蜂的影响，蜂蜜产量陡降至 630 吨，此后一直下降。1981 年蜂蜜产量仅有 88 吨，仅为 1975 年产量的 6%。1982 年后蜂蜜产量持续增加，至 1989 年蜂蜜产量增为 983 吨。此后因蜂螨的影响，1990 年蜂蜜产量降为 614 吨。1991 年和 1992 年蜂蜜产量逐年增加，1993 年再次持续下降至 1997 年的 318 吨。虽然 1999 年蜂蜜产量有所增加，但此后蜂蜜产量继续下滑，至 2004 年蜂蜜产量仅有 90 吨，其后蜂蜜产量总体呈增加趋势，并在 2017 年达到 1 008 吨，成为近 30 年来的最高点。2018 年和 2019 年蜂蜜产量持续下降，2019 年蜂蜜产量仅有 487 吨。

表 12 - 1　1973—2001 年委内瑞拉蜂蜜产量

年度	产量（千克）	年度	产量（千克）	年度	产量（千克）
1973	106 000	1975	1 425 000	1977	463 856
1974	1 335 000	1976	629 820	1978	139 157

（续）

年度	产量（千克）	年度	产量（千克）	年度	产量（千克）
1979	115 000	1987	671 197	1995	331 319
1980	112 750	1988	920 972	1996	319 990
1981	88 070	1989	983 320	1997	317 792
1982	323 125	1990	614 208	1998	370 742
1983	325 120	1991	641 666	1999	409 292
1984	421 053	1992	671 978	2000	403 268
1985	480 000	1993	432 685	2001	296 572
1986	573 730	1994	418 674	—	—

注：数据来自 Anuarios Estadísticos del Ministerio de Agricultura，1972—2001。

FAO数据显示，2002—2015年，委内瑞拉蜂群数量基本稳定，并略有增加。2015年蜂群数量达到11 549群，此后蜂群数量持续下降。2019年蜂群数量为9 251群。2002—2019年蜂蜡产量略呈下降趋势，2002年蜂蜡产量为82吨，2019年为75吨（表12-2）。

表12-2　2002—2019年委内瑞拉蜂业生产情况

年度	蜂群数量（群）	蜂蜜产量（吨）	蜂蜡产量（吨）
2002	10 500	151	82
2003	10 500	100	82
2004	10 500	90	82
2005	10 500	240	82
2006	10 500	320	82
2007	10 600	270	80
2008	10 600	244	80

（续）

年度	蜂群数量（群）	蜂蜜产量（吨）	蜂蜡产量（吨）
2009	10 600	366	80
2010	10 600	509	80
2011	10 600	497	80
2012	11 000	515	80
2013	11 000	455	77
2014	11 500	529	75
2015	11 549	537	76
2016	9 438	610	76
2017	9 442	1 008	76
2018	9 346	631	75
2019	9 251	487	75

注：数据来自 FAOSTAT。

委内瑞拉没有养蜂登记注册系统，因而没有确切的养蜂员和蜂群数量登记。据估计，2020 年全国有 2 500～2 800 名养蜂人，有 10 000～15 000 群蜂。最大的蜂场有 1 200 群蜂，最小 10 群蜂。专业养蜂者有 250 人，占 10%；半专业养蜂者有 2 000 人，占 80%；业余养蜂者有 250 人，占 10%。定地养蜂占 90%，转地占 10%。

①蜂蜜。蜂蜜是委内瑞拉养蜂业的主要产品。委内瑞拉植被类型多样，因此以多花蜜为主，通常以 700 毫升瓶装的液体形式销售。尽管巢蜜已被广泛接受，但由于食用习惯，巢蜜几乎没有生产。蜂蜜价格因地区而异，5～10 比索/千克不等。人均蜂蜜消费量非常低，约为 35 克/人，是世界上消费量最低的国家之一。蜂蜜用于家庭治疗以控制流感，替代蔗糖使用。蜂蜜工业用途较少，在某些地区用作生产复合蜂蜜和蜂蜜酒的原料。蜂蜜消费具有一定的季节性，主要受圣诞节和复活节的影响，12 月至

翌年 4 月成为蜂蜜销售最大的季节。

②蜂蜡。2001 年的蜂蜡产量估计为 20 吨，无法满足国内需求。蜂蜡主要用于生产巢础，也用于制药和化妆品行业，以生产保湿剂、脱毛剂、软膏、口红、防晒霜、颜料及蜡烛。

③花粉。尽管委内瑞拉一年四季都有大量的多年生植物，但花粉产量仍然很低，因为大多数养蜂人喜欢生产蜂蜜，农作物授粉很少，因此必须从中国和西班牙进口蜂花粉。每群蜂每年可以生产 20 千克的花粉，通常以 50 克玻璃罐装和/或与蜂蜜混合出售，自然疗法患者将其用作营养补品。

④蜂胶。养蜂人通常将蜂胶丢弃，很少收集，也没有正式的产量数据。一些初步研究得，在山前湿润的森林中每年每群蜂可以生产 2 千克蜂胶，尽管蜂胶已开始用于面霜中，但其制品主要是蜂胶酊剂，价格在 5～25 美元/千克。尽管尚未完全鉴定出特征，但中部和中西部的一些样品黄酮含量低或中等，抗菌活性高，能够强烈抑制金黄色葡萄球菌和黄褐微球菌的生长。

⑤蜂王浆。由于劳动过程烦琐且成本高昂，蜂王浆产量非常低，几乎全是手工生产的。委内瑞拉消费的所有蜂王浆都是从中国进口的，用于生产面霜和食品补充剂。

⑥雄蜂。虽然不像其他国家那样以幼虫的形式食用，但在委内瑞拉，成熟的雄蜂幼虫会与蜂蜜混合制成香脂素，作为能量蛋白补充剂等出售。

委内瑞拉有专门从事蜂王生产的育王者，除了出售蜂王外，还出售核心群。2001 年，大约以每只 15 美元的平均价格售出了 6 000 只蜂王，而核心群的销售量不到 1 000 个，价格为 50～70 美元/只。但是，出售的蜂王没有经过选择或遗传改良过程。

四、蜜蜂饲养及病虫害情况

蜜蜂饲养采用朗式蜂箱，每年更换一次蜂王的养蜂人较少，科赫德斯州只有 5% 的养蜂人每年更换一次蜂王。2001 年科赫德斯州报告的蜂蜜产量为 91 190 千克，34 位养蜂人饲养了 2 032 群蜂。仅有 15％的养蜂人有蜂群管理记录，85％的人没有记录。养蜂人没有得到任何形式的技术援助，只能通过自我学习来获取新知识。政府和私人银行对蜂业不感兴趣，养蜂业没有获得任何形式的资金资助，无论是蜂群的增加还是养蜂机械设备的购置都为零，仅有 5％的自有投资。

委内瑞拉旱季一般持续 5～7 个月，依据持续时间不同，蜂群消耗糖在 20～30 千克。在东部 3 个州（莫纳加斯州、玻利瓦尔州和安索阿特吉州），每年需要消耗 150 吨糖。

委内瑞拉蜜蜂的主要病虫害是大蜂螨、蜂盾螨、蜡螟、阿米巴病、微孢子虫。非洲化蜜蜂对蜂螨的抗性较强，因而危害相对较轻。由于没有蜡螟控制措施，大蜡螟和小蜡螟的破坏可以达到 30％，在某些情况下甚至达到 60％。另外，切叶蚁可以大规模攻击并摧毁蜂巢。蜂王婚飞时经常被鸟吃掉。蟾蜍和黄蜂也是蜜蜂的捕食者。

五、非洲化蜜蜂对委内瑞拉养蜂业的影响

泰勒（Taylor，1976）认为，非洲化蜜蜂从 1975 年开始进入委内瑞拉可能通过两个途径：一条路线是 1976 年 4 月通过圣埃琳娜·德·埃赖恩、埃尔·波吉和伊卡巴鲁（亚马孙州）进入委内瑞拉；另一条路线是从圭亚那（乔治敦和马迪亚）入侵，通过三角洲进入委内瑞拉奥里诺科飞往玻利瓦尔州。非洲化蜜蜂蜂群在两年内通过圭亚那前进了 320 千米。1980 年，中部沿海地区已发现非洲化蜜蜂。

非洲化蜜蜂对委内瑞拉养蜂业冲击很大。1978 年非洲化蜜蜂已造成 100 起人死亡事件，每周记录的蜜蜂袭击者超过 25 例，1975—2000 年造成的死亡事件超过 800 起。非洲化蜜蜂造成的人死亡事件以及对蜂业的破坏使得委内瑞拉蜂业遭到巨大的破坏。1975 年委内瑞拉有 9.4 万群蜂，2000 年蜂群数量仅为 2 万

群，每群蜂蜜产量为 20 千克。蜂蜜产量从 1975 年的 1 425 吨减少到 1981 年的 88 吨。由于国内蜂蜜产量下降严重，1981 年委内瑞拉进口了 360 吨蜂蜜来维持国内消费，使委内瑞拉从蜂蜜出口国变成了蜂蜜进口国。1982 年后委内瑞拉养蜂业逐渐开始恢复，1985 年蜂蜜产量达到 480 吨，1989 年蜂蜜产量达到 983 吨。1990 年由于蜂群管理不当和 1991 年狄斯瓦螨的出现，蜂蜜产量再次下降，直到 1997 年才达到 318 吨。2000 年蜂蜜产量达到 403 吨，但 2001 年蜂蜜产量下降为 297 吨。1981—1999 年蜂蜜进口量一直在 300 吨左右，表明委内瑞拉国内蜂蜜消费量一直增长缓慢。由于非洲化蜜蜂的影响，90%的业余养蜂者放弃了养蜂，拥有 1 000 群蜂的养蜂者数量大大减少，养蜂者数量不足 1 000 人。许多养蜂者被迫采用新技术来适应非洲化蜜蜂。猎蜂人也出现了，他们通过收取野生蜜蜂来获得蜂蜜。

六、无刺蜂饲养业

无刺蜂在委内瑞拉被称为玛塔亥依，委内瑞拉的无刺蜂属有 *Frieseomelitta*、*Melipona*、*Plebeia*、*Scaptotrigona*、*Scaura* 和 *Tetragonisca*。无刺蜂种类有埃里卡（*Melipona favosa* Fabricius）和平原瓜瑙达（*Melipona compressipes* Fabricius），这两个均属于 Schwarz（1932）所描述的 *Melipona*。埃里卡在阿普来州也被称为阿里卡，在其他地区也被称为阿里瓜。这些无刺蜂分布在委内瑞拉平原。平原瓜瑙达是黑色的，不同于东方瓜瑙达（*Melipona trinitatis* Cockerell）的青铜色，尽管两者都被称为"鸟粪"。由于无刺蜂饲养是传统的养蜂业，委内瑞拉的无刺蜂蜂蜜大多野生，而且为手工取蜜。

为保护和推动无刺蜂发展，2007 年，巴西和危地马拉专家参加了在委内瑞拉梅里达市召开的无刺蜂蜂蜜社会评价研讨会和无刺蜂育种研讨会。

七、委内瑞拉的蜂业发展潜力

委内瑞拉位于热带地区，面积为 916 450 平方千米，约 50％的国土面积覆盖着自然植被（超过 40 万平方千米的森林）和农作物，一年中大部分时间有开花的植物，能够饲养 200 万群蜂，潜在的养蜂者约为 3 万个，养蜂业发展潜力巨大。委内瑞拉的蜂蜜单产可达 40 千克，东部甚至高达 100 千克。

第二节　委内瑞拉蜂业进出口情况

自 1980 年委内瑞拉取消进口蜂蜜的禁令以来，蜂蜜进口量迅速增长。表 12-3 显示，从 1990 年以来，蜂蜜进口量迅速增加，2000 年达到 513 吨。1984—2001 年蜂蜜的出口量不稳定，1986 年出口量达 8.6 吨，为 20 年来的最高点。其他年度出口量很少，1987 年、1988 年和 1995 年则没有出口。

表 12-3　1984—2001 年委内瑞拉蜂蜜进出口情况

年度	出口（千克）	进口（千克）	年度	出口（千克）	进口（千克）
1984	1 356	0	1993	1 058	255 357
1985	215	156	1994	1 520	366 794
1986	8 600	5 890	1995	0	277 598
1987	0	3 354	1996	181	135 339
1988	0	1 867	1997	66	350 871
1989	1 135	2 704	1998	1 119	406 249
1990	5 458	24 629	1999	15	319 477
1991	4 214	139 480	2000	1 509	513 479
1992	1 096	199 105	2001	21	466 984

注：数据来自 Anuarios de Comercio Exterior. OCEI - INE, 1985—2001。

联合国粮食及农业组织数据库显示，2002—2015 年委内瑞

拉进口蜂蜜量在 1 万～1.2 万吨。其中 2015 年进口量高达
11 549 吨,创历史纪录。2016 年开始蜂蜜进口量逐年下降,但
仍然维持在 9 000 吨以上。2004 年以后,蜂蜜的进口额虽然年度
间有差异,但总体呈增加趋势,2017 年蜂蜜进口额最高,为
100.8 万美元。2002—2019 年委内瑞拉蜂蜜出口量在 75～82 吨,
总体呈下降趋势。蜂蜜的出口额则较低,2002 年出口额最高,
为 2.4 万美元,其他年度没有超过 0.7 万美元。

墨西哥、古巴和西班牙是委内瑞拉主要的蜂蜜供应国,超过
进口量的 85%。委内瑞拉蜂蜜出口量不大,阿鲁巴和库拉索岛
是主要的出口目的地。

表 12 - 4   2002—2019 年委内瑞拉蜂蜜进出口情况

年度	蜂蜜进口量 (吨)	蜂蜜进口额 (万美元)	蜂蜜出口量 (吨)	蜂蜜出口额 (万美元)
2002	10 500	15.1	82	2.4
2003	10 500	10.0	82	0.6
2004	10 500	9.0	82	0.4
2005	10 500	24.0	82	0
2006	10 500	32.0	82	0
2007	10 600	27.0	80	0
2008	10 600	24.4	80	0
2009	10 600	36.6	80	0
2010	10 600	50.9	80	0
2011	10 600	49.7	80	0.1
2012	11 000	51.5	80	0.2
2013	11 000	45.5	77	0.1
2014	11 500	52.9	75	0
2015	11 549	53.7	76	0.7
2016	9 438	61.0	76	0.2
2017	9 442	100.8	76	0.2
2018	9 346	63.1	75	0.3
2019	9 251	48.7	75	0

注:数据来自 FAOSTAT。

第三节 委内瑞拉蜂业管理与法律

一、蜂业管理及蜂业法律和标准

委内瑞拉养蜂业归属于农业和土地部。全国没有蜂群统计和注册系统。政府对蜂业不重视，没有针对国家养蜂业的具体计划，养蜂协会在养蜂政策中也很少有决策权。目前在委内瑞拉的许多地方，养蜂业处于起步阶段，对养蜂员缺乏技术支持，缺乏信贷支持政策，蜂产品的加工销售和蜂群健康都存在问题，这些限制了现代养蜂技术的应用，导致大多数小型养蜂员倾向于扩大蜂蜜产量，饲养蜂王。

委内瑞拉没有保护蜂业的国家法律，相关法律是 1970 年 8 月第 29289 号官方公报颁布的《野生动物保护法》、委内瑞拉玻利瓦尔共和国宪法的第 127 条以及环境有机法中的第 3 条，这些都是关于环境保护、生物多样性和生态保护的条款。

1995 年 8 月 16 日，委内瑞拉解放者市以第 65 号法律形式通过了蜜蜂保护和加强法律，成为全国唯一的蜜蜂保护法律，该法律规定了州政府农业部门和养蜂者的权利与义务。

1984 年委内瑞拉制定了蜂蜜的检测标准 COVENIN 2136 - 84 和蜂蜜质量标准 COVENIN 2191 - 84，并于 2005 年 3 月进行了修订。蜂蜜质量标准 COVENIN 2191 - 84 仅对西方蜜蜂蜂蜜提出了 7 个质量要求：水分（最大 20%）、还原糖（最低 65%）、蔗糖（最大 5%）、游离酸度（最大 4 毫克/100 克）、灰分（最大 0.5%）、羟甲基糠醛（阴性）、淀粉酶活性（阳性）。

二、蜂业科研机构

委内瑞拉至少有 5 所大学和 1 个研究机构从事蜜蜂研究。其中，安第斯大学从事无刺蜂、蜂花粉、蜂蜜和蜂蜡研究。苏丽亚大学是委内瑞拉最大和最重要的大学之一，主要从事无刺蜂蜂蜜的研究。罗慕洛·加里戈斯国立实验大学（UNERG）成立于1977年，该大学动物生产系有专门从事蜂业研究的人员，主要从事蜂蜜研究。塔奇拉国立实验大学有养蜂研究实验室，通过研究促进和改善塔奇拉养蜂业，建立和传播有关蜜蜂的知识。目前该实验室致力于西方蜜蜂的病理学研究以及蜂产品生物学、理化性质和蜜蜂科生物多样性研究。委内瑞拉中央大学是1721年创办的公办大学，是委内瑞拉第一所大学，也是拉丁美洲最好的大学之一，有多个学院从事蜂业研究。其中热带医学研究所免疫化学科主要从事蜂毒研究，动物学和热带生态研究所从事蜜蜂生态研究，加拉加斯机械工程学院从事蜂业机械研究。

在蜂蜜的研究方面，委内瑞拉中央大学、安第斯大学、塔奇拉国立实验大学、国家卫生研究所、东方大学、以泽奎尔·萨莫拉西部平原国立实验大学和苏丽亚大学都从事蜂蜜研究。

国立农业科学研究所（INIA）是从事动植物卫生检疫的国家执行机构。

三、蜂业协会及蜂业公司

委内瑞拉养蜂者联合会（Feboapive）于2001年开始组建，2006年正式注册成立。其目的是通过不断改善养蜂活动的绩效，为养蜂人和国家带来收益，从而使养蜂业价值最大化。协会成立后，在丰达基金的支持下，已经资助了1.1万群蜂和5个育王场，超过250个养蜂者，这些养蜂者的蜂群数量在30～50群/人。

委内瑞拉养蜂协会因为网络的封锁，其Facebook最新页面停留在2014年11月20日。

除了国家级行业协会外，委内瑞拉各州均有自己的协会。如阿拉瓜州就有5个蜂业协会，分别是阿拉瓜州玻利瓦尔养蜂者协会、阿拉瓜州唯一养蜂者协会、养蜂发展基金会（Fundapi）等。

阿普雷州有 2 个蜂业协会，分别是阿普雷州玻利瓦尔养蜂者协会和 123 爸爸养蜂者联合会。安索阿特吉州有 4 个蜂业协会：安索阿特吉州养蜂者协会、安索阿特吉州玻利瓦尔养蜂者协会、独立养蜂者协会和南安索阿特吉州养蜂者协会（Apasa）。南安索阿特吉州养蜂者协会由 22 位养蜂员于 2009 年 11 月成立，2014 年已有 52 名养蜂者加入。

委内瑞拉有多家蜂业公司，仅位于首都加拉加斯的就有 3 家，即拉丁美洲养蜂者、里奥提戈来蜂蜜、委内瑞拉养蜂业，从事蜂产品的生产和销售，包括蜂王、蜂蜜和花粉等。

四、蜂业博物馆

委内瑞拉有伊格纳西奥·埃雷拉国家蜜蜂博物馆（MUNAPIH），在梅里达市创建 MUNAPIH 是 1986 年 10 月 27—31 日在该市举行的第一届国家养蜂大会的决议之一。伊格纳西奥·埃雷拉是委内瑞拉受人尊敬的养蜂员，他建立了委内瑞拉唯一的养蜂学校来培训养蜂员。在 1987 年第 37 届全国大会框架内举行的"委内瑞拉养蜂业的成就和前景"圆桌会议上，决定以伊格纳西奥·埃雷拉的名字来命名该博物馆。博物馆于 1998 年第 20 届太阳博览会期间开业。博物馆内有蜜蜂科普知识、书籍、杂志、蜂蜜样品、蜂机具和设备等，同时有养蜂课程培训、蜂业比赛、研讨会和蜂业技术参观等活动。

五、蜂业存在的问题

委内瑞拉养蜂业主要存在以下问题：

1. 政府不重视，法律不健全　委内瑞拉虽然有国家农业和土地部负责蜂业，但却没有制定养蜂政策、法规来支持蜂业发展，没有国家法规来规范养蜂业生产，没有政策将养蜂业认为是保护生物多样性和通过异花授粉提高生产力的必不可少的生产部门，对于蜜蜂的授粉也没有鼓励措施。

2. 缺乏支持和宣传　委内瑞拉对养蜂业缺乏支持。1998 年前，养蜂业几乎没有得到信贷，主要是私人银行和农牧业信贷研究所（ICAP）的信贷。生产者必须在收到贷款后的 6 个月内开始偿还信贷，这种在短期内偿还贷款的机制使得信贷和行业的增长均放慢。1999—2002 年，蜂业从国家获得的经济支持要比过去 20 年更大，如国家科学技术和创新基金（FONACIT）、国家文化委员会（CONAC）、林业和畜牧业农业发展基金（FONDAPFA）、2000 年玻利瓦尔计划、市长和州长资金。虽然为每人提供了基础培训以及 5～10 个蜂箱，但却没有监控程序或技术建议，无法提供足够的持续培训以保证行业的发展。

3. 农村不安全　偷盗者经常在收获期间（通常是 11 月至翌年 4 月）偷蜂蜜，并破坏蜂巢，包括盗巢脾甚至破坏和焚烧蜂箱。2002—2003 年，委内瑞拉养蜂员报告的蜂箱被盗比率接近 20%，这种情况在科赫德斯州、亚拉奎州、卡拉沃沃州、波图格萨州和莫纳加斯州等主要生产州更为严重。由于政府没有对此采取行动，也没有认真考虑将其视为对财产和生产的损害，因此很难控制偷盗。养蜂人为了避免社区问题而被孤立，因此需要拿出一定的时间和金钱来确保养蜂场的安全并控制偷盗，从而增加了成本，有些甚至采取了极端的保护措施，包括建造类似于限制蜜蜂的牲畜笼等设施，在蜂场中使用摄像机来监控，甚至将针头放置在养蜂场附近等。

4. 蜂农缺乏饲养管理技术和设备　委内瑞拉主要是非洲化蜜蜂，未进行遗传改良，没有蜂王蜂繁殖中心，蜂王质量差。引进的蜂王未经测试或没有疾病证书，易将病虫害引入，1991 年瓦螨、2002 年末和 2003 年初白垩病随着蜂王引入而被引入委内瑞拉。蜂箱管理不善，无备用饲料或不喂食。委内瑞拉非洲化蜜蜂的弃巢率为 8%～10%，蜜蜂的飞逃对于养蜂员来说非常昂贵。虽然养蜂人目前采用了一些技术来管理非洲化蜜蜂，但忽略了非洲化蜜蜂的行为生物学，管理上未进行相应变化。例如，蜂巢的最小间隔 2 米，使用较大的喷烟器，穿着浅色结实的衣服，必须使用面纱（口罩）和手套，蜂巢距离人口稠密中心至少 400 米等。只有少数养蜂员采用新的技术，大多数老养蜂员仍然坚持非洲化蜜蜂与欧洲蜜蜂一起管理。

蜂农购买的养蜂设备质量不佳，蜂箱及其组件的使用寿命短。进口蜂蜜提取设备价格昂贵，委内瑞拉几乎没有蜂蜜提取设备。

5. 缺乏后继人才　委内瑞拉的大多数大型养蜂人年龄在 45 岁以上，年轻人对蜂业兴趣不大。而且，许多新养蜂人是业余爱好者，对生产的影响很小。此外，在大学、技术学院和技术学校的大多数农业职业研究计划中都没有养蜂专业，缺乏对新养蜂人的充分培训。

6. 货币高估　委内瑞拉是一个依赖石油出口的国家，其货币（玻利瓦尔）通常会被高估，这使得许多国内生产的产品比进口产品更昂贵。尽管委内瑞拉有巨大的养蜂潜力，生物多样性高，有大量的蜜源植物，可以获得高质量的蜂产品，但大多数养蜂工具需要进口，而且价格较高。由于养蜂材料供应有限以及缺乏本地设备和材料来降低成本，因此本国生产的蜂蜜价格高，为 4 500～6 500 玻利瓦尔/千克（折 1.7～2.5 美元/千克），高于国际价格（1.1～1.7 美元/千克）。除此之外，由于进口蜂蜜价格低，进口蜂蜜大量增加。

7. 养蜂文化少　当谈论蜜蜂时，大多数委内瑞拉人会自动将蜜蜂和蜂蜜联系起来，而忘记了还有其他一系列蜂产品，如蜂花粉、蜂胶、蜂蜡、蜂王浆、蜂蜜酒、蜂蜜醋等。此外，蜂蜜是消费者最不信任的农产品，因其真伪难以辨别。以蜂蜜形式提供的掺假产品的激增，使得市场上有超过 20% 的假"蜂蜜"与用商品蔗糖和酒石黄制成的掺假品（称为糖浆或纸浆）；蜂蜜造假者关于蜂蜜的虚假宣传，强烈抑制了蜂蜜的消费；蜂蜜主要用作流感的补救措施，缺乏关于食用蜂蜜好处的宣传；缺乏蜜蜂授粉文化的宣传也威胁到养蜂业的发展。

8. 对资源的破坏　森林和草原的火灾，城市和农业生产过程中不受控制的毁林，没有相应的补偿性造林等，这些都使得蜜源植物减少。委内瑞拉还有猎蜜人，他们采用原始的方法毁巢取蜜，以灭绝的方式取蜜，降低了蜂巢的生产、繁殖和生存能力。

第十三章
CHAPTER 13

玻利维亚养蜂业

第一节　玻利维亚蜂业生产情况

玻利维亚养蜂的历史可以追溯到殖民时期，来自旧世界的移民进入后带来新的动植物品种，包括蜜蜂，最初引入的是意大利蜂（*Apis mellifera ligústica*），后来又引入了德国蜜蜂（*Apis mellifera mellifera*）和卡尼鄂拉蜂（*Apis mellifera carniola*）。1956 年巴西发生非洲化蜜蜂后，20 世纪 70 年代非洲化蜜蜂到达玻利维亚，许多养蜂人放弃了养蜂，使得养蜂业受阻。据推测，由于频繁的蜂群迁徙，非洲化蜜蜂通过巴西和玻利维亚的边界逐渐进入，并与引入的品种进行了杂交。目前，玻利维亚的蜜蜂是欧洲蜂和非洲化蜜蜂的杂交品种。

根据 Peducassé（2017）的研究，玻利维亚有 213 种本地或无刺蜂，其中 64 种是带线虫的，由于使用农药以及丧失食物和生存空间而面临灭绝。

联合国粮食及农业组织估计，1961—1972 年蜂群数量情况见表 13-1，其他年度数据不可用。蜂蜜产量在 1967 年以前超过 1 000 吨，此后仅在 2008 年和 2009 年蜂蜜产量分别达到 915 吨和 944 吨，其他年度蜂蜜产量未超过 800 吨。

表 13 - 1　1961—2019 年玻利维亚蜂群和蜂蜜产量情况

年度	蜂群数量（群）	蜂蜜产量（吨）	年度	蜂群数量（群）	蜂蜜产量（吨）
1961	53 850	1 077	1999	—	710
1962	59 200	1 184	2000	—	720
1963	50 500	1 010	2001	—	730
1964	56 500	1 130	2002	—	740
1965	57 500	1 150	2003	—	750
1966	58 750	1 175	2004	—	784
1967	40 000	800	2005	—	829
1968	25 000	500	2006	—	857
1969	15 000	300	2007	—	880
1970	6 000	120	2008	—	915
1971	6 000	120	2009	—	944
1972	6 000	120	2010	—	630
1973	—	0	2011	—	643
1990	—	720	2012	—	658
1991	—	700	2013	—	672
1992	—	710	2014	—	686
1993	—	720	2015	—	704
1994	—	740	2016	—	711
1995	—	730	2017	—	705
1996	—	720	2018	—	667
1997	—	710	2019	—	644
1998	—	700			

一、养蜂员情况

　　玻利维亚养蜂员没有国家统计数据。据科恰班巴养蜂人协会（ADAC）2015 年估计，玻利维亚约有 24 968 名养蜂员、64 967

群蜂，蜂蜜产量为 899 吨，3 200 万玻利维亚人从事蜂业相关活动。除生产蜂群外，还有 60 124 个核心群或刚捕获的蜂群，合计共 125 091 群蜂。拉巴斯、科恰班巴、圣克鲁斯、丘基萨卡、塔里哈、贝尼、潘多和波托西等 8 个省 220 个城市中均有人从事养蜂业。其中，科恰班巴有 5 210 名养蜂人，每年生产 155.6 吨蜂蜜，涉及 780 万玻利维亚人。深谷和安第斯山脉之间的山谷蜂蜜产量最高。科恰班巴是全国产量较高的地区之一，每年每群蜂蜂蜜最高单产可达 120 千克。

2015 年玻利维亚曾做过全国养蜂情况调查，表 13 - 2 为调查结果。表 13 - 2 显示，2013—2015 年养蜂员数量缓慢增加。2015 年养蜂员 14 454 人，其中拉巴斯省的养蜂员数量最多，超过 26%。其次是科恰班巴省，占 25% 以上。圣克鲁斯养蜂员数量居于第三，占比 20% 左右。潘多和奥鲁罗省的养蜂员数量较少，不足全国的 0.3%。

表 13 - 2　2013—2015 年玻利维亚各省养蜂员情况

省份	养蜂员数量（人）			养蜂员占比（%）		
	2013 年	2014 年	2015 年	2013 年	2014 年	2015 年
丘基萨卡	1 393	1 395	1 408	9.94	9.73	9.74
拉巴斯	3 743	3 744	3 761	26.70	26.12	26.02
科恰班巴	3 580	3 706	3 719	25.53	25.85	25.73
奥鲁罗	28	34	41	0.20	0.24	0.28
波托西	1 132	1 136	1 170	8.07	7.93	8.09
塔里哈	1 271	1 279	1 288	9.07	8.92	8.91
圣克鲁斯	2 710	2 877	2 899	19.33	20.07	20.06
贝尼	133	133	136	0.95	0.93	0.94
潘多	30	30	32	0.21	0.21	0.22
合计	140 200	14 334	14 454	100.00	100.00	100.00

表 13-3 显示，科恰班巴省是女性养蜂员数量最多的省，其次是圣克鲁斯。2014 年玻利维亚养蜂员男女比例为 3.52∶1，2015 年该比例变更为 3.43∶1。2014 年潘多省是男女比例最高的省，男女比例为 14∶1；其次是贝尼省，为 7.31∶1；波托西省为 6.83∶1；塔里哈是男女比例最低的省，为 1.19∶1。2015 年玻利维亚养蜂员数量比 2014 年增加了 0.8%，男性增加了 0.2%，女性增加了 3.0%。虽然绝对数量少，但是女性增加比例高于男性。

表 13-3　2014—2015 年玻利维亚各省养蜂员性别变化情况

省份	2014 年			2015 年		
	女性	男性	合计	女性	男性	合计
丘基萨卡	350	1 045	1 395	350	1 058	1 408
拉巴斯	579	3 165	3 744	597	3 164	3 761
科恰班巴	886	2 820	3 706	884	2 835	3 719
奥鲁罗	8	26	34	9	32	41
波托西	145	991	1 136	149	1 021	1 170
塔里哈	585	694	1 279	598	690	1 288
圣克鲁斯	597	2 280	2 877	660	2 239	2 899
贝尼	16	117	133	16	120	136
潘多	2	28	30	2	30	32
合计	3 169	11 165	14 334	3 265	11 189	14 454

表 13-4 显示，科恰班巴省是女性养蜂员数量占比最多的省，在全国的占比达 27% 以上。其次是圣克鲁斯，女性养蜂员占比在 2014 年和 2015 年分别为 18.84% 和 20.21%。塔里哈是全国女性养蜂员占比第三大省，2014 年和 2015 年占比分别为 18.47% 和 18.32%。

拉巴斯省是男性养蜂员数量占比最多的省，占全国的 28%

以上。其次是科恰班巴省，男性养蜂员占 25% 以上。圣克鲁斯是全国男性养蜂员占比第三大省，占 20% 以上。

表 13-4 2014—2015 年玻利维亚各省养蜂员性别所占比例

省份	2014 年			2015 年		
	女性	男性	合计	女性	男性	合计
丘基萨卡	11.05	9.36	9.73	10.72	9.46	9.74
拉巴斯	18.27	28.35	26.12	18.29	28.28	26.02
科恰班巴	27.98	25.25	25.85	27.08	25.34	25.73
奥鲁罗	0.26	0.23	0.24	0.27	0.29	0.28
波托西	4.58	8.88	7.93	4.56	9.13	8.09
塔里哈	18.47	6.21	8.92	18.32	6.17	8.91
圣克鲁斯	18.84	20.42	20.07	20.21	20.01	20.06
贝尼	0.50	1.05	0.93	0.49	1.07	0.94
潘多	0.06	0.25	0.21	0.06	0.27	0.22
合计	100.00	100.00	100.00	100.00	100.00	100.00

二、养蜂活动情况

一般而言，养蜂生产是其他生产项目的补充，养蜂规模较小，平均饲养不足 5 群。一些职业养蜂人的蜂群数量通常超过 50 群。男性主要负责蜂场的管理，蜂蜜收获期间整个家庭会参与。蜜蜂饲养一般使用标准蜂箱，很少使用黏土蜂箱或其他蜂箱。

表 13-5、表 13-6 显示，蜂蜜是玻利维亚养蜂的主要活动，其次是取蜂蜡和蜂胶。玻利维亚养蜂员从事最少的工作是取蜂毒。拉巴斯省是取蜂蜜人数最多、取蜂王浆人数最多和取蜂毒人数最多的省，圣克鲁斯是取蜂胶人数最多和取蜂蜡人数最多、核心群生产人数最多、育王人数最多的省，科恰班巴省是取花粉人数最多的省。

表 13-5　2014—2015 年玻利维亚各省养蜂活动情况（人）

年度	活动	丘基萨卡	拉巴斯	科恰班巴	奥鲁罗	波托西	塔里哈	圣克鲁斯	贝尼	潘多	合计
2014	蜂蜜	1 395	3 744	3 706	34	1 136	1 279	2 877	133	30	14 334
	蜂胶	296	455	1 096	0	154	199	1 310	14	2	3 526
	花粉	83	166	505	0	40	39	196	5	1	1 035
	蜂王浆	8	76	32	0	4	3	21	2	0	146
	蜂蜡	333	576	1 031	0	196	276	2 134	15	3	4 564
	蜂毒	4	14	11	0	0	3	10	2	0	44
	核心群	178	424	473	0	152	196	1 691	6	1	3 121
	蜂王	21	106	172	0	15	10	289	3	1	617
2015	蜂蜜	1 408	3 761	3 719	41	1 170	1 288	2 899	136	32	14 454
	蜂胶	299	457	1 100	0	159	201	1 320	14	3	3 553
	花粉	84	167	507	0	41	39	197	5	1	1 041
	蜂王浆	8	76	32	0	4	3	21	2	1	147
	蜂蜡	336	579	1 035	0	202	278	2 151	15	3	4 599
	蜂毒	4	14	11	0	0	3	10	2	0	44
	核心群	180	426	474	0	157	197	1 704	6	1	3 145
	蜂王	21	106	173	0	16	10	291	3	1	621

表 13-6　2014—2015 年玻利维亚各省养蜂活动情况（％）

年度	活动	丘基萨卡	拉巴斯	科恰班巴	奥鲁罗	波托西	塔里哈	圣克鲁斯	贝尼	潘多	合计
2014	蜂蜜	9.73	26.12	25.85	0.24	7.93	8.92	20.07	0.93	0.21	100.00
	蜂胶	8.39	12.90	31.08	0.00	4.37	5.64	37.15	0.40	0.06	100.00
	花粉	8.02	16.04	48.79	0.00	3.86	3.77	18.94	0.48	0.10	100.00
	蜂王浆	5.48	52.05	21.92	0.00	2.74	2.05	14.38	1.37	0.00	100.00

（续）

年度	活动	丘基萨卡	拉巴斯	科恰班巴	奥鲁罗	波托西	塔里哈	圣克鲁斯	贝尼	潘多	合计
2014	蜂蜡	7.30	12.62	22.59	0.00	4.29	6.05	46.76	0.33	0.07	100.00
	蜂毒	9.09	31.82	25.00	0.00	0.00	6.82	22.73	4.55	0.00	100.00
	核心群	5.70	13.59	15.16	0.00	4.87	6.28	54.18	0.19	0.03	100.00
	蜂王	3.40	17.18	27.88	0.00	2.43	1.62	46.84	0.49	0.16	100.00
2015	蜂蜜	9.74	26.02	25.73	0.28	8.09	8.91	20.06	0.94	0.22	100.00
	蜂胶	8.42	12.86	30.96	0.00	4.48	5.66	37.15	0.39	0.08	100.00
	花粉	8.07	16.05	48.72	0.00	3.92	3.75	18.93	0.48	0.10	100.00
	蜂王浆	5.45	51.74	21.79	0.00	2.64	2.04	14.30	1.36	0.68	100.00
	蜂蜡	7.31	12.59	22.50	0.00	4.39	6.04	46.77	0.33	0.07	100.00
	蜂毒	9.09	31.82	25.00	0.00	0.00	6.82	22.73	4.55	0.00	100.00
	核心群	5.72	13.55	15.07	0.00	4.99	6.26	54.18	0.19	0.03	100.00
	蜂王	3.38	17.07	27.86	0.00	2.58	1.61	46.86	0.48	0.16	100.00

三、蜂蜜生产情况

表 13-7 显示，2014 年蜂群总数为 82 503 群，蜂蜜产量为 918 397 千克，蜂蜜单产为 11.13 千克/群。2015 年虽然蜂群数量增加为 83 096 群，但蜂蜜产量却下降为 914 320 千克，蜂蜜单产也降为 11.00 千克/群。从各省情况看，圣克鲁斯、拉巴斯和科恰班巴是蜂群数量前三大省，2014 年这 3 个省的蜂群数量分别占全国蜂群总数的 27.16%、24.82%和 22.99%，合计为 74.97%。圣克鲁斯是蜂蜜产量最高的省，科恰班巴次之，拉巴斯为第三大蜂蜜生产省，蜂蜜产量占比分别为 27.69%、24.10%和 23.23%，合计占 75.02%。2015 年圣克鲁斯、拉巴斯和科恰班巴依旧保持蜂群数量前三大省的位置，蜂群占比分别为 27.17%、24.75% 和 22.91%，合计占

74.83％；蜂蜜前三大省的位置也没有变化，圣克鲁斯、科恰班巴、拉巴斯产量占比分别为 26.18％、24.06％和 23.16％，合计为 73.40％。

从各省蜂蜜单产情况看，2014 年塔里哈是玻利维亚蜂蜜单产最高的省，其次是科恰班巴，圣克鲁斯居第三。2015 年塔里哈蜂蜜单产最高，其次是科恰班巴，丘基萨卡居第三。

与 2014 年相比，丘基萨卡、奥鲁罗、波托西、塔里哈和贝尼省蜂蜜单产提高，拉巴斯、科恰班巴、圣克鲁斯和潘多省蜂蜜单产下降。

表 13 - 7　2014—2015 年玻利维亚各省蜂蜜生产情况

省份	2014 年				2015 年			
	养蜂员数量（人）	蜂群数（群）	蜂蜜产量（千克）	蜂群单产（千克/群）	养蜂员数量（人）	蜂群数（群）	蜂蜜产量（千克）	蜂群单产（千克/群）
丘基萨卡	1 395	8 463	94 746	11.20	1 408	8 542	98 260	11.50
拉巴斯	3 744	20 474	213 341	10.42	3 761	20 567	211 769	10.30
科恰班巴	3 706	18 969	221 368	11.67	3 719	19 036	219 981	11.56
奥鲁罗	34	83	779	9.44	41	100	956	9.60
波托西	1 136	4 397	44 590	10.14	1 170	4 529	45 994	10.16
塔里哈	1 279	6 773	79 587	11.75	1 288	6 779	87 919	12.97
圣克鲁斯	2 877	22 409	254 339	11.35	2 899	22 580	239 385	10.60
贝尼	133	766	8 443	11.02	136	783	8 831	11.28
潘多	30	169	1 203	7.12	32	180	1 225	6.80
合计	14 334	82 503	918 397	11.13	14 454	83 096	914 320	11.00

四、蜂群饲养和放置方式

表 13 - 8 显示，玻利维亚主要定地养蜂，2014 年 91.4％的养蜂员定地养蜂，只有 8.6％的养蜂员转地养蜂。2015 年转地养

蜂人数增至 13.1%，定地养蜂人数减至 86.9%。从各省情况看，拉巴斯省是定地养蜂人数最高的省，其次是科恰班巴省和圣克鲁斯省。圣克鲁斯是转地放蜂人数最多的省，其次是科恰班巴省和拉巴斯省。奥鲁罗、贝尼省和潘多省全部定地养蜂，没有转地放蜂。

与 2014 年相比，玻利维亚 2015 年新增了 664 名转地放蜂者，同比增加了 53.9%。其中，科恰班巴省是转地养蜂人员增加最多的省，也是转地养蜂人员增加比例最大的省，2015 年共新增转地放蜂人员 304 人，同比增加了 74.7%；圣克鲁斯是转地放蜂人员增加第二多的省。

表 13-8 2014—2015 年玻利维亚各省养蜂员养蜂方式情况

省份	2014 年				2015 年			
	定地 (人)	转地 (人)	合计 (人)	定地比例 (%)	定地 (人)	转地 (人)	合计 (人)	定地比例 (%)
丘基萨卡	1 385	10	1 395	99.28	1 397	11	1 408	99.22
拉巴斯	3 504	240	3 744	93.59	3 444	317	3 761	91.57
科恰班巴	3 299	407	3 706	89.02	3 008	711	3 719	80.88
奥鲁罗	34	0	34	100.00	41	0	41	100.00
波托西省	1 109	27	1 136	97.62	1 140	30	1 170	97.44
塔里哈	1 248	31	1 279	97.58	1 252	36	1 288	97.20
圣克鲁斯	2 359	518	2 877	82.00	2 108	791	2 899	72.71
贝尼省	133	0	133	100.00	136	0	136	100.00
潘多省	30	0	30	100.00	32	0	32	100.00
合计	13 101	1 233	14 334	91.40	12 557	1 897	14 454	86.88

表 13-9 显示，玻利维亚蜂群大多集中放置，2014 年 73.9% 的养蜂员集中放置蜂群，2015 年 72.6% 的养蜂员集中放

置蜂群。从各省情况看，科恰班巴省是集中放置蜂群人数最多的省，其次是圣克鲁斯和拉巴斯省。拉巴斯省是分散放蜂人数最多的省，其次是科恰班巴和圣克鲁斯省。

与 2014 年相比，玻利维亚 2015 年新增了 217 名分散放蜂者，同比增加了 5.8%。其中，塔里哈是分散养蜂人员增加最多的省，也是分散养蜂人员增加比例最大的省，2015 年共新增转地放蜂人员 124 人，同比增加了 89.86%；拉巴斯是转地放蜂人员增加第二多的省。

表 13-9　2014—2015 年玻利维亚各省蜂群放置情况

省份	2014 年				2015 年			
	集中放置（人）	分散放置（人）	合计（人）	集中比例（%）	集中放置（人）	分散放置（人）	合计（人）	集中比例（%）
丘基萨卡	1 339	56	1 395	95.99	1 350	58	1 408	95.88
拉巴斯	1 921	1 823	3 744	51.31	1 894	1 867	3 761	50.36
科恰班巴	2 562	1 144	3 706	69.13	2 555	1 164	3 719	68.70
奥鲁罗	24	10	34	70.59	29	12	41	70.73
波托西	991	145	1 136	87.24	1 021	149	1 170	87.26
塔里哈	1 141	138	1 279	89.21	1 026	262	1 288	79.66
圣克鲁斯	2 474	403	2 877	85.99	2 477	422	2 899	85.44
贝尼	127	6	133	95.49	130	6	136	95.59
潘多	13	17	30	43.33	14	18	32	43.75
合计	10 593	3 741	14 334	73.90	10 495	3 958	14 454	72.61

五、蜂蜜生产成本及用途

玻利维亚蜂蜜生产成本很大程度上取决于蜂群数量和当地的

开花情况，在蜜源丰产地区的大型生产商，蜂蜜生产成本为每千克 10 玻利维亚诺；在蜜源少、蜂群少的地区，蜂蜜的生产成本高达每千克 35 玻利维亚诺。

表 13-10 显示，蜂蜜销售是养蜂员从事蜂蜜生产的主要目的，2014 年和 2015 年分别有 85.48% 和 85.79% 用于销售，15% 左右自我消费。从各省情况看，圣克鲁斯、拉巴斯和丘基萨卡是蜂蜜销售最高的前三大省，2014 年这三个省的蜂蜜消费比例分别为 91.25%、85.27% 和 83.57%，2015 年这三个省的蜂蜜销售比例分别为 91.75%、85.79% 和 84.07%。奥鲁罗是蜂蜜销售比例最低的省，大部分蜂蜜用于自我消费。2014 年和 2015 年销售的蜂蜜分别只有 3.34% 和 4.81%。

表 13-10　2014-2015 年玻利维亚各省蜂蜜的用途情况

省份	2014 年				2015 年			
	自我消费（千克）	销售（千克）	合计（千克）	销售比例（%）	自我消费（千克）	销售（千克）	合计（千克）	销售比例（%）
丘基萨卡	15 567	79 179	94 746	83.57	15 653	82 608	98 260	84.07
拉巴斯	31 382	181 959	213 341	85.27	30 092	181 677	211 769	85.79
科恰班巴	39 271	182 098	221 368	82.26	38 805	181 176	219 981	82.36
奥鲁罗	753	26	779	3.34	910	46	956	4.81
波托西	8 151	36 439	44 590	81.72	7 718	38 276	45 994	83.22
塔里哈	13 872	65 715	79 587	82.57	14 885	73 035	87 919	83.07
圣克鲁斯	22 255	232 085	254 339	91.25	19 749	219 635	239 384	91.75
贝尼	1 645	6 798	8 443	80.52	1 694	7 137	8 831	80.82
潘多	456	747	1 203	62.09	446	779	1 225	63.59
合计	133 352	785 046	918 397	85.48	129 951	784 369	914 320	85.79

表 13-11 显示，玻利维亚的蜂蜜主要直接销售给消费者，其次是协会和批发商。2014 年消费者直接销售的蜂蜜比例为 36.01%，协会和批发商销售的比例分别为 30.24% 和 25.82%，其他销售占 7.93%。从各省销售情况看，奥鲁罗和潘多省的蜂蜜全部直接销售给消费者。贝尼省 93.48% 的蜂蜜直接销售给消费者。其他省的消费渠道分散。直接销售是丘基萨卡、拉巴斯、波托西和塔里哈最重要的销售途径，超过其他销售方式。协会销售是科恰班巴蜂蜜的最重要销售途径，44.60% 的蜂蜜通过协会销售。批发商销售是圣克鲁斯蜂蜜的主要销售途径，2014 年 38.01% 的蜂蜜通过批发商销售。

表 13-11　2014 年玻利维亚各省蜂蜜的销售途径（千克）

省份	消费者	协会	批发商	其他	合计
丘基萨卡	28 314	25 519	18 322	7 023	79 179
拉巴斯	64 723	49 784	43 415	24 037	181 959
科恰班巴	54 119	81 216	38 750	8 012	182 098
奥鲁罗	26	0	0	0	26
波托西	14 237	7 696	11 766	2 740	36 439
塔里哈	29 703	22 067	1 768	12 177	65 715
圣克鲁斯	84 502	51 105	88 215	8 262	232 085
贝尼	6 355	0	443	0	6 798
潘多	747	0	0	0	747
合计	282 727	237 387	202 680	62 252	785 046

表 13-12 显示，玻利维亚蜂蜜的主要销售途径是直接销售给消费者，其次是协会和批发商。2015 年消费者直接销售的蜂蜜比例为 36.00%，协会和批发商销售的比例分别为 30.31% 和

25.55%，其他销售占 8.14%。各省销售的途径仍与 2014 年一致。相比 2014 年，2015 年丘基萨卡和圣克鲁斯的蜂蜜直接销售比例增加，拉巴斯、科恰班巴、波托西、塔里哈的直接销售比例下降。

表 13－12　2015 年玻利维亚各省蜂蜜的销售途径（千克）

省份	消费者	协会	批发商	其他	合计
丘基萨卡	29 681	26 641	19 000	7 286	82 608
拉巴斯	63 351	49 598	44 874	23 854	181 677
科恰班巴	53 773	80 732	38 500	8 171	181 176
奥鲁罗	46	0	0	0	46
波托西	14 832	8 011	12 608	2 825	38 276
塔里哈	32 975	24 423	1 957	13 679	73 035
圣克鲁斯	80 255	48 320	83 022	8 039	219 635
贝尼	6 673	0	464	0	7 137
潘多	779	0	0	0	779
合计	282 365	237 725	200 425	63 854	784 369

六、玻利维亚特色蜜

1. 阿塔米斯基蜜　蜜蜂采集阿塔米斯基（*Atamisquea emarginata*）花蜜后形成的，颜色较浅。阿塔米斯基是灌木，生长于美国亚利桑那州海拔 50—200 米的沙漠灌木丛和溪流附近，墨西哥（南下加利福尼亚州、下加利福尼亚州、锡那罗亚和索诺拉）、阿根廷、玻利维亚和智利等国也有分布。

2. 圣檀木蜜 圣檀木（*Bursera graveolens*）属于橄榄科，生长在热带南美洲秘鲁、巴西、阿根廷、玻利维亚和巴拉圭的太平洋沿岸的干燥森林中，树高可达 20 米。木材的密度大，可以散发出甜的柑橘香气。

3. 克布拉乔蜜 来自南美的原生树：克布拉乔（*Schinopsis balansae*），1956 年该树被阿根廷宣布为"国树"，目前生长在阿根廷福尔摩沙和查科、巴拉圭的上巴拉圭、玻利维亚的塔里哈和丘基萨卡等地，11 月至翌年 3 月开花，2—4 月结果。蜂蜜颜色较深。

4. 奎文奇尼塔蜂蜜 这种蜂蜜是圣克鲁斯省的特色蜜，来自该省的桉树、图拉树、笋楮树和穆尼亚树，包含蜂胶和花粉，具有保健功能，在玻利维亚的拉巴斯、圣克鲁斯、科恰班巴和波托西很受欢迎，需求较大。在圣克鲁斯的实验室和药房的价格分别为每千克 80 玻利维亚诺和 60 玻利维亚诺。

七、养蜂者投诉案件及蜜蜂病虫害情况

表 13 - 13 显示，2015 年玻利维亚共收到各类投诉案件 44 008 起。其中，缺乏技术支持的投诉最多，达 8 589 起，占 19.52%。其次是病虫害的投诉案件，达 6 075 起，占 13.80%。第三是不利的气候因素和植被退化等，投诉案件达 5 231 起，占 11.89%。缺乏质量认证的投诉案件最少，只有 256 起。

从各省情况看，圣克鲁斯投诉案件最多，达 11 354 起，占全国的 25.80%。拉巴斯其次，为 11 055 起，占 25.12%。潘多最少，只有 58 起。从投诉案件的性质来看，缺乏技术支持是包括丘基萨卡等在内的七个省的最主要投诉原因，设备昂贵是奥鲁罗的最主要投诉原因，不利的气候因素和植被退化（熏蒸、焚烧、森林砍伐、干旱、冰雹）是圣克鲁斯的主要投诉原因。

表13-13 2015年玻利维亚的养蜂投诉案件（起）

类型	丘基萨卡	拉巴斯	科恰班巴	奥鲁罗	波托西	塔里哈	圣克鲁斯	贝尼	潘多	合计
不利的气候因素和植被退化（霜冻、焚烧、森林砍伐、干旱、冰雹）	500	342	769	37	395	515	2 657	14	2	5 231
病虫害	374	1 710	1 539	0	295	386	1 691	70	9	6 075
缺乏技术支持	1 123	2 621	1 924	29	887	1 159	725	108	14	8 589
缺乏信贷	374	342	385	0	295	386	0	14	2	1 798
缺乏市场	374	1 596	128	4	295	386	0	65	8	2 858
物资不足或材料价格昂贵	125	0	0	0	98	129	483	0	0	835
设备昂贵	250	1 368	769	33	198	258	966	56	7	3 905
缺乏生产组织或组织无力	125	114	128	4	99	129	483	5	1	1 087
缺乏合适的收集中心	125	114	385	0	98	129	0	5	1	856
蜂王价格贵，质量差	0	570	385	12	0	0	0	23	3	994
蜂场位置许可或邻居骚扰	0	114	256	0	0	0	483	5	1	859
由于城市发展而缺乏空间	125	114	128	0	98	129	0	5	1	599
缺乏育王、蜂胶和其他蜂产品生产知识	499	798	769	25	394	515	242	33	4	3 279
缺乏质量认证	0	114	128	8	0	0	0	5	1	256
产量低	250	1 026	769	16	197	258	1 450	42	5	4 013
其他因素（蜂群和蜂蜜盗窃、运输和道路不畅）	125	114	128	0	98	129	2 174	5	1	2 774
总案件数	4 369	11 055	8 592	168	3 450	4 508	11 354	454	58	44 008

注：数据来自 Ministerio de desarrollo ruraly tierras, 2015。

玻利维亚的蜜蜂主要病虫害有美洲幼虫腐臭病和蜂螨。

八、圣克鲁斯省养蜂情况

圣克鲁斯省位于玻利维亚领土的东部，是玻利维亚的热带天堂，拥有茂密的植被、丛林和草地。西南地区（科马拉帕）气候为温带至寒冷。这个地区多为非常小型的家庭养蜂业，蜂群大多数为2～10群，平均而言，他们不习惯进行蜡更换，更新蜂王，每月检查蜂箱，查看蜂王和群势是否有所增加，养蜂人很少拥有30群或50群蜂以及公共蜂蜜提取室。该地区生产非常浓密而芳香的琥珀色蜂蜜，蜂胶质量好、种类丰富，出产皮格拉斯蜂胶。不收获花粉，除了个别创新的养蜂人育王数量很少外，其他养蜂人一般不在当地生产蜂王。花期从9月开始，高峰期在10—12月。11月至翌年1月可以收获2～3次，每群蜂蜂蜜单产为30千克/年。

第二节　玻利维亚蜂业进出口情况

一、蜂蜜进出口

FAO数据显示，1961—2019年玻利维亚只有表13-14中年度有蜂蜜进口情况，其他年度蜂蜜没有进口。2016年蜂蜜进口最多，进口量和进口额均最高。

表13-14　玻利维亚蜂蜜进口情况

年度	进口量（吨）	进口额（万美元）	年度	进口量（吨）	进口额（万美元）
1971	7	0.3	1990	9	0.7
1972	3	0.1	1991	4	0.1
1979	64	32.2	1992	3	0.5
1988	5	0.3	1993	2	0.7
1989	6	0.6	1994	2	0.3

（续）

年度	进口量（吨）	进口额（万美元）	年度	进口量（吨）	进口额（万美元）
1995	10	0.9	2008	53	18.2
1996	4	0.5	2009	44	17.6
1997	1	0.3	2010	44	14.1
1998	13	2.1	2011	72	27.8
1999	13	2.3	2012	73	26.7
2000	60	9.9	2013	33	12.8
2001	76	12.8	2014	83	34.8
2002	46	5.2	2015	18	7.8
2002	46	5.2	2016	222	54.3
2004	18	2.4	2017	215	52.7
2005	49	5.8	2018	44	16.2
2006	56	7.0	2019	16	5.7
2007	42	8.9	合计	1443	386.7

FAO 数据显示，1961—2019 年玻利维亚只有表 13-15 中年度有蜂蜜出口，其他年度蜂蜜没有出口。1966 年蜂蜜出口量最多，达 14 吨；2017 年蜂蜜出口额最高，达 9.4 万美元。

表 13-15 玻利维亚蜂蜜出口情况

年度	出口量（吨）	出口额（万美元）	年度	出口量（吨）	出口额（万美元）
1966	14	0.2	2011	1	2.1
1967	5	0.1	2012	1	1.7
2003	0	0.3	2013	2	3.8
2005	8	2.9	2014	1	2.5
2007	1	1.2	2017	3	9.4
2008	2	3.2	2018	2	5.4
2009	2	4.8	2019	3	5.0
2010	1	1.1	合计	4.6	43.7

根据玻利维亚国家统计局的数据，玻利维亚蜂蜜进口远远超过出口，2014 年蜂蜜的进口额为 346 680 美元，出口额为 37 500 美元。进口多于出口的原因在于蜂蜜国际价格，国际价格为 2.5～3.5 美元（18～24 玻利维亚诺），而玻利维亚生产者的价格为 25～30 玻利维亚诺。另外，平均单产为每年每群蜂 10～14 千克的产量也无法满足国内蜂蜜需求，因此需要从其他国家（主要是阿根廷）进口蜂蜜。

二、蜂蜡进出口

FAO 数据显示，1961—2019 年玻利维亚只有表 13-16 中年度有蜂蜡进口，其他年度没有蜂蜡进口。2016 年蜂蜡进口最多，进口量达 222 吨，进口额为 54.3 万美元，均为历史最高纪录。玻利维亚几乎不出口蜂蜡，2011 年、2012 年和 2014 年均有 0.1 万美元的出口额。

表 13-16 玻利维亚蜂蜡进口情况

年度	进口量（吨）	进口额（万美元）	年度	进口量（吨）	进口额（万美元）
1971	7	0.3	1997	1	0.3
1972	3	0.1	1998	13	2.1
1979	64	32.2	1999	13	2.3
1988	5	0.3	2000	60	9.9
1989	6	0.6	2001	76	12.8
1990	9	0.7	2002	46	5.2
1991	4	0.1	2003	33	4.1
1992	3	0.5	2004	18	2.4
1993	2	0.7	2005	49	5.8
1994	2	0.3	2006	56	7.0
1995	10	0.9	2007	42	8.9
1996	4	0.5	2008	53	18.2

（续）

年度	进口量（吨）	进口额（万美元）	年度	进口量（吨）	进口额（万美元）
2009	44	17.6	2015	18	7.8
2010	44	14.1	2016	222	54.3
2011	72	27.8	2017	215	52.7
2012	73	26.7	2018	44	16.2
2013	33	12.8	2019	16	5.7
2014	83	34.8	合计	1443	386.7

第三节 玻利维亚蜂业管理、法律、科研管理机构和蜂业协会

一、蜂业管理

玻利维亚养蜂归属于农村发展与土地部，国家统计中不包含蜜蜂和蜂产品，但农村发展与土地部有养蜂登记系统。国家农业健康与食品安全局（Senasag）负责蜜蜂病虫害的检测和防疫。

政府在推动蜂业发展方面做了许多工作。农村发展和土地部通过其附属机构在市级实施了不同的项目，为全国的小型养蜂人或组织提供资金。这些项目大多数是由国际合作组织资助的，如欧盟资助佛纳达项目、世界银行资助赋能计划等。生产发展部建立养蜂创新中心，促进市场营销以及为养蜂发展创造和转让适当的技术，在国家层面促进养蜂业发展。

FAUTAPO基金会-发展教育基金会是荷兰皇家大使馆与玻利维亚高等教育、科学和技术部副部长于2004年创建的双边项目，旨在提供塔里哈的胡安·米塞尔·萨拉乔自治大学（UAJMS）和波托西的托马斯·弗里亚斯自治大学（UATF）包括蜂业在内的职业教育。

各级政府也采取措施推动蜂业发展，为保证蜂蜜生产过程中安全，2020 年 8 月，塔里哈省农村发展和土地部通过国家农业和林业安全研究所、国家农业和林业创新研究所（INIAF）就养蜂员使用农业卫生注册表（RUNSA）系统进行了培训，以建立一个养蜂人数据库，避免蜂蜜的非法进入而影响当地蜂蜜生产者。

二、蜂业法律

玻利维亚没有全国性的蜂业法律，与蜂业相关的法律有：环境法（第 1333 号法律）、林业法（第 1700 号法律）、支持粮食生产和生产安全的法律（第 337 号法律）、农业健康与食品安全法（第 830 号法律）。

2012 年 12 月 26 日以最高法令 1447 号的形式宣布成立了国家公共生产养蜂公司（PROMIEL），规定了 PROMIEL 的主要职能是在整个生产链中促进国家养蜂业的发展，为改善生产者和消费者的生活条件做贡献。

在省级层面，2011 年 11 月 1 日第 020/2011 号法颁布了丘基萨卡省养蜂法，内容只有 4 章 7 条。

2018 年 8 月 20 日，丘基萨卡省以第 366/2018 号法律的形式颁布了《丘基萨卡省发展、保护和发展蜂业法》，该法共分 8 章，包括总则、良好养蜂规范、蜂蜜加工规范、省蜂业信息注册系统、蜂群保护、商业化及市场发展、计划与融资、侵权和制裁等。该法规定养蜂员需在丘基萨卡省的养蜂信息系统进行注册，授权获得养蜂人证书。蜂场间距必须在 3 千米以上，与道路的最短直线距离在 100～300 米。

在市级层面，塔里哈省塔里哈市和丘基萨卡省马查里蒂自治市有相关法律。2017 年 8 月 29 日在塔里哈市以第 138 号法律通过了《关于促进和支持蜂蜜生产链的法律》，该法共分 7 章 26 条。

2018 年 10 月 27 日，马查里蒂自治市以第 062/2018 号法律的形式，颁布"马查里蒂自治市政府关于有机肉和蜂蜜无转基因生物生产者城市的宣言"法。该法第一条中规定，必须"促进有机生产的发展，建立国家生态生产控制系统，以通过生产、转化、认证、消费，为巩固粮食安全、保护生态系统和改善生活质量、增加城乡人口收入做出贡献以及向国内和国际市场销售有机产品"。

2020 年 12 月 10 日，马查里蒂自治市以市 15 号法律的形式颁布了《蜜蜂和无刺蜂的育种、管理、保存和保护法》。

三、科研管理机构

圣安德烈斯大学卫生研究与诊断实验室服务研究所（SELADIS）可以从事药物、食品和环境方面的检测，负责圣克鲁斯省奎文奇尼塔蜂蜜的认证。西蒙·玻利瓦尔·安迪纳大学从事蜂业的商业化研究。玻利维亚土著大学从事蜂业教学与培训工作。多民族公共管理学院从事蜂业培训工作，对蜂业推广者、教师和专业养蜂员养进行蜂业培训。

四、蜂业协会

玻利维亚的养蜂生产者协会很多，最重要的协会是玻利维亚全国养蜂生产者协会（ANPROABOL），它将不同的协会组织在一起，例如圣克鲁斯养蜂人协会、亚帕卡尼养蜂人协会（APAEY）等。全国养蜂生产者协会可以获得政府的母乳喂养补贴，组织较小的养蜂人协会，支持项目管理等。其中突出的代表是科恰班巴养蜂人协会（ADAC）、塔里哈省恰高养蜂人协会（ADAPCHACO）、塔里基亚保护区养蜂者协会（AART）。

圣克鲁斯养蜂人协会（ADAPICRUZ）是圣克鲁斯省的蜂业协会，为非营利组织。该协会成立于 1995 年，目前由 14 个市养蜂业协会组成，会员 250 名。2014 年，协会蜂群数量约为4 000 群，蜂蜜产量可达 80 吨。生产的蜂蜜由市政协会直接通过其官方商业机构——森林蜂业销售，会员将 60% 的蜂蜜以每千克 35 玻利维亚诺出售给森林蜂业，其余 40% 直接出售。2017 年直接销售给消费者的价格为每千克 45～50 玻利维亚诺，出口市场价格为每千克 65 玻利维亚诺。

自 2019 年以来，ADAPICRUZ 制定内部政策，为妇女提供了一半的奖学金，鼓励女性养蜂并为女性提供创业、创新和参与 2025 年生态养蜂生产基地建设的机会。

2019—2020 年，ADAPICRUZ 实施了一个理论和实践生态养蜂综合培训计划，培训下属 13 个市政协会的养蜂人的后代；30 个年轻人参加了 6 个模块的培训。2020 年基基塔尼亚大火导致动植物群丧失生物多样性之后，ADAPICRUZ 在圣安东尼奥·德尔·洛梅利奥市设计了一个蜜蜂繁殖种群和有机蜂蜜生产培训项目。该项目始于 2020 年 9 月，旨在为养蜂人提供技术和培训，使他们能够以可持续的方式获得有机蜂蜜。

塔里基亚保护区养蜂者协会（AART）成立于 2003 年，共有 160 个合作伙伴参与，每年的产量在 9 000～12 000 千克，在塔里哈市拥有稳定的蜂蜜销售市场。

上比雷河流域养蜂人协会（ASACAPI）是在意大利政府资助下成立的养蜂人协会。协会通过举办蜂蜜节等，帮助当地的蜂蜜生产者进行蜂蜜销售。

基温查养蜂生产者协会正式成立于 2010 年。目前，该组织包括 14 个家庭，每个家庭有 10～60 群蜂，共 400 群蜂，年产量约为 12 000 千克，单产 30 千克/群。每年可创造产值约 100 万玻利维亚诺，蜂蜜生产成本在每千克 30～35 玻利维亚诺。该协会将养蜂业作为安第斯原始森林养护项目的一部分。通过养蜂，增加该地区的农业产量。

五、养蜂员加入蜂业组织情况

表 13-17 显示，2014 年玻利维亚只有 23.9% 的养蜂员加入

养蜂组织，2015 年比例虽然增加为 25.4%，但大部分养蜂员仍未加入养蜂组织。塔里哈是养蜂员加入养蜂组织比例最高的省，2014 年 34.56% 的养蜂员加入养蜂组织，2015 年该比例提高为 39.83%。圣克鲁斯是养蜂员加入养蜂组织比例第二高的省，2014 年和 2015 年分别有 32.39% 和 35.81% 的养蜂员加入养蜂组织。科恰班巴是养蜂员加入养蜂组织比例第三高的省，2014 年和 2015 年分别有 25.80% 和 26.97% 的养蜂员加入养蜂组织。奥鲁罗、贝尼和潘多则没有养蜂员加入养蜂组织。

表 13 - 17　2014—2015 年玻利维亚各省养蜂员加入养蜂组织情况（人）

省份	2014 年			2015 年		
	加入	未加入	合计	加入	未加入	合计
丘基萨卡	129	1 266	1 395	130	1 278	1 408
拉巴斯	726	3 018	3 744	739	3 022	3 761
科恰班巴	956	2 750	3 706	1 003	2 716	3 719
奥鲁罗	0	34	34	0	41	41
波托西	242	894	1 136	249	921	1 170
塔里哈	442	837	1 279	513	775	1 288
圣克鲁斯	932	1 945	2 877	1 038	1 861	2 899
贝尼	0	133	133	0	136	136
潘多	0	30	30	0	32	32
合计	3 427	10 907	14 334	3 672	10 782	14 454

六、蜂业企业

公共生产养蜂公司（Promie）成立于 2012 年，是从事国家级蜂蜜和甜菊糖生产的国有公司，其主要功能是在整个生产链中促进国家养蜂业的发展，改善生产者和消费者的生活。该公司蜂蜜加工厂的年处理能力为 250 吨。此外，公共生产养蜂公司还提供蜂箱、巢础，还建有养蜂学校。

2014 年起，该公司投资 2 940 万玻利维亚诺，在社区发展养蜂业，以提高蜂蜜产量，向玻利维亚生产者提供培训，以提高生产率。

七、蜂业培训

除大学和科研机构、学会等开展蜂业培训外，还有其他培训项目。如 1994 年一项由联合国粮食及农业组织管理、由意大利政府资助的参与性保护和发展项目成功将养蜂业引入了圣路易斯省萨迈帕塔地区，已经在 18 个社区培养了 90 名养蜂员，他们成立了上比雷河流域养蜂人协会。该地区一群蜂每年可生产 30～40 千克蜂蜜，在市场上每千克仅售 2.50 美元。在该项目的支持下，开设了专门从事蜂蜜销售的太阳商店，使 ASACAPI 会员的蜂蜜收益比以往增加了 1 倍。

2018 年，道达尔集团与玻利维亚瓜拉尼族社区合作开发玻利维亚养蜂项目，以提高拉古尼拉斯市上帕拉佩蒂社区的养蜂生产能力。该项目由道达尔集团出资 40.37%，FIE 银行出资 40.37%。项目于 2018 年 3 月开始，30 名生产者参加。

图书在版编目（CIP）数据

美洲养蜂业 / 刁青云著 . —北京：中国农业出版社，2022.9
ISBN 978-7-109-29832-3

Ⅰ.①美… Ⅱ.①刁… Ⅲ.①养蜂业－产业发展－研究－美洲 Ⅳ.①F370.63

中国版本图书馆 CIP 数据核字（2022）第 149291 号

中国农业出版社出版
地址：北京市朝阳区麦子店街 18 号楼
邮编：100125
责任编辑：史佳丽　黄　宇
版式设计：王　晨　责任校对：周丽芳
印刷：中农印务有限公司
版次：2022 年 9 月第 1 版
印次：2022 年 9 月北京第 1 次印刷
发行：新华书店北京发行所
开本：850mm×1168mm　1/32
印张：12
字数：306 千字
定价：95.00 元
